W0258315

<u>Teubner Studienskripten Elektrotechnik</u>

Baur,   Einführung in die Radartechnik
               253 Seiten. DM 19,80

Ebel,   Regelungstechnik
               5., überarbeitete und erweiterte Aufl. 215 Seiten. DM 18,80

Ebel,   Beispiele und Aufgaben zur Regelungstechnik
               3., überarbeitete und erweiterte Aufl. 167 Seiten. DM 16,80

Eckhardt,   Numerische Verfahren in der Energietechnik
               208 Seiten. DM 17,80

Fender,   Fernwirken
               112 Seiten. DM 15,80

Freitag,   Einführung in die Zweitortheorie
               3., neubearbeitete und erweiterte Aufl. 168 Seiten. DM 16,80

Frohne,   Einführung in die Elektrotechnik

               Band 1 Grundlagen und Netzwerke
               5., durchgesehene Aufl. 172 Seiten. DM 16,80

               Band 2 Elektrische und magnetische Felder
               4., durchgesehene Aufl. 281 Seiten. DM 19,80

               Band 3 Wechselstrom
               4., durchgesehene Aufl. 200 Seiten. DM 17,80

Gad,   Feldeffektelektronik
               266 Seiten. DM 19,80

Gerdsen,   Hochfrequenzmeßtechnik
               223 Seiten. DM 18,80

Gerdsen,   Digitale Übertragungstechnik
               322 Seiten. DM 21,80

Goerth,   Einführung in die Nachrichtentechnik
               184 Seiten. DM 16,80

Haack,   Einführung in die Digitaltechnik
               4. Auflage. 232 Seiten. DM 18,80

Harth,   Halbleitertechnologie
               2., überarbeitete Aufl. 135 Seiten. DM 17,80

Heidermanns,   Elektroakustik
               138 Seiten. DM 15,80

Hilpert,   Halbleiterelemente
               3., erweiterte Aufl. 184 Seiten. DM 16,80

Höhnle,   Elektrotechnik mit dem Taschenrechner
               228 Seiten. DM 16,80

Kirschbaum,   Transistorverstärker

               Band 1 Technische Grundlagen
               3., durchgesehene Aufl. 215 Seiten. DM 17,80

               Band 2 Schaltungstechnik Teil 1
               3., durchgesehene Aufl. 231 Seiten. DM 18,80

               Band 3 Schaltungstechnik Teil 2
               2., durchgesehene Aufl. 247 Seiten. DM 18,80

Morgenstern,   Farbfernsehtechnik
               2., überarbeitete und erweiterte Aufl. 260 Seiten. DM 19,80

Morgenstern,   Technik der magnetischen Videosignalaufzeichnung
               200 Seiten. DM 17,80

Fortsetzung auf der 3. Umschlagseite

Zu diesem Buch

Dieses Skriptum umfaßt den zweiten Teil der
von Prof. Nüchel an der Fachhochschule Köln
gehaltenen Vorlesung "Nachrichtenverarbeitung"
und behandelt die systematische Analyse und
Synthese von Schaltnetzen und Schaltwerken.

Die Kenntnis des ersten Teils "Digitale Schaltkreise" erleichtert das Verständnis der Wirkungsweise digitaler Schaltglieder. Es setzt
die in den ersten Semestern vermittelten Grundlagen der Mathematik, insbesondere die Dualarithmetik und die formale Logik voraus.

Das auch zum Selbststudium geeignete Skriptum
wendet sich an Studenten der Fachhochschulen,
Technischen Hochschulen und Universitäten
sowie an bereits in der Praxis stehende Ingenieure, die sich in dieses Teilgebiet der
technischen Kybernetik einarbeiten wollen.

Nachrichtenverarbeitung

2 Entwurf digitaler Schaltwerke

Von Prof. Dipl.-Ing. G. Schaller
und Prof. Dipl.-Ing. W. Nüchel

Fachhochschule Köln

4., überarbeitete und
erweiterte Auflage
Mit 248 Bildern, 10 Tafeln,
90 Beispielen

B. G. Teubner Stuttgart 1987

Prof. Dipl.-Ing. Georg Schaller

Geboren 1931 in Trier. 1952 bis 1957 Studium der Nachrichtentechnik an der Technischen Hochschule Aachen. Anschließend kurzzeitig Assistent am "Institut für Theoretische Physik" der Technischen Hochschule Aachen. 1957 bis 1961 Wissenschaftlicher Assistent in der "Versuchsanstalt für Nachrichtentechnik" der Felten und Guilleaume Carlswerke AG, Köln. 1961 bis 1962 Gruppenleiter in der Abteilung "Avionik" der Bölkow-Entwicklungen KG München. 1963 Dozent an der Staatlichen Ingenieurschule Köln. 1971 Hochschullehrer im Fachbereich "Nachrichtentechnik" der Fachhochschule Köln. Vertretenes Fachgebiet: Allgemeine Regelungstechnik. In den Jahren 1976/1977 und 1980/1981 Dekan des Fachbereichs "Nachrichtentechnik".

Prof. Dipl.-Ing. Wilhelm Nüchel

Geboren 1936 in Eitorf. 1956 bis 1961 Studium der Nachrichtentechnik an der Technischen Hochschule Aachen. 1961 bis 1964 SIEMAG Feinmechanische Werke Eiserfeld (jetzt Philips Data Systems): Gruppenleiter für Entwicklung und Prüfung elektronischer Schaltungen. 1964 bis 1967 Wanderer Werke AG Köln (jetzt Nixdorf Computer AG): Gruppenleiter für Elektronik-Entwicklung. 1967 Dozent an der Staatlichen Ingenieurschule Köln. 1971 Hochschullehrer im Fachbereich "Nachrichtentechnik" der Fachhochschule Köln. Vertretene Fachgebiete: Nachrichtenverarbeitung und Mikrocomputertechnik. Von 1971 bis 1974 Leiter des Fachbereichs "Nachrichtentechnik".

CIP-Kurztitelaufnahme der Deutschen Bibliothek

Schaller, Georg:
Nachrichtenverarbeitung / von
G. Schaller u. W. Nüchel. -
Stuttgart : Teubner
  (Teubner Studienskripten ; ...)
  Teil 3 u.d.T.: Nüchel, Wilhelm:
  Nachrichtenverarbeitung

NE: Nüchel, Wilhelm:

2. Schaller, Georg: Entwurf digitaler Schaltwerke. -
4., überarb. u. erw. Aufl. - 1987

Schaller, Georg:
Entwurf digitaler Schaltwerke
von G. Schaller u.W. Nüchel. -
4., überarb. u. erw. Aufl. -
Stuttgart : Teubner, 1987
  (Nachrichtenverarbeitung
  von G. Schaller u.W. Nüchel ; 2)
  (Teubner Studienskripten ; 52 :
  Elektrotechnik)
ISBN 978-3-519-30052-6   ISBN 978-3-322-94069-8 (eBook)
DOI 10.1007/978-3-322-94069-8
NE: Nüchel, Wilhelm:; 2. GT

© B. G. Teubner Stuttgart 1987

Gesamtherstellung: Beltz Offsetdruck, Hemsbach/Bergstraße
Umschlaggestaltung: W. Koch, Sindelfingen

Dieses Skriptum enthält den Stoff über das Teilgebiet "Entwurf digitaler Schaltwerke" der an der FH Köln im FB Nachrichtentechnik gehaltenen Vorlesungen "Nachrichtenverarbeitung" bzw. "Digitaltechnik". Sein Verständnis wird erleichtert durch die Kenntnis des im Skriptum Nachrichtenverarbeitung, Teil 1 (Digitale Schaltkreise) behandelten Stoffes über binäre Verknüpfungs- und Speicherschaltungen.

Ziel dieses Skriptums ist es, die Studenten an den systematischen Entwurf von Schaltnetzen und Schaltwerken heranzuführen. Im Gegensatz zu intuitiven Verfahren mit rein zufälligen Lösungen werden klare Methoden aufgezeigt, die eine ingenieurwissenschaftliche Behandlung und Lösung gestellter Entwurfsaufgaben ermöglichen. Dabei wird besonderer Wert gelegt auf eine Einübung in die Entwurfsverfahren durch eine Vielzahl ausführlich behandelter Beispiele. Für weitere Übungsaufgaben werden die Lösungen im Anhang angegeben.

Es wird ausschließlich das funktionelle Verhalten von Schaltwerken betrachtet, wobei der physikalische Aufbau der Schaltglieder selbst unberücksichtigt bleibt. Dadurch soll vermieden werden, daß der Stoffinhalt durch das Tempo der modernen Bauelementeentwicklung allzu schnell veraltet. Zur Darstellung der Schaltglieder werden vorwiegend die in DIN 40 900 festgelegten Schaltzeichen benutzt, die unabhängig von einer physikalischen Realisierung sind. In einigen Fällen werden auch mehrere Schaltglieder durch einen allgemeinen Funktionsblock dargestellt. Dadurch soll der Student daran gewöhnt werden, in Funktionsblöcken zu denken, zumal man eben diese Funktionsblöcke heute vielfach als Bausteine kaufen kann (z.B. ein Volladdierer).

Die in diesem Skriptum aufgezeigten Verfahren sind in der gesamten digitalen Rechen-, Steuer- und Meßtechnik anwendbar. Während in einigen Abschnitten ausschließlich bestimmte Entwurfsverfahren aufgezeigt werden, behandeln andere die zum Gesamtverständnis notwendigen Voraussetzungen (z.B. Abschn. 3, Binäre Codes) oder aber Themen, deren Bedeutung für das behandelte Stoffgebiet von Wichtigkeit ist, ohne daß sich dabei systematische Entwurfsverfahren angeben lassen (z.B. Abschn. 6, Registerschaltungen).

Diese 4. Auflage wurde von Herrn Prof. Nüchel überarbeitet. Sie ist gegenüber der 3. Auflage ergänzt durch z.T. größere Abschnitte über Schaltnetze mit Majoritätsgliedern (Abschn. 4.5.3), Entwurf von Schaltnetzen mit programmierbaren LSI-Schaltungen (Abschn. 4.6), freiprogrammierbare Folgeschaltungen (Abschn. 8.2), anwendungsspezifische Schaltungen (Abschn. 8.3) und Dualaddierer (Abschn. 9.3.4). Die in DIN 40 900 Teil 12 vorgesehenen Darstellungsmöglichkeiten mit Abhängigkeitsnotation und Steuerblocksymbol sind in allen sinnvoll erscheinenden Fällen benutzt. Im Anhang findet sich eine Zusammenstellung der wichtigsten Schaltzeichen einschl. interner Bezeichnungen. Der übrige Teil ist bis auf geringfügige Änderungen, Umstellungen und Ergänzungen (z.B. Beispiele 39 und 67) geblieben.

Für Verbesserungsvorschläge und andere Hinweise danken wir Herrn Prof. Dr.-Ing. P. Vaske, FH Hamburg und Herrn Prof. Dr.-Ing. H. Fricke, TU Braunschweig. Außerdem möchten wir dem Verlag B.G. Teubner für die gute Zusammenarbeit danken.

Köln, im Juli 1987   Wilhelm Nüchel
                                            Georg Schaller

Seite

1. Grundlagen zum Entwurf digitaler Verknüpfungsschaltungen

Die Aufgabe der digitalen Nachrichtenverarbeitung besteht
darin, Verfahren und Anordnungen zu entwickeln, durch die
Nachrichten nach rationalen Gesetzen miteinander verknüpft
werden. Im Gegensatz zur Kommunikationstechnik, deren Zweck
die Übertragung der unveränderten Nachricht ist, werden
hierbei Informationen planmäßig verändert [3, 6, 2o] [1].

Die zum Entwurf digitaler Verknüpfungsschaltungen notwendigen Grundlagen werden in den folgenden Abschnitten in knap-
per Form zusammengefaßt. Die Behandlung beschränkt sich bewußt auf die Darstellung der für eine <u>praktische Entwurfs-
arbeit</u> wichtigen Punkte. Eine eingehende Beschreibung findet
sich in der weiterführenden Literatur [3, 6, 20].

1.1. Grundzüge der Schaltalgebra

Beim Entwurf von Verknüpfungsschaltungen ist es notwendig,
eine systematische Methode anzuwenden, um die Gefahr logi-
scher Fehler auszuschließen. Die Schaltalgebra liefert das
Rüstzeug zu einer schematischen Analyse und Synthese logi-
scher Schaltkreise.

1.1.1. Wesen der binären Logik

Die binäre (d.h. zweiwertige) Logik ist ein Zweig der mathematischen Logik (symbolische Logik, Logistik), die von De
Morgan (1806-1870) und G. Boole (1815-1864) begründet wurde.

Bei der binären Logik werden alle Aussagen mit Variablen
gemacht, die nur zwei Werte annehmen können. Das Anliegen
dieser mathematischen Disziplin liegt darin, bestimmte logische Gesetze und Zusammenhänge, die im allgemeinen Sprach-
gebrauch oft nur verschwommen ausgesprochen werden, durch
klar definierte Elementarbegriffe exakt auszudrücken.
Bei der Anwendung der rein abstrakten mathematischen Logik
auf Schaltungen der Nachrichtenverarbeitung mit nur zwei

---

[1] siehe Verzeichnis der weiterführenden Bücher im Anhang

möglichen Zuständen (binäre Schaltkreise) spricht man von
<u>Schaltalgebra</u> oder <u>Schaltungsalgebra</u>.

Die beiden möglichen binären Werte der logischen Variablen
beschreiben hier Zustände in Schaltungen. Ein Kontakt kann
sich in einem

<u>geöffneten</u> oder <u>geschlossenen</u> Zustand

befinden. Eine Spannung kann einen

<u>niedrigen</u> oder <u>hohen</u> Wert

einnehmen.

Als Symbole für die beiden Werte einer binären Variablen
benutzen wir <u>O und 1</u>. Anstelle der Symbole O und 1 können
gleichrangig die Symbole O und L verwendet werden. Dagegen
sollte man die nach DIN 41 785 ebenfalls mögliche Bezeichnung L (<u>L</u>ow Voltage = Niedrige Spannung) und H (<u>H</u>igh Voltage = Hohe Spannung) vermeiden, da sie einer allgemeinen,
schaltkreisunabhängigen Darstellung nicht gerecht wird.

1.1.2. Logische Verknüpfungen und Symbole

In einem allgemeinen System nach Bild 1 werden die logischen
<u>Eingangsvariablen</u> A, B, C, ... N so verknüpft, daß nur bei
ganz bestimmten Wertekombinationen die Ausgangsvariable Y
den Wert 1 annimmt. Dabei können die Eingangs- und Ausgangsvariablen grundsätzlich unterschied-
lichen physikalischen Größen oder Zuständen entsprechen. So ist es z.B.
möglich, daß die Eingangsvariable A
den Zustand eines mechanischen Schal-
ters angibt, während die Ausgangsvariable Y den Erregungszustand eines
Relais kennzeichnet. Die klare Zuordnung zwischen logischen Werten und
schaltungstechnischen Zuständen ist
unbedingt erforderlich. Diese Zuordnung muß für ein gesamtes System kon-
sequent beibehalten werden. Schon

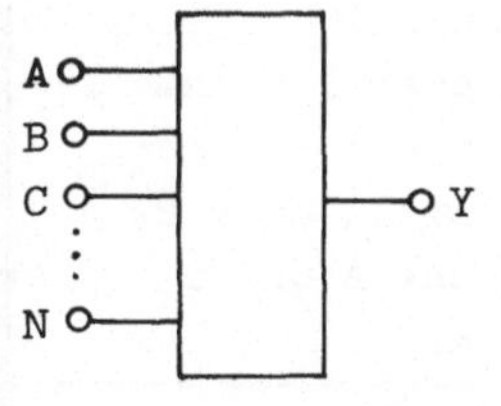

Bild 1 Blockschalt-
tung eines
logischen
Verknüpfungs-
systems

in Band 1 dieser Reihe "Nachrichtenverarbeitung" [14] wurden die logischen Grundverknüpfungen von zwei Variablen eingeführt. Eine ausführliche Behandlung der logischen Funktionen findet sich auch in [6]. Tafel 1 faßt alle möglichen Verknüpfungen zweier binärer Variablen A und B zusammen.

Tafel 1 Alle Möglichkeiten der Verknüpfungen zweier Variablen A und B

Funktionstabelle A|0 0 1 1 B|0 1 0 1	Schaltfunktion	Benennung	Sprechweise
0 0 0 0	$Y_0 = 0$	Konstante 0	Null
* 0 0 0 1	$Y_1 = A \cdot B$	Konjunktion	A und B
0 0 1 0	$Y_2 = A \cdot \bar{B}$	Inhibition	A und B nicht
0 0 1 1	$Y_3 = A$	Identität	A
0 1 0 0	$Y_4 = \bar{A} \cdot B$	Inhibition	A nicht und B
0 1 0 1	$Y_5 = B$	Identität	B
* 0 1 1 0	$Y_6 = A \not\equiv B$	Antivalenz	A antivalent B
* 0 1 1 1	$Y_7 = A + B$	Disjunktion	A oder B
* 1 0 0 0	$Y_8 = \overline{A + B}$	Nor-Funktion	Nicht A oder B
* 1 0 0 1	$Y_9 = A \equiv B$	Äquivalenz	A äquivalent B
1 0 1 0	$Y_{10} = \bar{B}$	Negation	B nicht
1 0 1 1	$Y_{11} = A + \bar{B}$	Implikation	A oder B nicht
* 1 1 0 0	$Y_{12} = \bar{A}$	Negation	A nicht
1 1 0 1	$Y_{13} = \bar{A} + B$	Implikation	A nicht oder B
* 1 1 1 0	$Y_{14} = \overline{A \cdot B}$	Nand-Funktion	Nicht A und B
1 1 1 1	$Y_{15} = 1$	Konstante 1	Eins

In der zweiten Spalte der Tafel 1 sind die Schaltfunktionen in allgemeiner Form angeschrieben, deren Benennung und Sprechweise man in der dritten und vierten Spalte findet. In der Funktionstabelle der Spalte 1 sind in der Kopfzeile die vier möglichen Wertekombinationen der Eingangsvariablen

A und B aufgeführt. Die zugehörigen Funktionswerte stehen darunter. Die in der Spalte "Funktionstabelle" der Tafel 1 aufgeführten Zuordnungen werden normalerweise in der in Bild 2 angegebenen Form dargestellt. Bild 2 zeigt die Funktionstabelle der Antivalenz (Y_6 in Tafel 1). Die Ausgangsvariable Y nimmt dann den Wert 1 an, wenn die Werte der Eingangsvariablen <u>nicht gleich</u> sind. Ein Sonderfall ist die <u>Exklusiv-Oder-Funktion</u>. Bei dieser ist die Ausgangsvariable 1, wenn <u>nur eine</u> Eingangsvariable 1 ist. Bei zwei Eingangsvariablen sind Antivalenz und Exklusiv-Oder-Funktion gleich.

A	B	Y_6
0	0	0
0	1	1
1	0	1
1	1	0

Bild 2 Funktionstabelle der Antivalenz

Die wichtigsten Schaltfunktionen sind in Tafel 1 durch einen Stern (*) gekennzeichnet. Sie haben aus folgenden Gründen eine besondere Bedeutung: <u>Negation</u>, <u>Konjunktion und Disjunktion</u> bilden die <u>logischen Grundfunktionen</u>, mit denen sich alle Schaltfunktionen aufbauen lassen. <u>Nand- und Nor-Funktionen</u> werden in dieser Form von Schaltungen mit Halbleiterbauelementen realisiert und als fertige Bausteine angeboten. <u>Antivalenz- und Äquivalenz-Funktion</u> werden bei Vergleicher- und Rechenschaltungen benötigt. Es ist daher zweckmäßig, sie als Einheit anzusehen (s. Abschn. 4.4.2.).

In Tafel 2 sind diese wichtigen Schaltfunktionen zusammengestellt. In Spalte 2 erscheint die in diesem Skriptum verwendete Schreibweise. Bei der Konjunktion bzw. Nand-Funktion kann der Punkt ($\cdot$) aus Gründen der Zweckmäßigkeit entfallen. Die in der letzten Spalte angegebenen DIN-Schaltzeichen entsprechen der Norm DIN 40 700 aus dem Jahre 1976 (neue Norm). In der vorletzten Spalte (alte Norm) finden sich die bis zu diesem Zeitpunkt gültigen Schaltzeichen. Bei den Symbolen für die Disjunktion bzw. Nor-Funktion darf das Größer-Gleich-Zeichen ($\geqq$) fortfallen, wenn dadurch keine Unklarheiten entstehen.

Tafel 2 Wichtigste Schaltfunktionen und ihre Schaltzeichen

Benennung	Schreibweise der Schaltfunktion	Andere Schreibweisen	DIN-Schaltzeichen alte Norm	neue Norm
Negation (Nicht-Funktion)	$Y = \overline{A}$		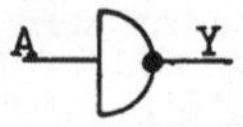	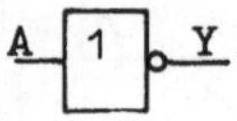
Konjunktion (Und-Funktion)	$Y = A \cdot B$ $Y = AB$	$Y = A \wedge B$ $Y = A \,\&\, B$	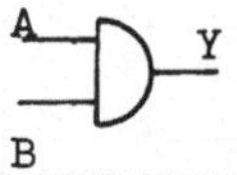	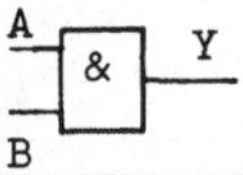
Disjunktion (Oder-Funktion)	$Y = A + B$	$Y = A \vee B$ $Y = A \,/\, B$	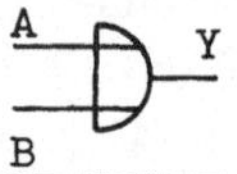	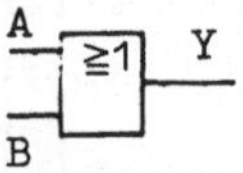
Nand-Funktion	$Y = \overline{A \cdot B}$ $Y = \overline{AB}$	$Y = \overline{A \wedge B}$ $Y = \overline{A \,\&\, B}$	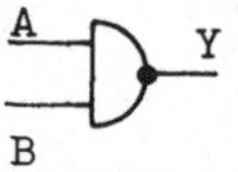	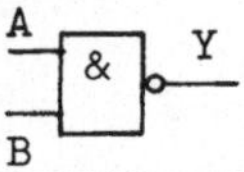
Nor-Funktion	$Y = \overline{A + B}$	$Y = \overline{A \vee B}$ $Y = \overline{A \,/\, B}$	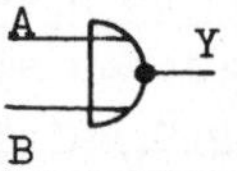	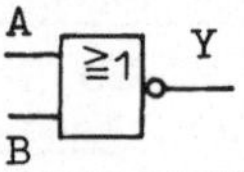
Antivalenz-Funktion	$Y = A \not\equiv B$	$Y = A + B$ $Y = A \oplus B$	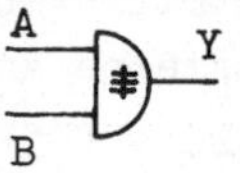	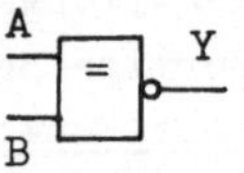
Äquivalenz-Funktion	$Y = A \equiv B$	$Y = A \leftrightarrow B$ $Y = A \odot B$	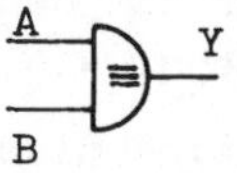	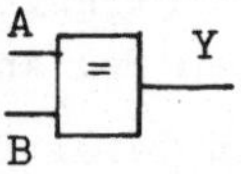

1.1.3. Postulate der Schaltalgebra

Postulate sind Forderungen, die sich auf die Verknüpfung der
binären Werte 0 und 1 beziehen. Daß wir es überhaupt mit
zweiwertigen Variablen zu tun haben, wird durch

$$\overline{0} = 1 \tag{1}$$
$$\overline{1} = 0 \tag{2}$$

ausgedrückt. Gl. (1) und (2) fordern, daß der Negation eines
binären Wertes eindeutig der andere binäre Wert zugeordnet
ist.

Die weiteren Postulate sind in Tafel 3 zusammengestellt.
Sie lassen sich leicht merken, wenn man ihnen eine Realisierung durch Kontakte gegenüberstellt, wie dies ebenfalls
in Tafel 3 angegeben ist. Hierbei gelten die Festlegungen

   0 = Leerlauf (offene Kontaktstelle)
   1 = Kurzschluß (geschlossene Kontaktstelle)
   · = Reihenschaltung von Kontakten
   + = Parallelschaltung von Kontakten

Tafel 3 Postulate der Schaltalgebra

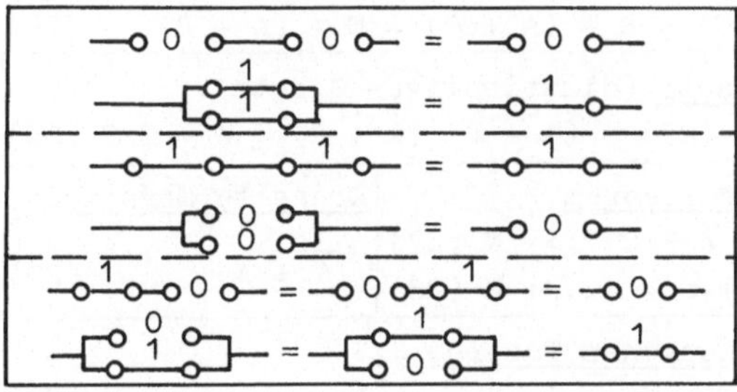

(Kontaktrealisierung)	
(Reihenschaltung zweier offener Kontakte)	$0 \cdot 0 = 0 \qquad (3)$
(Parallelschaltung zweier geschlossener Kontakte)	$1 + 1 = 1 \qquad (4)$
(Reihenschaltung zweier geschlossener Kontakte)	$1 \cdot 1 = 1 \qquad (5)$
(Parallelschaltung zweier offener Kontakte)	$0 + 0 = 0 \qquad (6)$
(Reihenschaltung offener und geschlossener Kontakt)	$1 \cdot 0 = 0 \cdot 1 = 0 \qquad (7)$
(Parallelschaltung offener und geschlossener Kontakt)	$0 + 1 = 1 + 0 = 1 \qquad (8)$

Beim Vergleich von Gl. (1) mit Gl. (2), Gl. (3) mit Gl. (4),
Gl. (5) mit Gl. (6) und Gl. (7) mit Gl. (8) erkennt man, daß
durch Vertauschen von 0 und 1 sowie (·) mit (+) in den
ersten Gleichungen jeweils die zweiten Gleichungen entstehen. Man sagt, die Gleichungen sind zueinander _dual_.

1.1.4. Rechenregeln der Schaltalgebra

Beim Rechnen mit Schaltvariablen gelten die in Tafel 4 zu-
sammengestellten Rechenregeln. Sie lassen sich mit den Po-
stulaten beweisen und mit Kontaktschaltungen verdeutlichen.
Das _Shannonsche Theorem_, Gl. (30) in Tafel 4, ist zu lesen:

> Die Negation einer beliebigen Schaltfunktion kann
> durch eine _dual_ aufgebaute gleichwertige nicht ne-
> gierte (ungequerte) Funktion ersetzt werden.

Hierbei wird jede Variable durch ihr Komplement (negierte
Variable) und jedes Und-Symbol durch das Oder-Symbol und

Tafel 4 Rechenregeln der Schaltalgebra

$A \cdot A = A$ (9) $\quad A + \bar{A} = 1$ (13)	$A + A \cdot B = A$	(17)
$A + A = A$ (10) $\quad \bar{A} \cdot A = 0$ (14)	$A \cdot (A + B) = A$	(18)
$A \cdot 1 = A$ (11) $\quad A + 1 = 1$ (15)	$A \cdot (\bar{A} + B) = A \cdot B$	(19)
$A + 0 = A$ (12) $\quad A \cdot 0 = 0$ (16)	$A + \bar{A} \cdot B = A + B$	(20)

Vertauschungsgesetz (kommutatives Gesetz)

$$A \cdot B = B \cdot A \qquad (21) \qquad\qquad A + B = B + A \qquad (22)$$

Verbindungsgesetz (assoziatives Gesetz)

$$A \cdot B \cdot C = A \cdot (B \cdot C) = B \cdot (A \cdot C) = C \cdot (A \cdot B) \qquad (23)$$
$$A + B + C = A + (B + C) = B + (A + C) = C + (A + B) \qquad (24)$$

Verteilungsgesetz (distributives Gesetz)

$$A \cdot B + A \cdot C = A \cdot (B + C) \quad (25) \qquad (A + B) \cdot (A + C) = A + B \cdot C \quad (26)$$

De Morgansches Theorem	**Doppelte Negation**
$\overline{A + B + C + \ldots + N} = \bar{A} \cdot \bar{B} \cdot \bar{C} \cdot \ldots \cdot \bar{N}$ (27)	
$\overline{A \cdot B \cdot C \cdot \ldots \cdot N} = \bar{A} + \bar{B} + \bar{C} + \ldots + \bar{N}$ (28)	$\bar{\bar{A}} = A \qquad (29)$

Shannonsches Theorem

$$\overline{f(A, B, C, \ldots N, +, \cdot \,)} = f(\bar{A}, \bar{B}, \bar{C}, \ldots \bar{N}, \cdot \,, \; +) \qquad (30)$$

umgekehrt ersetzt. So ist z.B.

$$\overline{A \cdot (B \cdot \bar{C} + D \cdot E \cdot F) + C \cdot \bar{F}} = \overline{A \cdot (B \cdot \bar{C} + D \cdot E \cdot F)} \cdot \overline{C \cdot \bar{F}}$$

$$= [\bar{A} + \overline{(B \cdot \bar{C} + D \cdot E \cdot F)}] \cdot [\bar{C} + F]$$

$$= [\bar{A} + \overline{B \cdot \bar{C}} \cdot \overline{D \cdot E \cdot F}] \cdot [\bar{C} + F]$$

$$= [\bar{A} + (\bar{B} + C) \cdot (\bar{D} + \bar{E} + \bar{F})] \cdot [\bar{C} + F]$$

Einige der Rechenreglen in Tafel 4 sollen in den folgenden Beispielen bewiesen werden.

Beispiel 1: Gl. (25) ist mit einer vollständigen Funktionstabelle zu beweisen.

Der Beweis zu Gl. (25) ist erbracht, wenn man für die Variablen A, B und C alle möglichen Wertekombinationen einsetzt und der Funktionswert der linken und der rechten Seite von Gl. (25) in allen Fällen übereinstimmt. In Bild 3 werden zunächst die Werte der Teilfunktion $A \cdot B$, $A \cdot C$ und $B + C$ ermittelt und dann mit diesen Zwischenergebnissen die Werte für

$$Y_1 = A \cdot B + A \cdot C \text{ und}$$
$$Y_2 = A \cdot (B + C) \text{ gebildet.}$$

Man erkennt, daß in allen Zeilen der Wert von Y_1 gleich dem von Y_2 ist.

C B A	$A \cdot B$	$A \cdot C$	Y_1	$B + C$	Y_2
0 0 0	0	0	0	0	0
0 0 1	0	0	0	0	0
0 1 0	0	0	0	1	0
0 1 1	1	0	1	1	1
1 0 0	0	0	0	1	0
1 0 1	0	1	1	1	1
1 1 0	0	0	0	1	0
1 1 1	1	1	1	1	1

Bild 3 Funktionstabelle zum
Beweis von Gl. (25)

<u>Beispiel 2:</u> Zur Gl. (19) sind die Kontaktnetzwerke zu zeichnen. Es ist zu erklären, wieso beide Kontaktnetzwerke hinsichtlich des Stromdurchgangs gleich sind.

In Gl. (19) $A \cdot (\overline{A} + B) = A \cdot B$ treten sowohl negierte als auch nicht negierte Variable auf. Bei der Darstellung durch Schaltkontakte soll hier folgende Festlegung getroffen werden:

      Nicht negierte Variable ≙ Arbeitskontakt
      Negierte Variable ≙ Ruhekontakt

Schon auf S. 16 ist festgelegt, daß die Konjunktion ($\cdot$) der Reihenschaltung und die Disjunktion ($+$) der Parallelschaltung von Kontakten entsprechen soll. Hiermit ergeben sich die Kontaktnetzwerke von Bild 4.

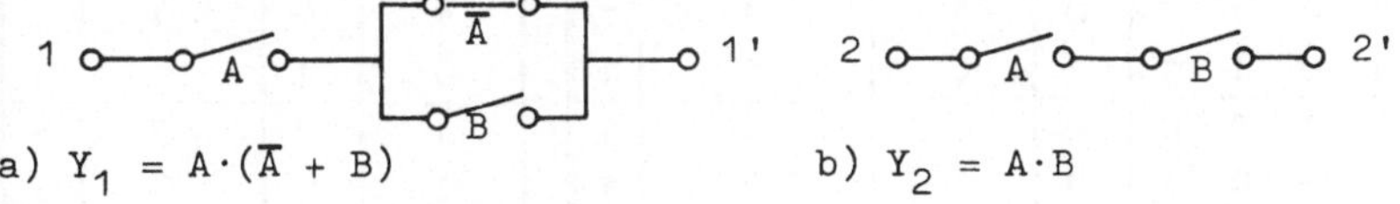

a) $Y_1 = A \cdot (\overline{A} + B)$ b) $Y_2 = A \cdot B$

Bild 4 Kontaktnetzwerke für die linke (a) und rechte Seite
(b) von Gl. (19)

Ist A = 0, d.h. der Schalter A offen, kann in beiden Fällen
kein Strom fließen. Ist dagegen A = 1, also Schalter A ge-
schlossen, so ist $\overline{A}$ = 0, also Schalter $\overline{A}$ offen. Somit hängt
es sowohl beim Kontaktnetzwerk des Bildes 4a als bei dem des
Bildes 4b nur noch vom Schalter B ab, ob ein Strom von
Punkt 1 nach 1' bzw. von 2 nach 2' fließen kann. Beide
Schaltungen sind hinsichtlich des Stromdurchganges gleich.
Schalter $\overline{A}$ im Netzwerk des Bildes 4a ist überflüssig.

Beispiel 3: Von der Schaltfunktion Y = AB + ($\overline{A}$ + C)D ist
mit dem De Morganschen Theorem das Komplement (negierte
Funktion) zu bilden. Die Richtigkeit der Umformung ist mit
einer vollständigen Funktionstabelle zu beweisen.

Man erhält das Komplement, indem man beide Seiten negiert
und dann die Funktion umformt

$$\overline{Y} = \overline{AB + (\overline{A} + C)D} = \overline{AB} \cdot \overline{(\overline{A} + C)D} = (\overline{A} + \overline{B}) \cdot (\overline{\overline{A} + C} + \overline{D})$$

$$= (\overline{A} + \overline{B}) \cdot (A\overline{C} + \overline{D})$$

D	C	B	A	AB	$\overline{A}$ + C	($\overline{A}$ + C)D	Y	$\overline{A}$ + $\overline{B}$	A$\overline{C}$	A$\overline{C}$ + $\overline{D}$	$\overline{Y}$
0	0	0	0	0	1	0	0	1	0	1	1
0	0	0	1	0	0	0	0	1	1	1	1
0	0	1	0	0	1	0	0	1	0	1	1
0	0	1	1	1	0	0	1	0	1	1	0
0	1	0	0	0	1	0	0	1	0	1	1
0	1	0	1	0	1	0	0	1	0	1	1
0	1	1	0	0	1	0	0	1	0	1	1
0	1	1	1	1	1	0	1	0	0	1	0
1	0	0	0	0	1	1	1	1	0	0	0
1	0	0	1	0	0	0	0	1	1	1	1
1	0	1	0	0	1	1	1	1	0	0	0
1	0	1	1	1	0	0	1	0	1	1	0
1	1	0	0	0	1	1	1	1	0	0	0
1	1	0	1	0	1	1	1	1	0	0	0
1	1	1	0	0	1	1	1	1	0	0	0
1	1	1	1	1	1	1	1	0	0	0	0

Bild 5 Funktionstabelle zu Beispiel 3

Da in der Spalte $\overline{Y}$ in allen Zeilen das Komplement des Wertes
von Spalte Y steht, ist die Richtigkeit von

$$\overline{Y} = (\overline{A} + \overline{B})(A\overline{C} + \overline{D}) \text{ bewiesen.}$$

1.1.5. Normalformen von Schaltfunktionen

Die Abhängigkeit der Ausgangsvariablen Y von den Eingangsvariablen eines Schaltnetzes, das aus mehreren Verknüpfungsgliedern, auch <u>Schaltglieder</u> genannt, besteht, läßt sich
durch eine vollständige <u>Funktionstabelle</u> beschreiben. Bild 6
zeigt ein Beispiel hierfür. Schaltalgebraisch läßt sich das
Funktionsverhalten auf zwei Arten darstellen.

C	B	A	Y	
0	0	0	0	Y_0
0	0	1	1	Y_1
0	1	0	1	Y_2
0	1	1	0	Y_3
1	0	0	1	Y_4
1	0	1	1	Y_5
1	1	0	1	Y_6
1	1	1	0	Y_7

Bild 6 Funktions-
tabelle

a) Man greift alle Zeilenkombinationen
heraus, bei denen die Ausgangsvariable
Y den Wert 1 annimmt.

$$Y = Y_1 + Y_2 + Y_4 + Y_5 + Y_6$$
$$= A \cdot \overline{B} \cdot \overline{C} + \overline{A} \cdot B \cdot \overline{C} + \overline{A} \cdot \overline{B} \cdot C +$$
$$A \cdot \overline{B} \cdot C + \overline{A} \cdot B \cdot C \qquad (31)$$

Man bezeichnet einen Ausdruck nach
Gl. (31) als <u>disjunktive Normalform</u>.
Bei der disjunktiven Normalform einer
Funktion mit n Variablen werden Kon-
junktionen disjunktiv verknüpft. Jede
Konjunktion enthält <u>alle</u> n Eingangsvariablen. Man nennt die-
se Konjunktionen auch <u>Minterme</u>.

b) Man greift alle Zeilenkombinationen heraus, bei denen die
Ausgangsvariable Y den Wert 0 annimmt

$$\overline{Y} = Y_0 + Y_3 + Y_7 = \overline{A} \cdot \overline{B} \cdot \overline{C} + A \cdot B \cdot \overline{C} + A \cdot B \cdot C$$

Nach Negation beider Seiten erhält man mit dem De Morganschen Theorem

$$\overline{\overline{Y}} = \overline{\overline{A} \cdot \overline{B} \cdot \overline{C} + A \cdot B \cdot \overline{C} + A \cdot B \cdot C} = \overline{\overline{A} \cdot \overline{B} \cdot \overline{C}} \cdot \overline{A \cdot B \cdot \overline{C}} \cdot \overline{A \cdot B \cdot C}$$

$$Y = (A + B + C) \cdot (\overline{A} + \overline{B} + C) \cdot (\overline{A} + \overline{B} + \overline{C}) \qquad (32)$$

Man bezeichnet einen Ausdruck nach Gl. (32) als <u>konjunktive
Normalform</u>. Bei der konjunktiven Normalform werden Disjunk-

tionen konjunktiv verknüpft. Diese Disjunktionen, die <u>alle</u>
Eingangsvariablen enthalten müssen, nennt man <u>Maxterme</u>.

Die konjunktive Normalform läßt sich auch unmittelbar aus
der Funktionstabelle anschreiben, indem man für die Variablen der Maxterme dann die negierte Variable einsetzt, wenn
an der entsprechenden Stelle der Tabelle eine 1 steht, und
die nicht negierte Variable einfügt, wenn in der Tabelle
eine O steht. Es sind nur Zeilenkombinationen zu nehmen, bei
denen die Ausgangsvariable O wird.
Normalformen von Schaltfunktionen sind häufig Ausgangspunkte
für Schaltkreisvereinfachungen.

<u>Beispiel 4:</u> Für die Funktion $Y = f(A, B, C, D)$ nach Bild 5
sind unmittelbar a) die disjunktive und b) die konjunktive
Normalform anzugeben.

Aus den Zeilen, in denen die Ausgangsvariable Y den Wert 1
annimmt, erhält man

a) $\quad Y = A \cdot B \cdot \overline{C} \cdot \overline{D} + A \cdot B \cdot C \cdot \overline{D} + \overline{A} \cdot \overline{B} \cdot \overline{C} \cdot D + \overline{A} \cdot B \cdot \overline{C} \cdot D + A \cdot B \cdot \overline{C} \cdot D +$
$\quad \overline{A} \cdot \overline{B} \cdot C \cdot D + A \cdot \overline{B} \cdot C \cdot D + \overline{A} \cdot B \cdot C \cdot D + A \cdot B \cdot C \cdot D$

Aus den Zeilen, in denen die Ausgangsvariable Y den Wert O
annimmt, erhält man mit dem oben Gesagten unmittelbar

b) $\quad Y = (A+B+C+D) \cdot (\overline{A}+B+C+D) \cdot (A+\overline{B}+C+D) \cdot (A+B+\overline{C}+D) \cdot$
$\quad (\overline{A}+B+\overline{C}+D) \cdot (A+\overline{B}+\overline{C}+D) \cdot (\overline{A}+B+C+\overline{D})$

<u>Beispiel 5:</u> Die Funktion $Y = C\overline{B} + \overline{C}(A + B)$ ist auf die dis-
junktive Normalform zu erweitern.

Um die disjunktive Normalform zu erhalten, muß die Funktion
so erweitert werden, daß jede Konjunktion die drei Variablen
A, B und C enthält. Eine Erweiterung ist mit Ausdrücken wie
z.B. $(A + \overline{A})$ möglich, die nach Rechenregel Gl. (13) stets
1 sind.

$$Y = C \cdot \overline{B} + \overline{C} \cdot A + \overline{C} \cdot B$$
$$= C \cdot \overline{B} \cdot (A + \overline{A}) + \overline{C} \cdot A \cdot (B + \overline{B}) + \overline{C} \cdot B \cdot (A + \overline{A})$$
$$= A \cdot \overline{B} \cdot C + \overline{A} \cdot \overline{B} \cdot C + A \cdot B \cdot \overline{C} + A \cdot \overline{B} \cdot \overline{C} + A \cdot B \cdot \overline{C} + \overline{A} \cdot B \cdot \overline{C}$$

$$Y = A \cdot \overline{B} \cdot C + \overline{A} \cdot \overline{B} \cdot C + A \cdot B \cdot \overline{C} + A \cdot \overline{B} \cdot \overline{C} + \overline{A} \cdot B \cdot \overline{C},$$

da nach Gl. (10) $A \cdot B \cdot \overline{C} + A \cdot B \cdot \overline{C} = A \cdot B \cdot \overline{C}$.

1.2. Schaltkreisvereinfachungen

Normalformen von Schaltfunktionen lassen sich meist vereinfachen. Eine Vereinfachung besteht aber nur dann, wenn sich
bei einem vorgegebenen System digitaler Schaltkreise auch
tatsächlich ein geringerer technischer Aufwand ergibt. Auf
dieses Problem wird in Abschn. 2.3 näher eingegangen.
Schaltnetze lassen sich sowohl mit den Rechengesetzen als
auch mit speziellen systematischen Vereinfachungsmethoden
vereinfachen.

1.2.1. Vereinfachungen mit schaltalgebraischen Rechenregeln

Die Vereinfachung von Schaltfunktionen mit den Rechenregeln
soll hier an zwei Beispielen erläutert werden.

Beispiel 6: Die folgende Schaltfunktion ist zu vereinfachen

$$Y = \overline{A} \cdot \overline{B} \cdot C + \overline{A} \cdot B \cdot \overline{C} + A \cdot \overline{B} \cdot \overline{C} + A \cdot \overline{B} \cdot C + A \cdot B \cdot \overline{C}$$

Nach dem Vertauschungsgesetz und Gl. (10) ist
$$\begin{aligned}
Y &= \overline{A} \cdot \overline{B} \cdot C + A \cdot \overline{B} \cdot C + \overline{A} \cdot B \cdot \overline{C} + A \cdot B \cdot \overline{C} + A \cdot B \cdot \overline{C} + A \cdot \overline{B} \cdot \overline{C} \\
&= \overline{B} \cdot C \cdot (\overline{A} + A) + B \cdot \overline{C} \cdot (\overline{A} + A) + A \cdot \overline{C} \cdot (B + \overline{B}) \quad \text{nach Gl. (25)} \\
&= \overline{B} \cdot C + B \cdot \overline{C} + A \cdot \overline{C} \quad \text{nach Gl. (13) und (11)} \\
&= (A + B) \cdot \overline{C} + \overline{B} \cdot C \quad \text{nach Gl. (25) und (22)}.
\end{aligned}$$

Beispiel 7: Folgende konjunktive Normalform ist zu verein-
fachen $Y = (A + B + C) \cdot (A + \overline{B} + \overline{C}) \cdot (\overline{A} + \overline{B} + \overline{C})$.

Nach dem Vertauschungsgesetz und Gl. (26) ist
$$\begin{aligned}
(A + \overline{B} + \overline{C}) \cdot (\overline{A} + \overline{B} + \overline{C}) &= (\overline{B} + \overline{C} + A) \cdot (\overline{B} + \overline{C} + \overline{A}) \\
&= \overline{B} + \overline{C} + A \cdot \overline{A} \\
&= \overline{B} + \overline{C} \quad \text{nach Gl. (14) und Gl. (12).}
\end{aligned}$$
Die Vereinfachung ist dann $Y = (A + B + C) \cdot (\overline{B} + \overline{C})$

Die Rechnungen in den Beispielen 6 und 7 zeigen, daß eine
Vereinfachung mit schaltalgebraischen Rechenregeln schon bei
kleinen Ausdrücken relativ schwierig wird, da man nicht immer
weiß, welche Regel man gerade anwenden soll und ob das er-

zielte Ergebnis tatsächlich die einfachste Form hat.

1.2.2. Vereinfachung mit KV-Tafeln

Von den systematischen Methoden, Schaltkreise mit minimalem
Aufwand zu realisieren, ist das Verfahren von Karnaugh und
Veitch am bekanntesten. Die bei diesem Verfahren benötigten
Tafeln werden mit KV-Tafeln bezeichnet (Abkürzung für Kar-
naugh-Veitch). Oft findet sich auch einfach die Bezeichnung
Karnaugh-Diagramm [9, 19].

1.2.2.1. Minterm-Methode

Die Minterm-Methode geht von der disjunktiven Normalform
der Schaltfunktionen aus. Jedem Minterm wird ein Feld in
einer Tafel zugeordnet, und zwar so, daß sich beim Übergang
von einem Feld zum benachbarten jeweils nur eine Variable
ändert. Es kann die schaltalgebraische Beziehung

$$Y = AB + \overline{A}B = (A + \overline{A})B = B \tag{33}$$

ausgenutzt werden, und benachbarte Felder können zusammengefaßt werden. Für Gleichungen mit zwei Variablen ergeben
sich die Tafeln nach Bild 7.

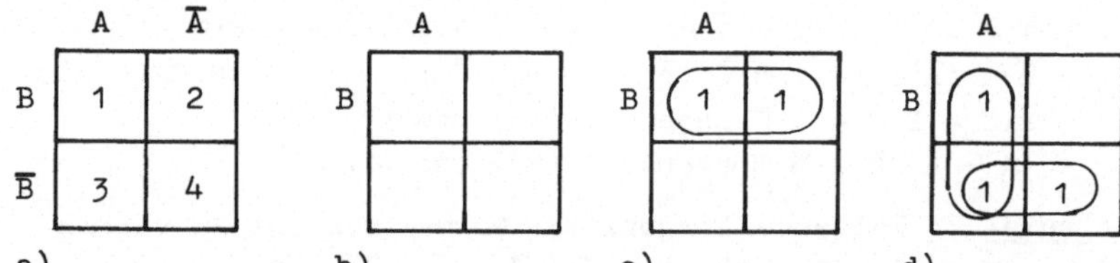

a)   b)   c)   d)

Bild 7 KV-Tafeln für zwei Variable mit Zuordnung der Min-
       terme (a), einfacher Felderbezeichnung (b), Darstel-
       lung der Funktion nach Gl. (33) (c) und Darstellung
       der Funktion nach Gl. (34) (d)

In Bild 7a entspricht Feld 1 dem Minterm $A \cdot B$ (als Schnitt-
punkt von Spalte A und Zeile B), Feld 2 dem Minterm $\overline{A} \cdot B$,
Feld 3 dem Minterm $A \cdot \overline{B}$ und Feld 4 dem Minterm $\overline{A} \cdot \overline{B}$. Die Belegung eines Feldes ergibt sich also als Konjunktion von
Zeilen- und Spaltenvariablen. Aus Gründen der Übersichtlich-

keit werden oft nur die ungequerten Variablen eingetragen,
wie Bild 7b zeigt.

Für alle in der Schaltfunktion vorhandenen Minterme wird bei
der Minterm-Methode an der zugehörigen Stelle der KV-Tafel
eine 1 eingetragen. Für die Funktion nach Gl. (33) entspricht dies der Eintragung nach Bild 7c. Man erkennt, daß
die Funktion Y den gesamten Bereich B umfaßt. Es ergibt sich
unmittelbar die Lösung $Y = B$.

In Bild 7d ist die Funktion

$$Y = A \cdot B + A \cdot \overline{B} + \overline{A} \cdot \overline{B} \qquad (34)$$

dargestellt. Dabei wird der Minterm $A \cdot \overline{B}$ zweimal zur Zusammenfassung herangezogen. Man liest dann aus der Tabelle als
Ergebnis ab

$$Y = A + \overline{B}$$

Will man durch schaltalgebraische Umrechnung zum gleichen
Ergebnis kommen, so kann man die Funktion in Gl. (34) so um-
schreiben, daß $A \cdot \overline{B}$ zweimal erscheint, also

$$\begin{aligned}
Y &= A \cdot B + A \cdot \overline{B} + A \cdot \overline{B} + \overline{A} \cdot \overline{B} \\
&= A \cdot (B + \overline{B}) + \overline{B} \cdot (A + \overline{A}) \\
&= A + \overline{B}
\end{aligned}$$

Das Verfahren kann theoretisch auf beliebig viele Variablen
ausgedehnt werden. Es wird ab vier Variable jedoch schnell
unübersichtlich. Wir wollen uns deshalb hier auf vier Variable beschränken. Die KV-Tafel zur Vereinfachung von Schaltfunktionen mit vier Variablen zeigt Bild 8.

Während in Bild 8a die Zeilen- und Spaltenbezeichnungen ex-
plizit angegeben sind, ist Bild 8b nach den Variablenblöcken
bezeichnet. Läßt man die gequerten Variablen fort, so erhält
man die Darstellung nach Bild 8c, die wegen ihrer Einfachheit ausschließlich benutzt werden soll. Das in Bild 8
schraffierte Feld entspricht dem Minterm $\overline{A} \cdot B \cdot \overline{C} \cdot D$.

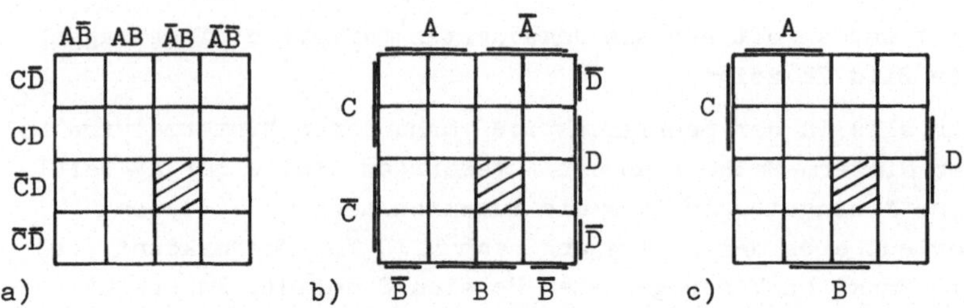

Bild 8 KV-Tafeln für vier Variable mit expliziter Spalten-
und Zeilenbezeichnung (a), Variablenblöcken (b) und
vereinfachter Bezeichnung (c)

Bei der Zusammenfassung benachbarter Felder kommt es darauf
an, möglichst große Blöcke zu bilden. Je größer der Block,
desto einfacher wird die Schaltfunktion. Jedes mit einer 1
gekennzeichnete Feld muß erfaßt werden. Läßt sich ein Feld
nicht mit einem benachbarten zusammenfassen, erscheint der
zugehörige Minterm in ungekürzter Form.

Es kann immer nur eine gerade Zahl von Feldern zusammengefaßt werden. Als benachbart gelten auch die an gegenüberlie-
genden Rändern vorhandenen Felder.

In Bild 9 sind einige Beispiele für das Zusammenfassen benachbarter Felder angegeben.

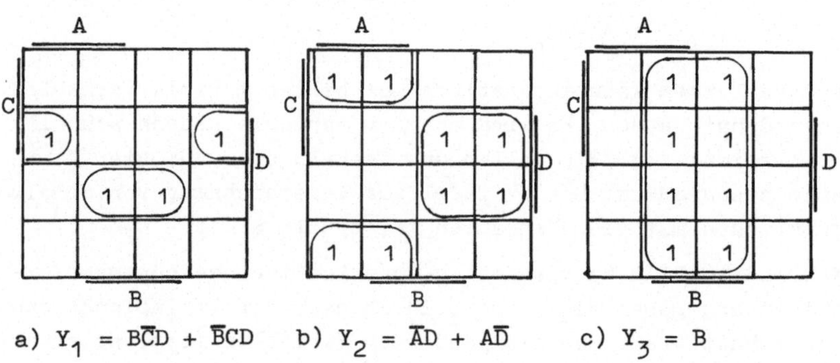

a) $Y_1 = B\bar{C}D + \bar{B}CD$ b) $Y_2 = \bar{A}D + A\bar{D}$ c) $Y_3 = B$

Bild 9 Beispiele für das Zusammenfassen von Mintermen in
KV-Tafeln durch Zweier-Blöcke (a), Vierer-Blöcke (b)
und Achter-Block (c)

Die Vereinfachung von Schaltfunktionen soll an weiteren Beispielen geübt werden.

<u>Beispiel 8:</u> Es ist zu prüfen, ob sich die Funktion
$$Y = A \cdot \overline{B} + \overline{A} \cdot B \cdot C + \overline{A} \cdot \overline{B}$$
weiter vereinfachen läßt.

Die Schaltfunktion ist nicht als disjunktive Normalform gegeben. Die Konjunktionen sind in die KV-Tafel des Bildes 10 eingetragen, wobei die Ausdrücke $A \cdot \overline{B}$ und $\overline{A} \cdot \overline{B}$ jeweils zwei Felder belegen. Man erhält die vereinfachte Funktion
$$Y = \overline{A}C + \overline{B}$$

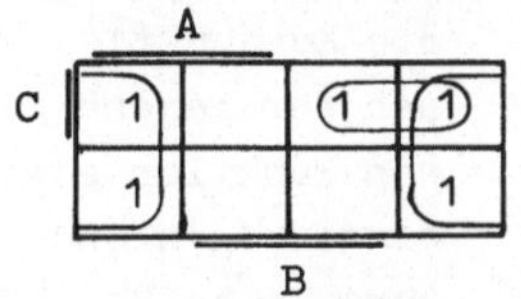

Bild 10 KV-Tafel zu Beispiel 8

<u>Beispiel 9:</u> Gegeben ist die Schaltfunktion
$$Y = A \cdot \overline{B} \cdot C \cdot \overline{D} + \overline{A} \cdot B \cdot C \cdot \overline{D} + \overline{A} \cdot \overline{B} \cdot C \cdot \overline{D} + \overline{A} \cdot B \cdot C \cdot D +$$
$$\overline{A} \cdot B \cdot \overline{C} \cdot D + A \cdot \overline{B} \cdot \overline{C} \cdot \overline{D} + \overline{A} \cdot \overline{B} \cdot \overline{C} \cdot \overline{D}$$
Die vereinfachte Schaltfunktion ist zu bestimmen.

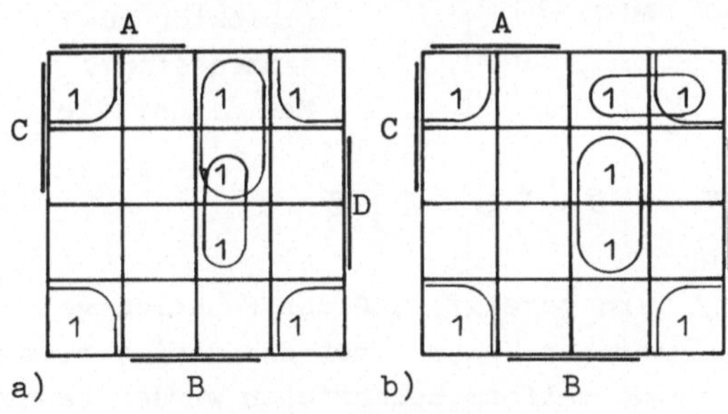

Bild 11 KV-Tafel zu Beispiel 9 mit verschiedenen Zusammenfassungen (a) und (b)

Die Minterme sind in die KV-Tafeln (Bild 11) eingetragen. Faßt man sie nach Bild 11a zusammen, so findet man
$$Y = \overline{B} \cdot \overline{D} + \overline{A} \cdot B \cdot C + \overline{A} \cdot B \cdot D$$

Bei einer Zusammenfassung nach Bild 11b erhält man die ebenfalls richtige Funktion $Y = \overline{B} \cdot \overline{D} + \overline{A} \cdot B \cdot D + \overline{A} \cdot C \cdot \overline{D}$.

Ob eine weitere Vereinfachung wie
$$\overline{B} \cdot \overline{D} + \overline{A} \cdot B \cdot C + \overline{A} \cdot B \cdot D = \overline{B} \cdot \overline{D} + \overline{A} \cdot B(C + D)$$
sinnvoll ist, hängt von dem Schaltkreissystem ab, mit dem die Funktion realisiert werden soll.

<u>Beispiel 10:</u> Bei der Analyse einer vorliegenden Schaltung
findet man die Schaltfunktion

$$Y = \overline{C} \cdot D + A \cdot \overline{B} \cdot D + \overline{A} \cdot B \cdot \overline{C} + \overline{A} \cdot \overline{B} \cdot D + \overline{A} \cdot B \cdot C \cdot \overline{D}.$$

Es ist zu prüfen, ob die Schaltfunktion weiter zu vereinfachen und somit Schaltungsaufwand einzusparen ist.

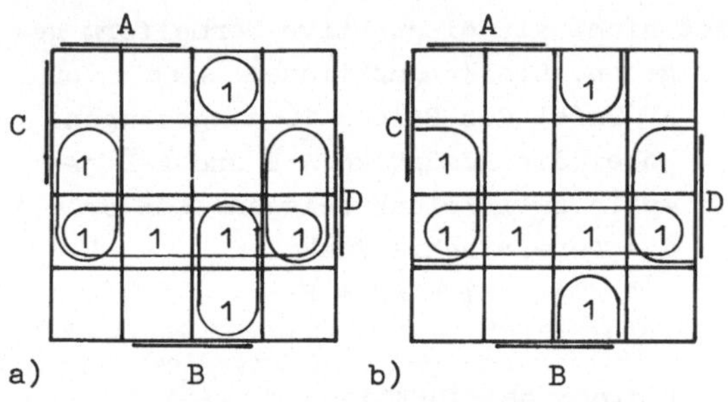

Bild 12 KV-Tafeln zu Beispiel 10 mit
Eintragung der gegebenen Konjunktionen (a) und mit günsti-
gerer Zusammenfassung (b)

In Bild 12a sind die Konjunktionen der gegebenen Funktion eineingetragen und durch eine Umrandung gekennzeichnet.

In Bild 12b sind die <u>Elementarkonjunktionen</u> (Minterme) geschickter zusammengefaßt. Man findet die

vereinfachte Funktion

$$Y = \overline{C} \cdot D + \overline{B} \cdot D + \overline{A} \cdot B \cdot \overline{D}$$

1.2.2.2. Maxterm-Methode

In Abschn. 1.1.5 (S. 22) wird gezeigt, daß das Funktionsverhalten eines Systems in gleicher Weise durch die disjunktive
wie durch die konjunktive Normalform beschrieben werden kann.
Geht man beim Vereinfachungsverfahren statt von der disjunktiven von der konjunktiven Normalform aus, so spricht man
von der <u>Maxterm-Methode</u>. Die Maxterm-Methode wendet man an,
wenn die Schaltfunktion als konjunktive Verknüpfung von Disjunktionen vorliegen soll. Die Vereinfachung beruht hier auf
der Anwendung der Rechenregel Gl. (26) in Tafel 4. Man erhält damit für benachbarte Maxterme

$$(A + B) \cdot (A + \overline{B}) = A + B \cdot \overline{B} = A \tag{35}$$

C	B	A	Y
0	0	0	1
0	0	1	0
0	1	0	1
0	1	1	0
1	0	0	0
1	0	1	0
1	1	0	1
1	1	1	0

Bild 13 Funktions-
tabelle zu
Beispiel 11

Beispiel 11: Eine Schaltfunktion sei durch die Funktionstabelle von Bild 13 gegeben. Sie soll mit der Maxterm-Methode vereinfacht werden.

Die konjunktive Normalform dieser Funktion ist

$$Y = (\overline{A} + B + C)(\overline{A} + \overline{B} + C)(A + B + \overline{C})$$
$$(\overline{A} + B + \overline{C})(\overline{A} + \overline{B} + \overline{C}). \qquad (36)$$

In Bild 14a sind für <u>alle</u> Elementarkonjunktionen der Variablen A, B und C die Funktionswerte eingetragen.

Während bei der Minterm-Methode nur die mit 1 gekennzeichneten Felder benötigt werden, benutzt man bei der Maxterm-Methode die mit 0 belegten Felder in Bild 14.

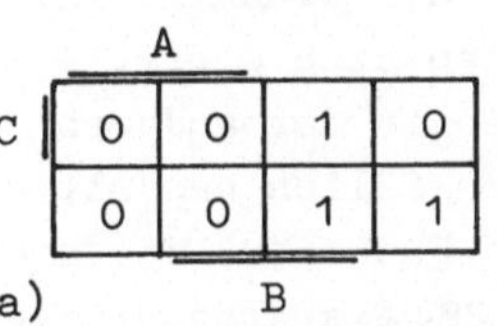

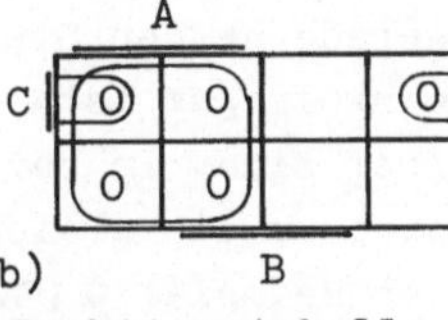

Bild 14 KV-Tafel zur Funktionstabelle Bild 13 mit allen Funktionswerten (a) und nur den 0-Werten (b)

Zum Maxterm

$$(\overline{A} + B + C)$$

der Gl. (36) gehört die 0, die sich in Bild 14b als gemeinsames Feld der Bereiche A, $\overline{B}$ und $\overline{C}$ ergibt (untere Reihe ganz links) usw.

Faßt man die mit 0 belegten Felder in der in Bild 14b gezeigten Form zusammen, so erhält man als Lösung

$$Y = \overline{A} \cdot (B + \overline{C}) \qquad (37)$$

Bei der Maxterm-Methode ist also darauf zu achten, daß immer die <u>Negation</u> der Variablen, die der Kennzeichnung des Platzes in der KV-Tafel entspricht, einzusetzen ist.

<u>Beispiel 12:</u> Die Schaltfunktion

$$Y = (\overline{A} + B + \overline{C} + \overline{D})\cdot(\overline{A} + B + C + \overline{D})\cdot(\overline{A} + \overline{B} + \overline{C} + D)$$
$$(\overline{A} + \overline{B} + \overline{C} + \overline{D})\cdot(\overline{A} + \overline{B} + C + \overline{D})\cdot(\overline{A} + \overline{B} + C + D)$$
$$(A + \overline{B} + C + D)\cdot(A + B + \overline{C} + \overline{D})\cdot(A + B + C + \overline{D})$$

ist zu vereinfachen.

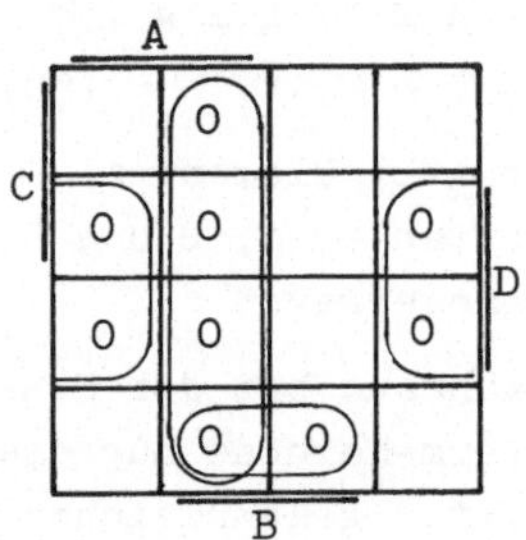

Bild 15 KV-Tafel zu
Beispiel 12

Trägt man die Maxterme in die KV-Tafel des Bildes 15 ein, so findet man die vereinfachte Funktion

$$Y = (\overline{A} + \overline{B})\cdot(B + \overline{D})\cdot(\overline{B} + C + D)$$

Vergleicht man Bild 15 mit Bild 11, so erkennt man, daß in der einen KV-Tafel gerade an <u>den</u> Stellen eine 0 bzw. 1 eingetragen ist, die in der anderen frei sind. In beiden Fällen handelt es sich um die gleiche Funktion, die unter Beispiel 9 (S. 28) als disjunktive Normalform und in diesem Beispiel als konjunktive Normalform angegeben ist.

1.2.2.3. Berücksichtigung frei wählbarer Terme

In der Praxis gibt es häufig Schaltungen, bei denen bestimmte Kombinationen der Eingangsvariablen nicht auftreten können (s.Abschn. 4.2). Wenn sie nicht auftreten, ist es gleichgültig, welchen Zustand man ihnen zuordnet. Man benutzt daher diese <u>frei wählbaren Terme</u> (engl. don't care terms), um sie zur Schaltkreisvereinfachung heranzuziehen. In der Funktionstabelle und in der KV-Tafel werden diese Terme durch ein X gekennzeichnet.

<u>Beispiel 13:</u> Eine Schaltfunktion ist durch die Funktionstabelle des Bildes 16 gegeben. Zu ermitteln ist

a) die vereinfachte Schaltfunktion in disjunktiver Form <u>ohne Berücksichtigung</u> der frei wählbaren Terme und

b) <u>unter Ausnutzung</u> der frei wählbaren Terme.

C	B	A	Y
0	0	0	0
0	0	1	1
0	1	0	0
0	1	1	1
1	0	0	1
1	0	1	X
1	1	0	X
1	1	1	X

Bild 16 Funktionstabelle
     mit frei wähl-
     baren Termen

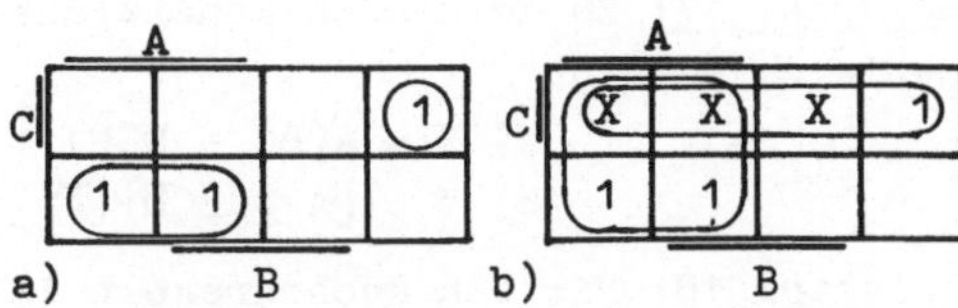

Bild 17 KV-Tafeln zur Funktionstabelle des Bildes 16
ohne (a) und mit Berück-
sichtigung der frei
wählbaren Terme (b)

Ohne Berücksichtigung der frei wählbaren Terme findet man
nach Bild 17a die Funktion

$$\text{a)} \quad Y = A \cdot \overline{C} + \overline{A} \cdot \overline{B} \cdot C.$$

Berücksichtigt man die frei wählbaren Terme nach Bild 17b,
so ergibt sich die noch einfachere Funktion

$$\text{b)} \quad Y = A + C.$$

<u>Übungsaufgaben zu Abschn. 1.1 und 1.2</u> (Lösungen im Anhang):

<u>Beispiel 14:</u> Der Tafel 1 sind die Funktionstabellen der
Antivalenz $Y_6 = f_6(A, B)$ und der Äquivalenz $Y_9 = f_9(A, B)$
zu entnehmen und die Schaltfunktionen anzugeben.
Mit den Rechenregeln der Schaltalgebra ist zu zeigen, daß
$\overline{Y}_6 = Y_9$ ist.

<u>Beispiel 15:</u> Die Gl. (17) $A + A \cdot B = A$ und die Gl. (18)
$A \cdot (A + B) = A$ in Tafel 4 sind mit den Rechenregeln zu beweisen.

<u>Beispiel 16:</u> Mit vollständigen Funktionstabellen sind fol-
gende Rechenregeln aus Tafel 4 zu beweisen

$$\text{a)} \quad \text{Gl. (19)} \quad A \cdot (\overline{A} + B) = A \cdot B$$

$$\text{b)} \quad \text{Gl. (20)} \quad A + \overline{A} \cdot B = A + B$$

$$\text{c)} \quad \text{Gl. (26)} \quad (A + B) \cdot (A + C) = A + B \cdot C$$

- 33 -

<u>Beispiel 17:</u> Zu folgenden Schaltfunktionen sind die Komplemente zu bilden

$$\text{a) } Y = A(B\overline{C} + DEF) + C\overline{F}$$
$$\text{b) } Y = [A + BC\overline{D}]\cdot[\overline{A}D + F(B\overline{C} + E)]$$

<u>Beispiel 18:</u> Mit den Rechenregeln ist die folgende Schaltfunktion in disjunktiver Normalform zu vereinfachen

$$Y = A\cdot\overline{B}\cdot C\cdot D + A\cdot B\cdot\overline{C}\cdot D + \overline{A}\cdot B\cdot\overline{C}\cdot D + \overline{A}\cdot\overline{B}\cdot C\cdot D$$

C	B	A	Y_1	Y_2
0	0	0	1	0
0	0	1	0	0
0	1	0	1	1
0	1	1	1	1
1	0	0	0	1
1	0	1	0	0
1	1	0	1	0
1	1	1	0	1

Bild 18 Funktionstabelle zu Beispiel 19

<u>Beispiel 19:</u> Zu den Funktionen Y_1 und Y_2, die mit der Funktionstabelle von Bild 18 festgelegt sind, sind

   a) die disjunktive und

   b) die konjunktive Normalform

anzugeben.

<u>Beispiel 20:</u> Gegeben ist die Schaltfunktion $Y = A\cdot B + \overline{B}\cdot\overline{D} + B\cdot C\cdot D$

Zu bestimmen sind

   a) die disjunktive und

   b) die konjunktive Normalform

zu dieser Funktion.

<u>Beispiel 21:</u> Zu ermitteln sind die vereinfachten Schaltfunktionen zu den in Bild 19 angegebenen KV-Tafeln.

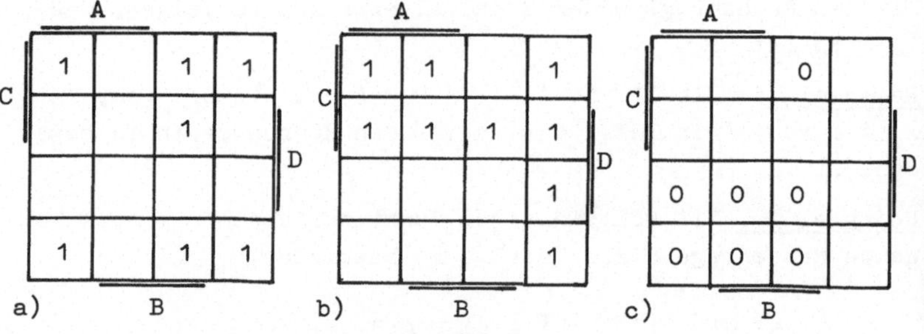

Bild 19 KV-Tafeln zu Beispiel 21

Mit schaltalgebraischen Umformungen ist zu zeigen, daß die zu Bild 19b und c ermittelten Funktionen gleich sind.

Beispiel 22: Folgende Schaltfunktionen sind mit KV-Tafeln zu vereinfachen

a) $Y = A \cdot B \cdot C \cdot D + \overline{A} \cdot B \cdot C \cdot D + \overline{A} \cdot B \cdot \overline{C} \cdot D + A \cdot B \cdot \overline{C} \cdot \overline{D} + \overline{A} \cdot B \cdot \overline{C} \cdot \overline{D}$

b) $Y = A \cdot B \cdot C \cdot \overline{D} + A \cdot B \cdot C \cdot D + \overline{A} \cdot B \cdot C \cdot D + A \cdot \overline{B} \cdot \overline{C} \cdot D +$
$\quad\quad A \cdot B \cdot \overline{C} \cdot D + \overline{A} \cdot B \cdot \overline{C} \cdot D + \overline{A} \cdot \overline{B} \cdot \overline{C} \cdot D$

c) $Y = (\overline{A} + B + C + \overline{D}) \cdot (\overline{A} + B + C + D) \cdot (A + B + C + D)$
$\quad\quad (\overline{A} + B + \overline{C} + \overline{D}) \cdot (\overline{A} + \overline{B} + \overline{C} + \overline{D})$

d) $Y = A \cdot \overline{B} \cdot C + A \cdot B \cdot C \cdot \overline{D} + \overline{A} \cdot \overline{B} \cdot C + A \cdot \overline{B} \cdot \overline{C} + A \cdot B \cdot \overline{C} + \overline{A} \cdot \overline{C} \cdot D$

C	B	A	Y
0	0	1	1
0	1	0	0
0	1	1	1
1	0	0	0
1	0	1	1

Bild 20 Funktions-
tabelle zu
Beispiel 23

Beispiel 23: Eine Funktion wird durch die Funktionstabelle von Bild 20 beschrieben. Wegen des vorgegebenen Schaltungssystems ist es unmöglich, daß außer den aufgeführten weitere Kombinationen der Eingangsvariablen auftreten.

a) Die disjunktive Normalform ist anzugeben.

b) Die konjunktive Normalform ist anzugeben.

c) Die disjunktive Normalform ist mit der KV-Tafel zu vereinfachen.

d) Die konjunktive Normalform ist zu vereinfachen.

2. Analyse und Synthese von Schaltnetzen

In diesem Abschnitt werden einfache Schaltnetze behandelt.
Bei der Analyse muß zu einem vorliegenden Plan eines Schalt-
netzes die Schaltfunktion gefunden werden. Die Schaltpläne
sind mit den Schaltzeichen der Tafel 2 (S. 17) aufgebaut.
Die Synthese sucht zu einer vorliegenden Schaltfunktion das
Schaltnetzwerk.

2.1. Analyse von Schaltnetzen

Die Ermittlung der Schaltfunktion und eine mögliche Vereinfachung erfordern die Analyse des betreffenden Schaltnetzes.

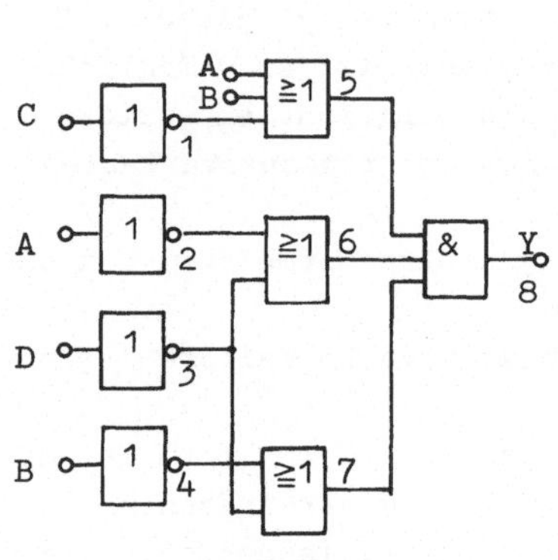

Beispiel 24: Die Schaltfunktion des in Bild 21 angegebenen Schaltnetzes ist zu ermitteln.

Ausgehend von den Eingängen links in Bild 21 schreibt man nacheinander an die Ausgänge der einzelnen Schaltglieder die in dem betreffenden Punkt er- reichte Funktion.

Punkt 1: $\bar{C}$

Punkt 2: $\bar{A}$

Punkt 3: $\bar{D}$

Bild 21 Schaltnetz mit Und-, Oder- und Nicht-Gliedern

Punkt 4: $\bar{B}$

Punkt 5: $A + B + \bar{C}$

Punkt 6: $\bar{A} + \bar{D}$

Punkt 7: $\bar{B} + \bar{D}$

Punkt 8: $Y = (A + B + \bar{C}) \cdot (\bar{A} + \bar{D}) \cdot (\bar{B} + \bar{D})$

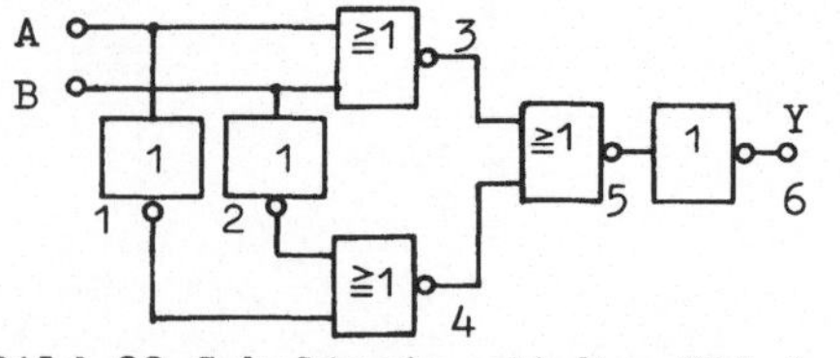

Beispiel 25: Die Schalt- funktion des Schaltnetzes in Bild 22 ist zu bestim- men

Bild 22 Schaltnetz mit Nor-Gliedern

Man erhält die Zwischenergebnisse an

Punkt 1: $\overline{A}$	Punkt 4: $\overline{\overline{A} + \overline{B}} = A \cdot B$
Punkt 2: $\overline{B}$	Punkt 5: $\overline{A} \cdot \overline{B} + A \cdot B$
Punkt 3: $\overline{A + B} = \overline{A} \cdot \overline{B}$	Punkt 6: $Y = A \cdot B + \overline{A} \cdot \overline{B}$ (38)

Gl. (38) ist die explizite Schreibweise für die Äquivalenzfunktion (vergl. Beispiel 14).

Bei der Analyse von Schaltnetzen mit Nor- oder Nand-Gliedern
muß man die Zwischenergebnisse mit dem De Morganschen Theorem Gl. (27) und Gl. (28) umformen (Punkt 3 und 4 in Beispiel 25). Liegt am Ausgang des Schaltnetzes ein Nicht-Glied,
so ist das Ergebnis des davorliegenden Gliedes (Punkt 5)
nicht umzuformen.

2.2. Synthese von Schaltnetzen mit Und-, Oder- und Nicht-Gliedern

In diesem Abschnitt soll das Schaltnetz für den Fall entworfen werden, daß die Schaltfunktion bekannt ist. Die Schalt-
netzsynthese mit Gliedern der Grundfunktionen ist relativ
einfach und wird an zwei Beispielen erklärt. Im Beispiel 26
ist die <u>Eingangs-Auffächerung</u> (Anzahl der Eingänge) pro
Glied beliebig groß, im Beispiel 27 jedoch auf zwei be -
schränkt.

<u>Beispiel 26:</u> Die Funktion

$$Y = (\overline{A} + B + A \cdot \overline{B} \cdot \overline{C} \cdot \overline{D}) \cdot (\overline{A} \cdot \overline{B} \cdot C \cdot D + E)$$

ist mit Und-, Oder- und Nicht-Gliedern aufzubauen. Es stehen
nur die nicht negierten Eingangsvariablen zur Verfügung. Die
Eingangs-Auffächerung der Glieder ist beliebig groß.

Zunächst werden die negierten Variablen erzeugt, dann die
Konjunktionen $A \cdot \overline{B} \cdot \overline{C} \cdot \overline{D}$ und $\overline{A} \cdot \overline{B} \cdot C \cdot D$, danach die beiden Disjunktionen und schließlich die Funktion Y durch eine erneute
konjunktive Verknüpfung. Man geht also in der Funktion von
innen nach außen. Bild 23 zeigt das Schaltnetz. Gleich be-
zeichnete Eingänge sind als miteinander verbunden zu betrachten; diese Verbindungen wurden wegen der besseren Übersicht fortgelassen.

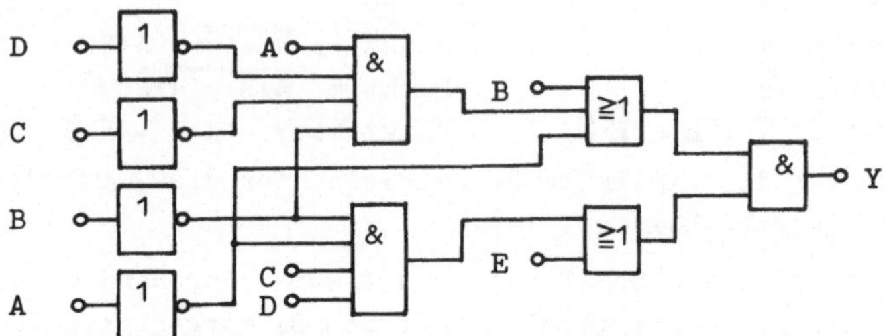

Bild 23 Schaltnetz zur Funktion Y = $(\overline{A} + B + A \cdot \overline{B} \cdot \overline{C} \cdot \overline{D})$.
$(\overline{A} \cdot \overline{B} \cdot C \cdot D + E)$ bei unbegrenzter Eingangs-Auffächerung

Beispiel 27: Die Funktion des Beispiels 26 ist mit Und-, Oder- und Nicht-Gliedern aufzubauen, deren Eingangs-Auffächerung auf zwei begrenzt sein soll.

Wegen des Verbindungsgesetzes von Gl. (23) und Gl. (24) kann man in die Schaltfunktion weitere Klammern einfügen, so daß nur Konjunktionen und Disjunktionen mit zwei Eingangsvariablen auftreten. Hier wird folgende Möglichkeit für das Setzen der Klammern gewählt

$$Y = [\overline{A} + B + A \cdot \overline{B} \cdot \overline{C} \cdot \overline{D}] \cdot [\overline{A} \cdot \overline{B} \cdot C \cdot D + E]$$
$$= [(\overline{A} + B) + (A \cdot \overline{B})(\overline{C} \cdot \overline{D})] \cdot [(\overline{A} \cdot \overline{B})(C \cdot D) + E]$$

Nach dieser Schreibweise ist das Schaltnetz in Bild 24 aufgebaut.

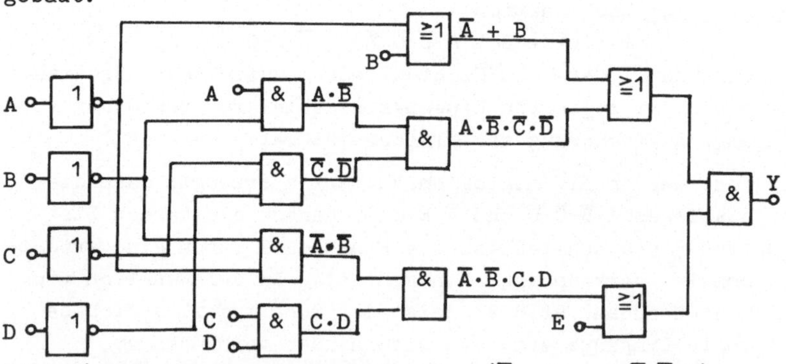

Bild 24 Schaltnetz zur Funktion Y = $(\overline{A} + B + A \cdot \overline{B} \cdot \overline{C} \cdot D)$.
$(\overline{A} \cdot \overline{B} \cdot C \cdot D + E)$ mit der Eingangs-Auffächerung 2

2.3. Synthese von Schaltnetzen mit Nor- und Nand-Gliedern

In der Praxis stehen zum Aufbau von Schaltnetzen oft nur
Nor- und Nand-Glieder zur Verfügung [14]. Wie solche Schaltnetze mit minimalem Aufwand verwirklicht werden, wird hier
nicht erörtert. Z.B. ist die mit einer KV-Tafel vereinfachte
Schaltfunktion nicht unbedingt optimal für eine Realisierung
mit Nor- oder Nand-Gliedern. Diese Frage wird in [22] ausführlich behandelt.

2.3.1. Grundfunktionen mit Nor- und Nand-Gliedern

Die Nor-Funktion

$$Y = \overline{A + B} \tag{39}$$

läßt sich mit dem De Morganschen Theorem in Gl. (27) in der
Form

$$Y = \overline{A} \cdot \overline{B} \tag{40}$$

schreiben. Setzt man in Gl. (39) B = 0 ein, so ergibt sich
die Nicht-Funktion

$$Y = \overline{A}. \tag{41}$$

Wegen Gl. (39) bis (41) lassen sich mit Nor-Gliedern alle
Grundfunktionen und somit alle Schaltfunktionen realisieren.
Bild 25 zeigt die Schaltnetze aus Nor-Gliedern für die
Grundfunktionen.

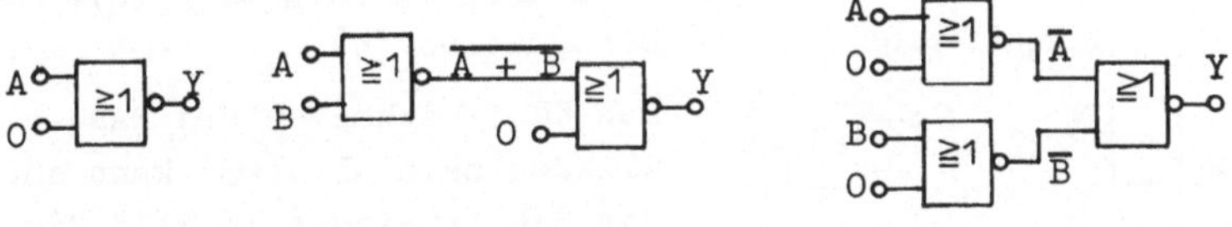

a) $Y = \overline{A}$ b) $Y = \overline{\overline{A + B}} = A + B$ c) $Y = \overline{\overline{A} + \overline{B}} = A \cdot B$

Bild 25 Schaltnetze aus Nor-Gliedern für Negation (a),
        Disjunktion (b) und Konjunktion (c)

Bild 26 Schaltzeichen für   Aus Bild 25c ist nicht sofort er-
       Nor-Glied nach   kennbar, daß das rechte Nor-Glied
       $Y = \overline{A + B}$ (a)   eine Konjunktion mit $\overline{A}$ und $\overline{B}$ aus-
       und $Y = \overline{A} \cdot \overline{B}$ (b)   führt. Wegen der Übersicht kann
                         man das Und-Symbol in Bild 26b
                         nach Gl. (40) benutzen. Ein Kreis

am Schaltzeichen kennzeichnet die Negation. Das Symbol von Bild 26b besagt, daß eine Negation beider Eingangsvariablen erfolgt und die negierten Eingangsvariablen konjunktiv verknüpft werden. Beide Schaltzeichen in Bild 26 beziehen sich auf das gleiche Schaltglied.

Die <u>Nand-Funktion</u>

$$Y = \overline{A \cdot B} \tag{42}$$

läßt sich mit dem De Morganschen Theorem

$$Y = \overline{A} + \overline{B} \tag{43}$$

schreiben. Setzt man in Gl. (42) B = 1 ein, so ergibt sich die Negation

$$Y = \overline{A} \tag{44}$$

Die Gleichungen (42) bis (44) sind die Begründungen für die Realisierung der Grundfunktionen mit Nand-Gliedern in Bild 27.

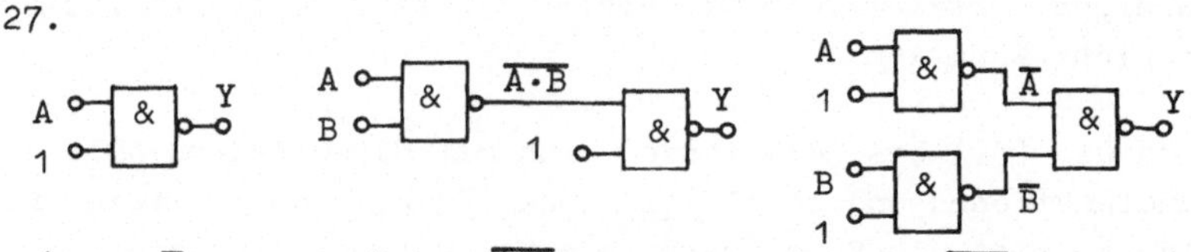

a) $Y = \overline{A}$ b) $Y = \overline{\overline{A \cdot B}} = A \cdot B$ c) $Y = \overline{\overline{A} \cdot \overline{B}} = A + B$

Bild 27 Schaltnetze aus Nand-Gliedern für Negation (a), Konjunktion (b) und Disjunktion (c)

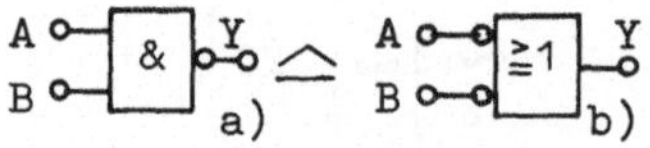

Bild 28 Schaltzeichen für Nand-Glied nach
$Y = \overline{A \cdot B}$ (a) und
$Y = \overline{A} + \overline{B}$ (b)

Das Oder-Verhalten des Nand-Gliedes nach Gl. (43) kann durch das Schaltzeichen in Bild 28b hervorgehoben werden.

2.3.2. Synthese mit Nor-Gliedern

Die Synthese von Schaltnetzen mit Nor-Gliedern soll an drei typischen Beispielen erläutert werden.

<u>Beispiel 28:</u> Die Schaltfunktion

$$Y = (A + B) \cdot (C \cdot D + E) \tag{45}$$

ist mit Nor-Gliedern aufzubauen.

Die Entwicklung von Schaltnetzen mit Nor- und Nand-Gliedern
wird <u>vom Ausgang Y zum Eingang hin</u> durchgeführt. Gl. (45)
ist eine Konjunktion, die nach Gl. (40) von einem Nor-Glied
ausgeführt werden kann, wenn die Funktionen $\overline{A + B}$ und $\overline{CD + E}$
dem Schaltglied zugeführt werden. $\overline{A + B}$ kann direkt mit
einem Nor-Glied erzeugt werden. Sind C·D und E die Eingangsvariablen eines weiteren Nor-Gliedes, so entsteht $\overline{C·D + E}$.

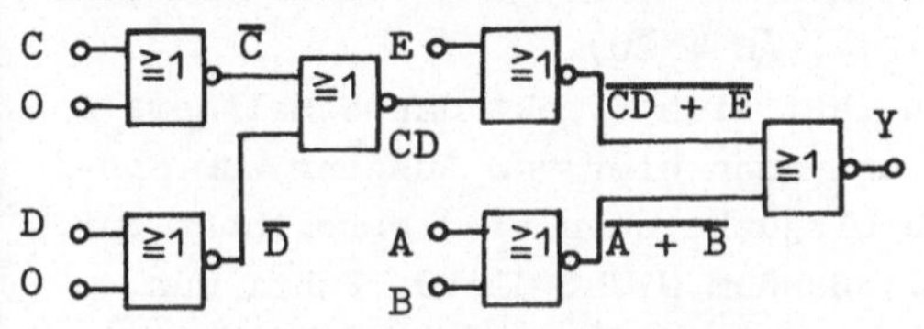

Die Konjunktion C·D
erhält man durch ein
Nor-Glied mit den ne-
gierten Eingangsvari-
ablen $\overline{C}$ und $\overline{D}$, die
durch Negation ent-
stehen. Bild 29 zeigt
das vollständige
Schaltnetz.

Bild 29 Schaltnetz der Funktion
$$Y = (A + B)(C·D + E)$$
mit Nor-Gliedern

<u>Beispiel 29:</u> Die Schaltfunktion
$$Y = A\overline{B} + \overline{A}C + \overline{C}D$$
ist mit Nor-Gliedern zu realisieren.

Hier liegt eine Disjunktion von Konjunktionen vor. Man erzeugt zunächst die negierte Funktion und geht dann wie in
Beispiel 28 vor. Bild 30 zeigt das entstandene Schaltnetz.

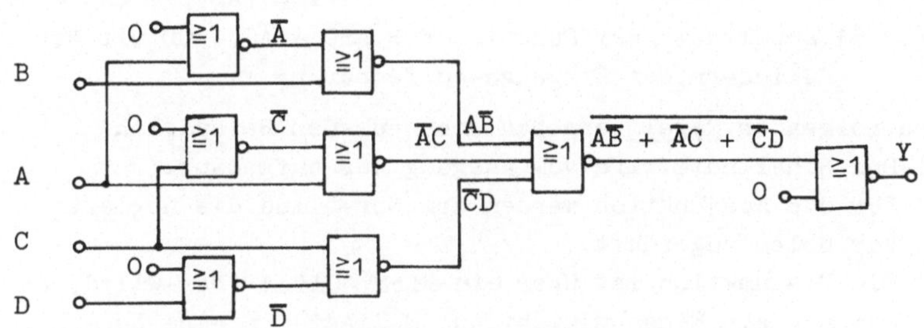

Bild 30 Schaltnetz der Funktion $Y = A\overline{B} + \overline{A}C + \overline{C}D$ mit Nor-
Gliedern

<u>Beispiel 30:</u> Die Schaltfunktion
$$Y = A\overline{B}C + \overline{A}C + \overline{C}D$$
ist nur mit Nor-Gliedern der Eingangs-Auffächerung 2 aufzubauen.

Um Konjunktionen und Disjunktionen mit nur zwei Eingangsvariablen zu erhalten, müssen zunächst Klammern gesetzt werden
$$Y = (A\overline{B})\cdot C + (\overline{A}C + \overline{C}D).$$
Für diese Schaltfunktion läßt sich direkt das Schaltnetz in
Bild 31 zeichnen, wobei man auch hier vom Ausgang zum Eingang hin entwickelt. Die Disjunktionen sind erreichbar durch
ein Nor-Glied mit anschließendem Nicht-Glied. Führt man
einem Nor-Glied die negierten Eingangsvariablen zu, so erhält man die Konjunktion.

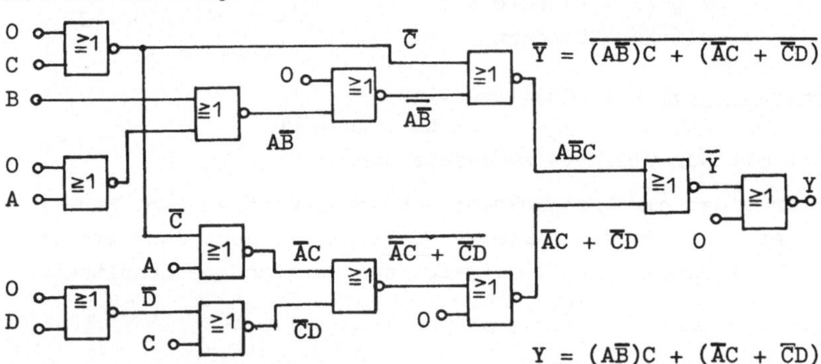

Bild 31 Schaltnetz der Funktion $Y = A\overline{B}C + \overline{A}C + \overline{C}D$ mit Nor-
Gliedern der Eingangs-Auffächerung n = 2

Die folgenden <u>Regeln</u> ergeben sich aus den Beispielen:
a) Das Schaltnetz wird vom Ausgang her aufgebaut.
b) Für die Konjunktion werden dem Nor-Glied die negierten
   Variablen zugeführt.
c) Die Disjunktion ist über ein Nicht-Glied (Nor-Glied, bei
   dem nur ein Eingang nicht auf O liegt) in eine Nor-
   Funktion umzuwandeln.
d) Die Nand-Funktion ist über ein Nicht-Glied in eine

Konjunktion umzuwandeln

e) Bei einer Eingangs-Auffächerung n sind in der Schaltfunktion jeweils n Glieder durch Klammern zusammenzu-
fassen.

2.3.3. Synthese mit Nand-Gliedern

Die Synthese von Schaltnetzen mit Nand-Gliedern erfolgt
analog zur Synthese mit Nor-Gliedern. Mit dieser Analogie
ergeben sich folgende <u>Regeln</u>:

a) Das Schaltnetz wird vom Ausgang her aufgebaut.

b) Die Konjunktion ist über ein Nicht-Glied (Nand-Glied, bei
dem nur ein Eingang nicht auf 1 liegt) in eine Nand-Funktion umzuwandeln.

c) Für die Disjunktion werden dem Nand-Glied die negierten
Variablen zugeführt.

d) Die Nor-Funktion ist über ein Nicht-Glied in eine Disjunktion zumzuwandeln.

e) Bei einer Eingangs-Auffächerung n sind in der Schaltfunktion jeweils n Glieder durch Klammern zusammenzu-
fassen.

<u>Beispiel 31:</u> Für die Funktion

$$Y = A\overline{B}C + \overline{A}C + \overline{C}D$$

ist das Schaltnetz mit Nand-Gliedern aufzubauen, deren Eingangs-Auffächerung 2 ist.

Die Schaltfunktion wird zunächst durch Setzen von Klammern
der gegebenen Eingangs-Auffächerung angepaßt

$$Y = (A\overline{B}) \cdot C + (\overline{A}C + \overline{C}D).$$

Das Schaltnetz für diese Schaltfunktion läßt sich nun unmittelbar vom Ausgang her entwickeln. Bild 32a zeigt das
Ergebnis. In Bild 32b wurde von dem Schaltzeichen in Bild
28b Gebrauch gemacht.

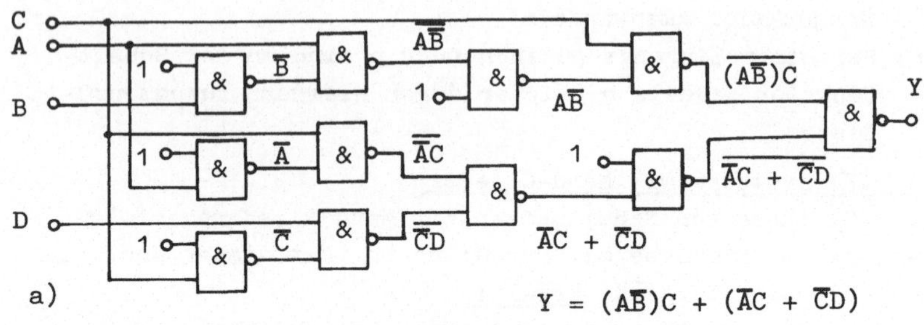

a)

$$Y = (A\overline{B})C + (\overline{AC} + \overline{CD})$$

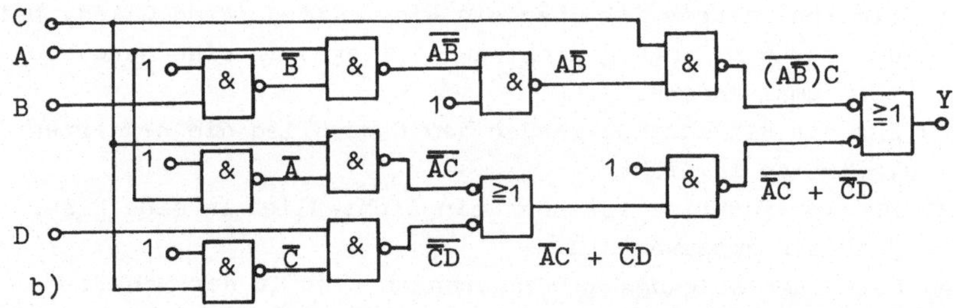

b)

Bild 32 Schaltnetz der Funktion $Y = A\overline{B}C + \overline{A}C + \overline{C}D$ mit Nand-Gliedern in reiner Nand-Symbolik nach Bild 28a (a) und in einer das Oder-Verhalten hervorhebenden Symbolik nach Bild 28b (b)

<u>Übungsaufgaben zu Abschn. 2</u> (Lösungen im Anhang):

<u>Beispiel 32:</u> Die Schaltfunktion zum Schaltnetz in Bild 33 ist zu bestimmen.

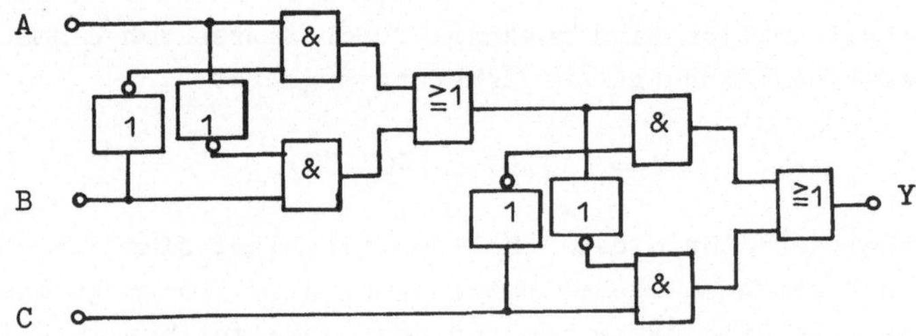

Bild 33 Schaltnetz zu Beispiel 32

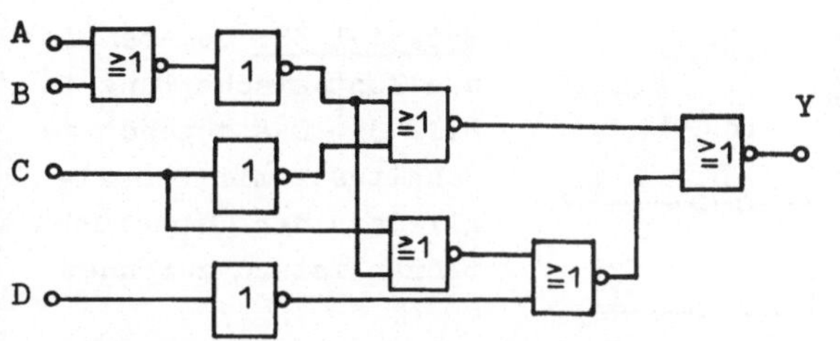

Beispiel 33: Die Schaltfunktion zum Schaltnetz in Bild 34 ist aufzustellen

Bild 34 Schaltnetz zu Beispiel 33

Beispiel 34: Das Schaltnetz für die Schaltfunktion
$$Y = (A + B)(C + A \cdot B + \overline{A} \cdot \overline{B})$$
ist a) mit Nor-Gliedern und b) mit Nand-Gliedern darzustellen. Die Schaltglieder haben die Eingangs-Auffächerung 3.

Beispiel 35: Das Schaltnetz für die Schaltfunktion
$$Y = \overline{A}BC + A\overline{B} + A\overline{C}$$
ist a) mit Schaltgliedern für die Grundfunktionen, b) mit Nor-Gliedern und c) mit Nand-Gliedern darzustellen. Alle Schaltglieder haben zwei Eingänge.

Beispiel 36: Für die Schaltfunktion
$$Y = (\overline{A}B + \overline{A}C + A\overline{D})(B + \overline{D})$$
ist das Schaltnetz mit Nor-Gliedern zu realisieren. Bei der Darstellung des Schaltnetzes soll auch das Schaltzeichen in Bild 26b (S. 36) verwendet werden.

Beispiel 37: Das Schaltnetz für die Schaltfunktion
$$Y = A \cdot B \cdot C \cdot D \cdot E$$
ist a) mit Nor-Gliedern und b) mit Nand-Gliedern darzustellen, wenn die Eingangs-Auffächerung der Schaltglieder n = 2 beträgt.

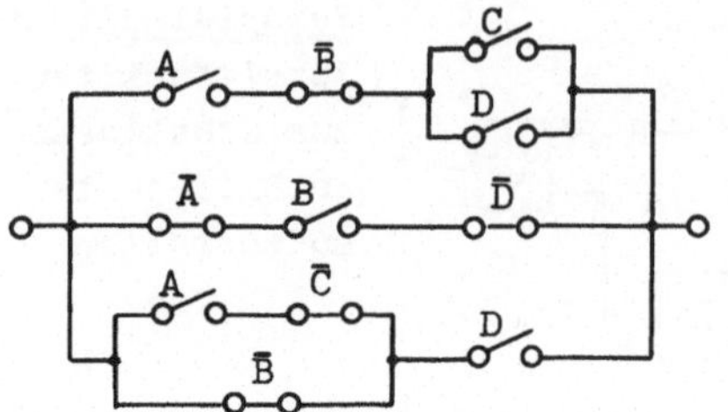

Bild 35 Kontaktschaltung zu
       Beispiel 38

Beispiel 38: Gegeben ist die Kontaktschaltung in Bild 35. Das zugehörige Schaltnetz mit Schaltgliedern der Grundfunktionen ist zu zeichnen.

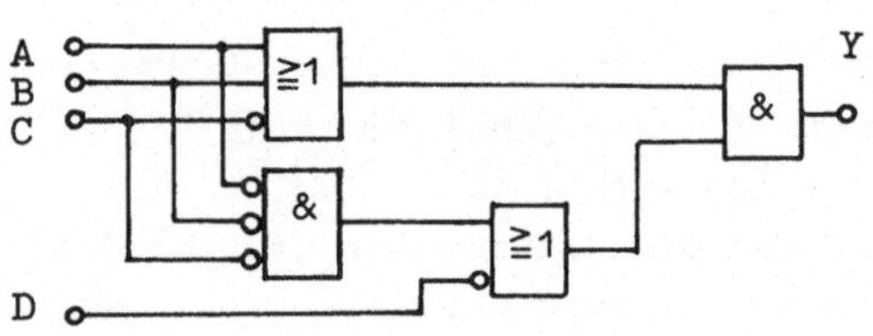

Bild 36 Schaltnetz zu Beispiel 39

Beispiel 39: Die zum Schaltnetz in Bild 36 gehörige Funktion ist mit Nand-Gliedern zu realisieren, deren Eingangsauffächerung 2 beträgt und die eine Phantom - Und - Verknüpfung erlauben.

3. Binäre Codes

Ein Code ist die <u>Zuordnung von zwei Mengen von Zeichen</u>. Ein
Beispiel für einen Code ist das Morse-Alphabet, bei dem den
Buchstaben des Alphabets bestimmte Punkt-Strich-Kombinatio-
nen zugeordnet sind. In diesem Abschnitt werden nur die für
die Rechner-, Steuerungs-, Regelungs- und Meßtechnik wichtigen Codierungen von Zahlen behandelt. Bei den binären Codes werden jeder Zahl bestimmte Kombinationen der <u>Binärzei-
chen</u> 0 und 1 (Kurzform <u>Bit</u> von engl. binary digit) zugeordnet. Eine Folge solcher Zeichen nennt man <u>Wort</u>. Es werden
hier zwei Gruppen von Codierungen unterschieden und zwar

1. die binär codierte Darstellung von Dezimalziffern
   für Rechnerzwecke und
2. die Codierung zur digitalen Meßwerterfassung.

Bei der ersten Gruppe wird jede Ziffer einer Dezimalzahl
durch eine Kombination von Binärzeichen dargestellt. Dazu
genügen im allgemeinen 4 Bits, mit denen sich aber $2^4 = 16$
Kombinationsmöglichkeiten ergeben, so daß 6 ungenutzt bleiben. Bei der Codierung zur digitalen Meßwerterfassung, spe-
ziell der Weg- und Winkelmessung, hängt die Anzahl der erforderlichen Bits von der absoluten Größe des Weges bzw. des
Winkels und dem geforderten Auflösevermögen ab. Die Anforderungen, die an die Codes beider Gruppen gestellt werden,
unterscheiden sich grundsätzlich voneinander. Aus Sicherheitsgründen nimmt man manchmal eine größere Anzahl von Binärstellen als zur eindeutigen Codierung notwendig ist. Man
gewinnt hiermit die Möglichkeit der Fehlererkennung bzw.
-korrektur.

3.1. <u>Binär codierte Darstellung von Dezimalziffern</u>

Das Zahlensystem, in dem wir gewöhnlich rechnen, ist das
<u>Dezimalsystem</u>. Es baut auf der <u>Basis 10</u> auf, d.h., jede
Stelle kann 10 Ziffern (0 bis 9) annehmen. Mit n Stellen
lassen sich im Dezimalsystem 10^n verschiedene Zahlen darstellen. Eine mehrstellige Dezimalzahl ist eine abgekürzte

Schreibweise für eine Summe von Produkten aus Ziffern und zu-
zugehörigem Stellenwert.

Beispiel: $3105,12 = 3 \cdot 10^3 + 1 \cdot 10^2 + 0 \cdot 10^1 + 5 \cdot 10^0 +$
$$1 \cdot 10^{-1} + 2 \cdot 10^{-2}$$

Wegen der einfachen Realisierbarkeit durch binäre Schaltun-
gen hat das <u>Dualsystem</u> eine besondere Bedeutung erlangt.
Dieses Zahlensystem baut auf der <u>Basis 2</u> auf. Es hat nur die
Ziffern 0 und 1.

Beispiel: $100\ 1110\ 11 = 1 \cdot 2^8 + 0 \cdot 2^7 + 0 \cdot 2^6 + 1 \cdot 2^5 + 1 \cdot 2^4 +$
$$1 \cdot 2^3 + 0 \cdot 2^2 + 1 \cdot 2^1 + 1 \cdot 2^0$$
$$= \text{dezimale Zahl } 315$$

Eine breite Darstellung der Zahlensysteme findet man in [6].

Bei der Zuordnung von Dezimalzahlen zu den Bitfolgen des
Dualsystems spricht man vom <u>reinen Dualcode</u>. Da man mit diesem Code am einfachsten rechnen kann, wird er bei Digital-
rechnern verwendet, auf denen komplizierte Rechenprogramme
ablaufen (Rechner für wissenschaftliche Zwecke).

Eine andere Möglichkeit, Dezimalzahlen binär darzustellen,
besteht darin, jeder Dezimalziffer ein Binärwort zuzuordnen.
Man spricht von <u>binär codierter Darstellung</u> bzw. von <u>BCD-Co-</u>
<u>des</u> (<u>B</u>inary <u>C</u>oded <u>D</u>ecimal) oder <u>dekadischen Codes</u>. Die Ein-
gabe und Ausgabe von Daten in einen Rechner muß stets im
BCD-Code erfolgen. Da die Umwandlung vom BCD-Code in den
reinen Dualcode aufwendig und zeitraubend ist, verzichtet
man bei kommerziellen Rechnern häufig ganz darauf und rech-
net ausschließlich im BCD-Code.

Zur Darstellung der 10 Dezimalziffern 0 bis 9 werden 4 Bits
benötigt. Von den $2^4 = 16$ Binärworten werden 10 ausgewählt,
die den jeweiligen <u>Code</u> ergeben. Man bezeichnet die heraus-
gegriffenen Worte als <u>Tetraden</u>, die 6 übrigen als <u>Pseudote-</u>
<u>traden</u> oder auch <u>Pseudodezimalen</u>. Die Auswahl hängt von den
Anforderungen ab, die an den Code gestellt werden.

Die wichtigsten Anforderungen sind:

a) <u>Geringe Stellenzahl</u> (hier ist 4 das Minimum).

b) <u>Fester Stellenwert</u>. Man spricht auch von dem Gewicht der Binärstelle. Die Codes werden häufig nach diesem Gewicht gekennzeichnet (z.B. 8-4-2-1-Code in Abschn. 3.1.1.1).

c) <u>Vermeiden von Null- und Einswort</u>. Die Kombinationen 0000 und 1111 können leicht durch Störungen entstehen.

d) <u>Einfache Bildung des Neunerkomplements</u>. Beim elektronischen Rechner wird die Subtraktion auf die Addition des Neunerkomplements zurückgeführt. Dabei ist das Neunerkomplement die Ergänzung der Ziffer auf 9, z.B. 0 ist Neunerkomplement zu 9, 1 ist Neunerkomplement zu 8, 2 ist Neunerkomplement zu 7 usw.

e) <u>Lexikographische Anordnung</u>. Für einen lexikographisch geordneten Code läßt sich i.allg. ein einfacherer Zähler aufbauen (s.Abschn. 5). Diesen Begriff erläutert das folgende Beispiel.
Lexikographisch geordnet: 000, 001, 010, 100, 110
Nicht lexikographisch geordnet: 000, 110, 010, 001, 100.

3.1.1. Vier-Bit-Codes

Die wichtigsten Zifferncodes mit 4 Bits und ihre besonderen Eigenschaften sollen hier behandelt werden.

3.1.1.1. 8-4-2-1-Code

Die Zuordnung zeigt Bild 37. Der 8-4-2-1-Code stimmt in seinen Tetraden mit der Zahlendarstellung im Dualsystem überein. Er wird daher auch als <u>Dualcode</u> bezeichnet. Im Gegensatz zum <u>reinen Dualcode</u> ist dieser dekadisch, d.h., die Dezimalziffern jeder Dekade

Stellenwert		2^3	2^2	2^1	2^0
Tetraden	0	0	0	0	0
	1	0	0	0	1
	2	0	0	1	0
	3	0	0	1	1
	4	0	1	0	0
	5	0	1	0	1
	6	0	1	1	0
	7	0	1	1	1
	8	1	0	0	0
	9	1	0	0	1
Pseudo-Tetraden	(10)	1	0	1	0
	(11)	1	0	1	1
	(12)	1	1	0	0
	(13)	1	1	0	1
	(14)	1	1	1	0
	(15)	1	1	1	1

Bild 37 8-4-2-1-Code

werden für sich codiert.

Die Vorteile des 8-4-2-1-Code sind

      a) fester Stellenwert

      b) lexikographische Anordnung und

      c) Einprägsamkeit.

Als Nachteile sind zu nennen

      a) Auftreten des Nullwortes 0000 und

      b) schwierige Komplementbildung.

3.1.1.2. Exzeß-3-Code (Stibitz-Code)

Beim Exzeß-3-Code ist die duale 3 der dezimalen 0 zugeordnet. Exzeß-3 heißt soviel wie beginnend mit 3. Die duale 4 ist der dezimalen 1 zugeordnet usw. wie in Bild 38 dargestellt. Auch hier läßt sich jeder Binärstelle ein Gewicht zuordnen. Die Schreibweise -2^1 und -2^0 in Bild 38 bedeutet, daß

Stellenwert		Zugeordnete Dezimalziffer	2^3	2^2	$\overline{-2^1}$	$\overline{-2^0}$
		0	0	0	1	1
		1	0	1	0	0
		2	0	1	0	1
		3	0	1	1	0
		4	0	1	1	1
		5	1	0	0	0
		6	1	0	0	1
		7	1	0	1	0
		8	1	0	1	1
		9	1	1	0	0

Bild 38 Exzeß-3-Code

die Gewichte 2^1 und 2^0 mit dem negierten Wert in der entsprechenden Spalte zu multiplizieren und zu subtrahieren sind. So ergibt sich z.B. die dezimale 3 aus

$$0 \cdot 2^3 + 1 \cdot 2^2 + 0 \cdot (-2^1) + 1 \cdot (-2^0) = 4 - 1 = 3$$

Die zueinander komplementären Ziffern (in Bild 38 durch eine gestrichelte Linie verbunden) erhält man durch Vertauschen von 0 und 1. Diese ist elektronisch besonders einfach realisierbar, indem beispielsweise die Flipflops (s.Abschn. 5.1.4 und [15]), in denen die Binärwerte gespeichert sind, umgekippt werden.

Die Vorteile des Exzeß-3-Codes sind

      a) fester Stellenwert

      b) Fehlen von Null- und Einswort

      c) einfache Komplementbildung

  d) lexikographische Anordnung

  e) Einprägsamkeit.

Direkte Nachteile des Exzeß-3-Codes lassen sich nicht angeben.

3.1.1.3. 2-4-2-1- Code (Aiken-Code)

Stellenwert		2	4	2	1
Zugeordnete Dezimalziffer	0	0	0	0	0
	1	0	0	0	1
	2	0	0	1	0
	3	0	0	1	1
	4	0	1	0	0
	5	1	0	1	1
	6	1	1	0	0
	7	1	1	0	1
	8	1	1	1	0
	9	1	1	1	1

Bild 39 2-4-2-1-Code

Der 2-4-2-1-Code benutzt die ersten und letzten 5 der in Bild 37 angegebenen Codeworte. Man erhält wie beim Exzeß-3-Code eine symmetrische Anordnung, d.h., die Negation aller Stellen irgendeines Binärwortes ergibt das zugehörige Neunerkomplement.

Die Vorteile des 2-4-2-1-Codes sind

  a) fester Stellenwert

  b) einfache Komplementbildung und

  c) lexikographische Anordnung.

Als Nachteile sind zu nennen

  a) Auftreten von Null- und Einswort

  b) schwierige Einprägsamkeit.

3.1.2. Dekadische Codes mit Prüfmöglichkeit

Die in Abschn. 3.1.1 behandelten Codes lassen nur eine bescheidene Prüfung zu. Die einzige Prüfmöglichkeit besteht darin, festzustellen, ob eine nicht erlaubte Pseudotetrade aufgetreten ist. Bei diesen Codes braucht im Verlaufe einer Datenübertragung oder -erfassung nur eine Binärstelle ihren Wert zu ändern, und es entsteht u.U. eine andere Tetrade, die dann nicht als Fehler erkannt wird.

Beispielsweise kann im 8-4-2-1-Code aus 8 = 1000 leicht 0 = 0000 werden, wenn das eine 1-Bit verschwindet. Kann, wie in diesem Fall, die Störung nur eines einzigen Bits zu einem neuen, zulässigen Wert führen, so sagen wir: Der Hamming-Abstand (engl. Hamming-distance) D ist gleich 1.

Soll die Wahrscheinlichkeit einer unerkannten Störung herabgesetzt werden, muß man den Hamming-Abstand erhöhen. Der Hamming-Abstand D = 3 bedeutet z.B., daß ein Fehler nur dann unerkannt bleiben kann, wenn 3 Bits ihre Werte gleichzeitig ändern. Der Hamming-Abstand wird durch Zusatzbits erhöht, die lediglich Aufgaben der Fehlererkennung und -korrektur erfüllen.

In Tafel 5 sind einige bekannte dekadische Codes mit mehr als 4 Bits zusammengestellt.

Tafel 5 Dekadische Codes mit Prüfmöglichkeit

Codebezeichnung		8-4-2-1-Code mit Prüfbit	2-aus-5-Code	Biquinär-Code
Hamming-Abstand		D = 2	D = 2	D = 2
Wertigkeit		8 4 2 1	keine	4 3 2 1 0 5 0
Dezimalziffer	0	0 0 0 0 | 1	0 0 0 1 1	0 0 0 0 1 0 1
	1	0 0 0 1 | 0	0 0 1 0 1	0 0 0 1 0 0 1
	2	0 0 1 0 | 0	0 0 1 1 0	0 0 1 0 0 0 1
	3	0 0 1 1 | 1	0 1 0 1 0	0 1 0 0 0 0 1
	4	0 1 0 0 | 0	0 1 1 0 0	1 0 0 0 0 0 1
	5	0 1 0 1 | 1	1 0 1 0 0	0 0 0 0 1 1 0
	6	0 1 1 0 | 1	1 1 0 0 0	0 0 0 1 0 1 0
	7	0 1 1 1 | 0	0 1 0 0 1	0 0 1 0 0 1 0
	8	1 0 0 0 | 0	1 0 0 0 1	0 1 0 0 0 1 0
	9	1 0 0 1 | 1	1 0 0 1 0	1 0 0 0 0 1 0

<u>Beim 8-4-2-1-Code mit Prüfbit</u> wird der normale 8-4-2-1-Code um eine weitere Binärstelle ergänzt. Diese <u>Prüfbits</u> (parity bits) bringen in diesem Fall die Quersumme der 1-Bits auf eine ungerade Zahl. Hierdurch verschwindet auch das Nullwort.

Die Ergänzung durch ein Prüfbit läßt sich bei jedem 4-Bit-Code durchführen.

Der <u>2-aus-5-Code</u>, auch <u>Walking-Code</u> genannt, hat keinen festen Stellenwert. Dieser Code läßt gegenüber dem 8-4-2-1-Code mit Prüfbit eine strengere Prüfung zu, da nicht nur die Quersumme der 1-Bits gerade, sondern genau gleich zwei sein muß. Je strenger allerdings die Prüfung ist, desto umfangreicher wird auch der Schaltungsaufwand, um die Prüfung durchzuführen.

Der __Biquinär-Code__, auch __2-aus-7-Code__ genannt, hat den Vorteil, daß neben einem festen Stellenwert und einer einfachen
schaltungsmäßigen Auswertung (Entschlüsselung) die beiden
rechten Bits darüber Auskunft geben, ob die Ziffer größer
oder kleiner als 5 ist. Dies ist bei Rundungsproblemen von
Bedeutung.

Weitere eingehende Betrachtungen über andere Codes und deren
Beurteilung hinsichtlich ihrer Leistungsfähigkeit finden
sich u.a. in [4].

3.1.3. Korrigierbare Codes

Bei den bisher besprochenen Codes können zwar in bestimmtem
Umfang Fehler festgestellt werden, eine Korrektur ist aber
unmöglich. Bei den korrigierbaren Codes ist i.allg. die Coderedundanz sehr groß, d.h., die Anzahl der Bits ist wesentlich größer als minimal notwendig. Die Korrektur erfolgt
nach dem Ähnlichkeitsprinzip. Ein als falsch erkanntes Codewort wird in jenes erlaubte Codewort umgewandelt, das sich
von dem verfälschten in der geringsten Stellenzahl unterscheidet. Der elektronische Aufwand für die Korrektur ist
relativ hoch. Da diese Codes nur in den Fällen eingesetzt
werden, wo der Aufwand gerechtfertigt ist (z.B. Raumfahrt),
soll hier nicht näher darauf eingegangen werden.

3.2. Codes zur digitalen Weg- und Winkelmessung

Während die bisher behandelten Codes hauptsächlich dazu benutzt werden, Zahlen bzw. Ziffern in binärer Form darzustellen, zu verrechnen, zu speichern oder auch zu übertragen,
kommt es bei der digitalen Absolutmessung von Strecken und
Winkeln darauf an, die Meßgröße möglichst sicher zu erfassen.

Bei der Wegmessung wird häufig ein __Code-Lineal__, bei der Winkelmessung eine __Code-Scheibe__ benutzt. Beide tragen ein dem
jeweiligen Code entsprechendes Binärmuster; bei mechanischer
Abtastung sind dies leitende Metallflächen auf einem iso-
lierenden Träger, bei fotoelektriscner Abtastung lichtun-
durchlässige Segmente auf Plexiglas (s.Bild 41). Es kann sowohl nichtdekadisch als auch dekadisch codiert werden.

3.2.1. Nichtdekadische Codes

Bei den nichtdekadischen Codes wird die Zahl als Ganzes durch ein Codewort dargestellt.

3.2.1.1. Reiner Dualcode

Der einfachste nichtdekadische Code ist der <u>reine Dualcode</u>. Bild 40 zeigt diesen Code für die ersten 16 Positionen. Er läßt sich beliebig erweitern. Bei insgesamt n Binärstellen lassen sich 2^n Positionen erfassen.

In Bild 41a ist ein <u>Code-Lineal</u> und in Bild 41b eine <u>Code-Scheibe</u> für den reinen Dualcode mit insgesamt 16 Positionen dargestellt. Beim normalen Abtastverfahren durch parallele Aufnehmer können sehr leicht Fehlinformationen vorgetäuscht werden. Bild 42 zeigt beispielsweise den Übergang von Position 1 nach Position 2 bei einem Code-Lineal nach Bild 41a. Die Aufnehmer sind als Bürsten aufzufassen. Man erkennt, daß beim Übergang von 1(0001) auf

Position	Wertigkeit 8 4 2 1
0	0 0 0 0
1	0 0 0 1
2	0 0 1 0
3	0 0 1 1
4	0 1 0 0
5	0 1 0 1
6	0 1 1 0
7	0 1 1 1
8	1 0 0 0
9	1 0 0 1
10	1 0 1 0
11	1 0 1 1
12	1 1 0 0
13	1 1 0 1
14	1 1 1 0
15	1 1 1 1

Bild 40 Reiner Dualcode

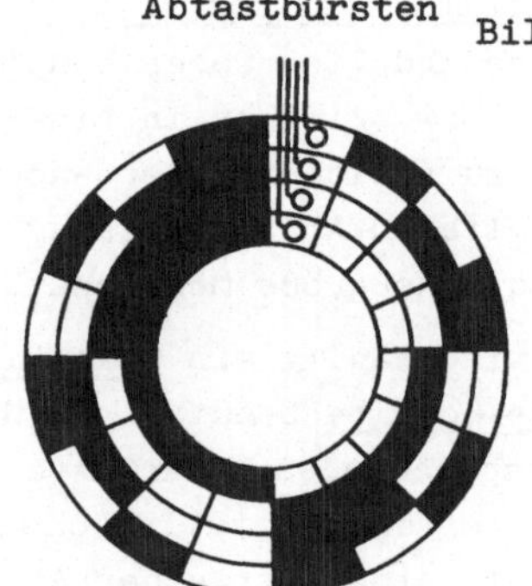

Bild 41 Code-Lineal (a) und Code-Scheibe (b) im reinen Dualcode

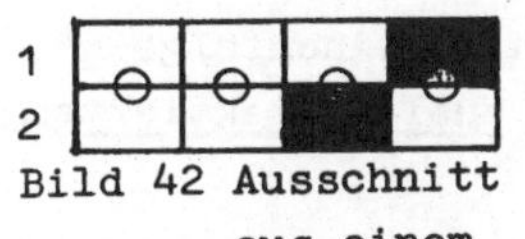

Bild 42 Ausschnitt
aus einem
Code-Lineal

2(0010) kurzzeitig eine 3(0011) vorgetäuscht wird.

Der Dualcode ist also bei diesem Abtastverfahren unbrauchbar, da bei diesem Code beim Übergang von einer Position zur nächsten mehr als nur eine Binärstelle ihren Wert ändert. Bei den einschrittigen Codes ist dies nicht der Fall. Der bekannteste Code dieser Art ist der Gray-Code.

3.2.1.2. Gray-Code

Aus der Code-Tabelle in Bild 43a erkennt man, daß sich beim Übergang von einer Position zur nächsten jeweils nur ein Bit ändert. Bild 43b zeigt das zugehörige Code-Lineal für 16 Positionen. In einer KV-Tafel läßt sich leicht die Einschrittigkeit nach-

	D	C	B	A
0	0	0	0	0
1	0	0	0	1
2	0	0	1	1
3	0	0	1	0
4	0	1	1	0
5	0	1	1	1
6	0	1	0	1
7	0	1	0	0
8	1	1	0	0
9	1	1	0	1
10	1	1	1	1
11	1	1	1	0
12	1	0	1	0
13	1	0	1	1
14	1	0	0	1
15	1	0	0	0

a)   b)

Bild 43 Code-Tabelle (a) und Code-
Lineal (b) für den Gray-Code

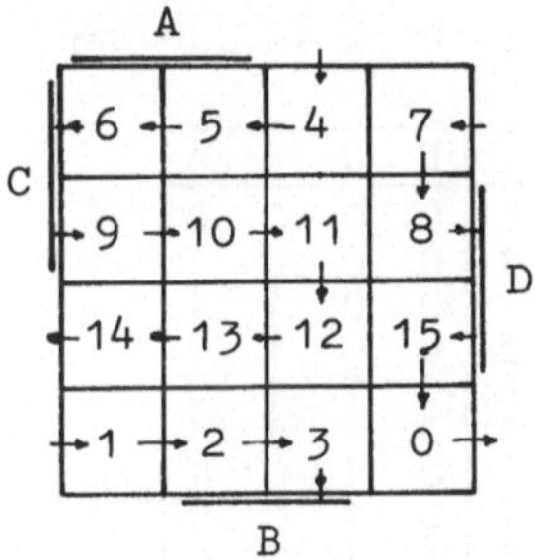

Bild 44 KV-Tafel für
den Gray-Code

weisen. Sie liegt dann vor, wenn man von Position zu Position zu einem benachbarten Feld der KV-Tafel übergeht. In Bild 44 sind die einzelnen Schritte eingetragen. Der Gray-Code läßt sich auf beliebig viele Positionen ausdehnen. Das Bildungsgesetz ist folgendes:

Sobald in einer Bahn A, B, C oder D in Bild 43a ein Wechsel von 0 auf 1 stattfindet, durchlaufen die niedrigeren Bahnen

die vorher angenommenen Werte in umgekehrter Reihenfolge.
Man bezeichnet diesen Code daher auch als <u>dual-reflektierten</u>
Code.

3.2.2. Dekadische einschrittige Codes

Oft ist es sinnvoll, wegen der Weiterverarbeitung der Meßda-
ten, Längen und Winkel <u>dekadisch</u> zu messen. Bei den hierzu
brauchbaren einschrittigen Codes darf sich beim Übergang von
der Dezimalzahl 9 nach 0 ebenfalls nur ein Bit ändern. Aus
Bild 43a erkennt man, daß sich beim Gray-Code gleich 3 Bits
ändern, so daß dieser zu einer dekadischen Messung nicht geeignet ist. In Bild 45 ist die Code-Tabelle für den <u>Glixon-
Code</u> angegeben, der dieser Forderung genügt. Beim Abtasten
einer <u>Code-Bahn</u> (4 Bits) kann kein Fehler auftreten. Tritt
hingegen ein <u>Dekadenübertrag</u> auf (Übergang von 9 auf 10 oder
von 99 auf 100), so würde in jeder Bahn sich jeweils ein Bit
ändern. Dadurch ist aber wieder eine Fehlerquelle vorhanden,
wie Bild 46 für den Übergang von 9 auf 10 zeigt.

	D	C	B	A
0	0	0	0	0
1	0	0	0	1
2	0	0	1	1
3	0	0	1	0
4	0	1	1	0
5	0	1	1	1
6	0	1	0	1
7	0	1	0	0
8	1	1	0	0
9	1	0	0	0

Bild 45 Glixon-Code

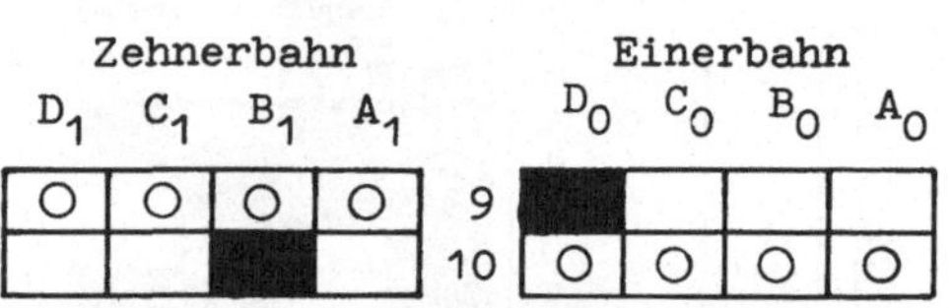

Bild 46 Fehlermöglichkeit beim De-
kadenübertrag im Glixon-
Code

Wenn die Abtasteinrichtung der Zehnerspur noch auf 0000, die
der Einerspur aber schon auf 0000 steht, könnte nach Position 9 die Position 0 vorgetäuscht werden. Dieser Fehler läßt
sich dann vermeiden, wenn man bei jedem Zehnerübertrag die
Einerstellen <u>reflektiert</u>, d.h., gespiegelt bzw. rückwärts
laufend darstellt. Bild 47 zeigt ein solches dekadisches re-
flektiertes Code-Lineal für den Glixon-Code mit 2 Bahnen.

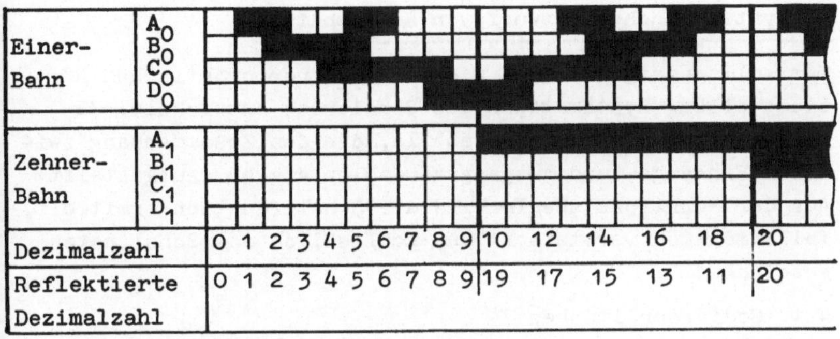

		Pattern														
Einer-Bahn	A_0 B_0 C_0 D_0															
Zehner-Bahn	A_1 B_1 C_1 D_1															
Dezimalzahl		0 1 2 3 4 5 6 7 8 9	10	12	14	16	18	20
Reflektierte Dezimalzahl		0 1 2 3 4 5 6 7 8 9	19	17	15	13	11	20

Bild 47 Code-Lineal mit dekadisch reflektierter Anordnung
des Glixon-Codes

4. Systematischer Entwurf von Schaltnetzen

Nun soll gezeigt werden, wie man zu einer praktischen Problemstellung systematisch das Schaltnetz entwickelt. Zunächst wird die Funktionstabelle, die den Zusammenhang zwischen Eingangs- und Ausgangsvariablen angibt, aufgestellt. Aus der Funktionstabelle wird die Schaltfunktion ermittelt, falls möglich vereinfacht und schließlich das Schaltnetz gezeichnet.

4.1. Codierschaltungen

Unter einer Codierschaltung (auch <u>Codierer</u> genannt) versteht man eine Schaltung, die Eingangsvariablen wie Ziffern, Zahlen, Buchstaben oder sonstigen Zeichen Binärworte in einem bestimmten Code als Ausgangsvariable zuordnet. Dabei ist jeweils immer <u>nur eine der Eingangsvariablen</u> aktiv.

<u>Beispiel 40:</u> Die Dezimalziffern 0 bis 9 sind im 8-4-2-1-Code zu verschlüsseln. Bild 48 zeigt eine vereinfachte Darstellung der Funktionstabelle des 8-4-2-1-Codes. Die den Ziffern entsprechenden Eingangsvariablen X_0 bis X_9 sind untereinander statt nebeneinander angeordnet, da immer nur eine wirksam werden kann. Die 4 Bits des Codes sind die Ausgangsvariablen A, B, C und D. Wird z.B. die Variable X_1 am Eingang der Codierschaltung gleich 1, so müssen die Ausgangsvariablen A = 1, B = 0, C = 0 und D = 0 sein. Das gleichzeitige Aktivwerden von mehreren Eingangsvariab-

		D	C	B	A
X_0	0	0	0	0	0
X_1	1	0	0	0	1
X_2	2	0	0	1	0
X_3	3	0	0	1	1
X_4	4	0	1	0	0
X_5	5	0	1	0	1
X_6	6	0	1	1	0
X_7	7	0	1	1	1
X_8	8	1	0	0	0
X_9	9	1	0	0	1

Bild 48 Funktionstabelle
des 8-4-2-1-Codes

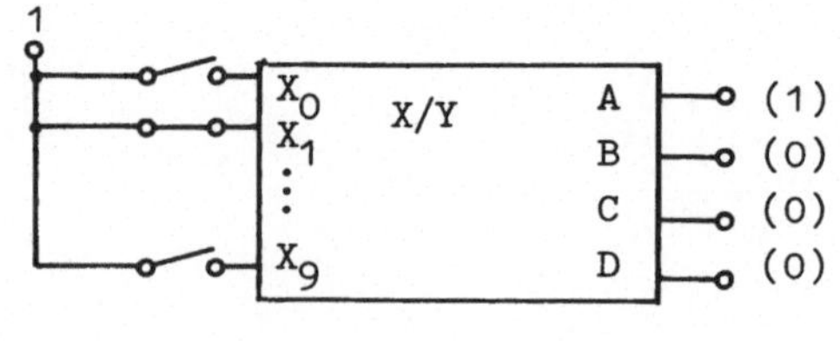

Bild 49 Prinzip einer Codierschaltung

len muß mechanisch oder elektronisch verhindert werden. Beim **Prioritätscodierer** bewirkt z.B. eine zusätzliche Verknüpfung der Eingangsvariablen, daß jeweils nur die Variable mit der höchsten Priorität wirksam wird.

Aus Bild 48 liest man die gesuchten Schaltfunktionen ab

$$A = X_1 + X_3 + X_5 + X_7 + X_9 \tag{46}$$

$$B = X_2 + X_3 + X_6 + X_7 \tag{47}$$

$$C = X_4 + X_5 + X_6 + X_7 \tag{48}$$

$$D = X_8 + X_9 \tag{49}$$

4.2. Decodierschaltung

Die Decodierschaltung (auch **Decodierer** genannt) ordnet jedem Wort des am Eingang anliegenden Codes eine Ausgangsvariable zu. Es darf und kann jeweils immer **nur eine Ausgangsvariable** aktiv werden.

Während die Codierung z.B. bei der Eingabe von Informationen in eine elektronische Datenverarbeitungsanlage erforderlich ist, wird die Decodierung u.a. bei der Ausgabe benötigt.

Beispiel 41: Der 8-4-2-1-Code ist zu decodieren.
Die vier Bits A, B, C und D sind die Eingangsvariablen der gesuchten Decodierschaltung. Sie stehen daher links in der vereinfachten Funktionstabelle Bild 50. In der rechten Spalte sind die Ausgangsvariablen Y_0 bis Y_9 untereinander statt nebeneinander angeordnet. Diese vereinfachte Darstellung ist möglich, da in einem bestimmten Zustand nur eine Ausgangsvariable 1 ist und alle übrigen 0 sind. Liegt z.B. am Eingang der Decodierschaltung Bild 51 das Codewort 0010 an, so ist nur die Ausgangsvariable $Y_2 = 1$. Eine an diesen Ausgang zu Demonstrationszwecken angeschlossene Leuchtdiode würde allein aufleuchten, während alle übrigen dunkel blieben.

Ohne Ausnutzung der Pseudotetraden zur Schaltkreisvereinfachung könnten direkt die Schaltfunktionen aus der Funktionstabelle von Bild 50 wie folgt angegeben werden:

Binär	Dezimal	
D C B A		
0 0 0 0	0	Y_0
0 0 0 1	1	Y_1
0 0 1 0	2	Y_2
0 0 1 1	3	Y_3
0 1 0 0	4	Y_4
0 1 0 1	5	Y_5
0 1 1 0	6	Y_6
0 1 1 1	7	Y_7
1 0 0 0	8	Y_8
1 0 0 1	9	Y_9
1 0 1 0		
1 0 1 1		
1 1 0 0		Pseudo-
1 1 0 1		tetraden
1 1 1 0		
1 1 1 1		

Bild 50 8-4-2-1-Code
mit Pseudo-
tetraden

$$Y_0 = \overline{A}\cdot\overline{B}\cdot\overline{C}\cdot\overline{D}$$
$$Y_1 = A\cdot\overline{B}\cdot\overline{C}\cdot\overline{D}$$
$$Y_2 = \overline{A}\cdot B\cdot\overline{C}\cdot\overline{D}$$
$$Y_3 = A\cdot B\cdot\overline{C}\cdot\overline{D}$$
$$Y_4 = \overline{A}\cdot\overline{B}\cdot C\cdot\overline{D}$$
$$Y_5 = A\cdot\overline{B}\cdot C\cdot\overline{D}$$
$$Y_6 = \overline{A}\cdot B\cdot C\cdot\overline{D}$$
$$Y_7 = A\cdot B\cdot C\cdot\overline{D}$$
$$Y_8 = \overline{A}\cdot\overline{B}\cdot\overline{C}\cdot D$$
$$Y_9 = A\cdot\overline{B}\cdot\overline{C}\cdot D$$

Wenn sichergestellt ist, daß den Pseudotetraden in Bild 50 nicht ein anderes Zeichen (z.B. Codewort für Komma) zugeordnet ist, können die Pseudotetraden zur Schaltkreisvereinfachung herangezogen werden. Für jede der Funktionen Y_0

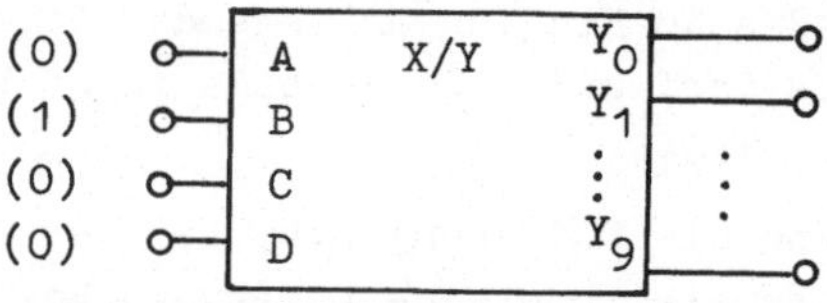

Bild 51 Blockschaltung zur Decodierung

bis Y_9 könnte man eine KV-Tafel mit 6 frei wählbaren Termen und je einer 1 zeichnen. In der KV-Tafel von Bild 52 sind alle 10 Funktionen eingetragen. Man erhält so folgende vereinfachte Schaltfunktionen:

$$Y_0 = \overline{A}\cdot\overline{B}\cdot\overline{C}\cdot\overline{D}$$
$$Y_1 = A\cdot\overline{B}\cdot\overline{C}\cdot\overline{D}$$
$$Y_2 = \overline{A}\cdot B\cdot\overline{C}$$
$$Y_3 = A\cdot B\cdot\overline{C}$$
$$Y_4 = \overline{A}\cdot\overline{B}\cdot C$$
$$Y_5 = A\cdot\overline{B}\cdot C$$
$$Y_6 = \overline{A}\cdot B\cdot C$$
$$Y_7 = A\cdot B\cdot C$$
$$Y_8 = \overline{A}\cdot D$$
$$Y_9 = A\cdot D$$

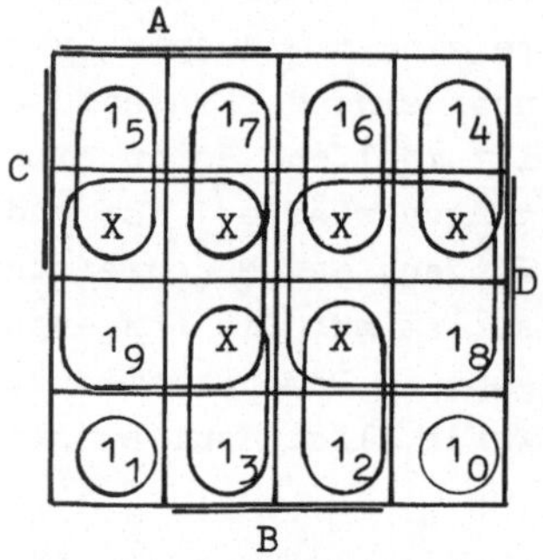

Bild 52 KV-Tafel für die Decodierung im 8-4-2-1-Code

4.3. Codeumsetzerschaltungen

Unter einem <u>Codeumsetzer</u> bzw. <u>Codewandler</u> versteht man eine
Schaltung, die einen Code in einen anderen umwandelt. Eine
Codeumwandlung wird immer dann notwendig, wenn Geräte mit
unterschiedlichen Codes miteinander verkehren sollen. So
kann z.B. ein Gerät, das Meßwerte erfaßt, in einem anderen
Code arbeiten als der Rechner, der diese Daten weiter verarbeiten soll.

Die Decodierung nach Bild 51 kann bereits als Codeumsetzung
aufgefaßt werden. Die Ausgangsvariablen Y_0 bis Y_9 stellen
die 10 Bits eines <u>1-aus-10-Codes</u> dar. Bild 53 soll dies verdeutlichen. Im 1-aus-10-Code werden oft die Ziffern auf
einer Lochkarte abgelocht.

D	C	B	A	Y_0	Y_1	Y_2	Y_3	Y_4	Y_5	Y_6	Y_7	Y_8	Y_9
0	0	0	0	1	0	0	0	0	0	0	0	0	0
0	0	0	1	0	1	0	0	0	0	0	0	0	0
0	0	1	0	0	0	1	0	0	0	0	0	0	0
0	0	1	1	0	0	0	1	0	0	0	0	0	0
0	1	0	0	0	0	0	0	1	0	0	0	0	0
0	1	0	1	0	0	0	0	0	1	0	0	0	0
0	1	1	0	0	0	0	0	0	0	1	0	0	0
0	1	1	1	0	0	0	0	0	0	0	1	0	0
1	0	0	0	0	0	0	0	0	0	0	0	1	0
1	0	0	1	0	0	0	0	0	0	0	0	0	1

Bild 53 Funktionstabelle für die Umwandlung von 8-4-2-1-Code
        in den 1-aus-10-Code

Faßt man den 1-aus-10-Code als einen der vielen möglichen
Codes auf, so sind die Codierer und Decodierer nur Spezial-
fälle von Codeumsetzern.

<u>Beispiel 42:</u> Der Glixon-Code ist in den Exzeß-3-Code umzu-
setzen.

Bild 54 zeigt die Funktionstabelle. Die Pseudotetraden des
Glixon-Codes sind mit aufgeführt, da sie zur Schaltkreisvereinfachung herangezogen werden können. Die zugehörige Blockdarstellung ist in Bild 55 angegeben. Sie gilt in dieser
Form allgemein für die Umwandlung von einem 4-Bit-Code in
einen anderen 4-Bit-Code.

Dezimal-zahl	Glixon-Code				Exzeß-3-Code			
	D	C	B	A	Z	Y	X	W
0	0	0	0	0	0	0	1	1
1	0	0	0	1	0	1	0	0
2	0	0	1	1	0	1	0	1
3	0	0	1	0	0	1	1	0
4	0	1	1	0	0	1	1	1
5	0	1	1	1	1	0	0	0
6	0	1	0	1	1	0	0	1
7	0	1	0	0	1	0	1	0
8	1	1	0	0	1	0	1	1
9	1	0	0	0	1	1	0	0
Pseudo-tetraden	1	0	0	1				
	1	0	1	0				
	1	0	1	1				
	1	1	0	1				
	1	1	1	1				
	1	1	1	0				

Bild 54 Funktionstabelle für die Codeumsetzung vom Glixon-Code in den Exzeß-3-Code

Aus Bild 54 liest man die disjunktiven Normalformen für die Abhängigkeit der Ausgangsvariablen W, X, Y und Z von den Eingangsvariablen A, B, C und D ab.

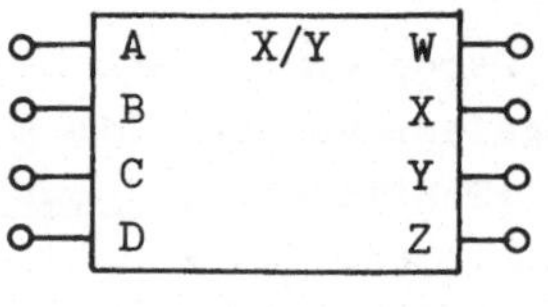

Bild 55 Schaltbild eines Codeumsetzers für zwei 4-Bit-Codes

$$W = \overline{A}\cdot\overline{B}\cdot\overline{C}\cdot\overline{D} + A\cdot B\cdot\overline{C}\cdot\overline{D} + \overline{A}\cdot B\cdot C\cdot\overline{D} + A\cdot\overline{B}\cdot C\cdot\overline{D} + \overline{A}\cdot\overline{B}\cdot C\cdot D$$

$$X = \overline{A}\cdot\overline{B}\cdot\overline{C}\cdot\overline{D} + \overline{A}\cdot B\cdot\overline{C}\cdot\overline{D} + \overline{A}\cdot B\cdot C\cdot\overline{D} + \overline{A}\cdot\overline{B}\cdot C\cdot\overline{D} + \overline{A}\cdot\overline{B}\cdot C\cdot D$$

$$Y = A\cdot\overline{B}\cdot\overline{C}\cdot\overline{D} + A\cdot B\cdot\overline{C}\cdot\overline{D} + \overline{A}\cdot B\cdot\overline{C}\cdot\overline{D} + \overline{A}\cdot B\cdot C\cdot\overline{D} + \overline{A}\cdot\overline{B}\cdot\overline{C}\cdot D$$

$$Z = A\cdot B\cdot C\cdot\overline{D} + A\cdot\overline{B}\cdot C\cdot\overline{D} + \overline{A}\cdot\overline{B}\cdot C\cdot\overline{D} + \overline{A}\cdot\overline{B}\cdot C\cdot D + \overline{A}\cdot\overline{B}\cdot\overline{C}\cdot D$$

Bild 56 KV-Tafeln für die Codeumsetzung vom Glixon-Code in den Exzeß-3-Code

a) W   B   b) X   B   C) Y   B   d) Z   B

Trägt man die Minterme in die KV-Tafeln des Bildes 56 ein, so erhält man durch Zusammenfassen mit den frei wählbaren Termen der Pseudotetraden die Schaltfunktionen

a) $W = C\cdot D + A\cdot\overline{B}\cdot C + A\cdot B\cdot\overline{C} + \overline{A}\cdot B\cdot C + \overline{A}\cdot\overline{B}\cdot\overline{C}\cdot\overline{D}$ (50)

b) $X = \overline{A}\cdot\overline{D} + \overline{A}\cdot C$ (51)

c) $Y = A\cdot\overline{C} + \overline{A}\cdot B + \overline{C}\cdot D$ (52)

d) $Z = D + A\cdot C + \overline{B}\cdot C.$ (53)

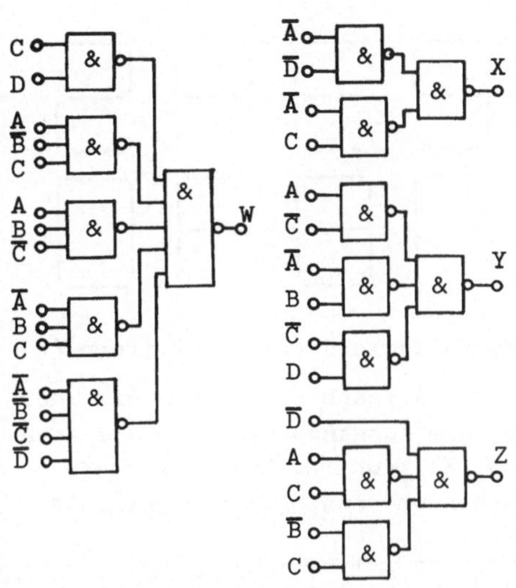

Bild 57 Codeumsetzer Glixon-Code
in Exzeß-3-Code

Eine Schaltung mit Nand-Bausteinen zeigt Bild 57. Die negierten Eingangsvariablen $\bar{A}$, $\bar{B}$, $\bar{C}$ und $\bar{D}$ werden dabei neben den nicht negierten Eingangsvariablen A, B, C und D als gegeben angenommen. Es entfallen somit die Nicht-Glieder am Eingang. Diese Voraussetzung ist insofern begründet, als die Variablen i.allg. in Flipflops (s.Abschn. 5.1.4) gespeichert sind und bei diesen auch die negierte Variable zur Verfügung steht.

4.4. Beispiele für weitere einfache Schaltnetze

Da man zum Entwurf von Schaltnetzen eine gewisse Übung benötigt, sollen hier weitere Beispiele aufgezeigt werden. Wir wollen insbesondere von einer verbal formulierten Aufgabe zu einer realisierten Schaltung kommen.

4.4.1. Ziffernanzeige mit Leuchtbalken

Bei der Ausgabe von Ziffern aus einem Meßgerät oder einem Rechner kann man drucken oder anzeigen. Man setzt die Ziffern z.B. aus einer bestimmten Anzahl von Balken oder Punkten zusammen.

Beispiel 43: Die Ziffern von 0 bis 9 sind in 8-4-2-1-Code angegeben. Die Ausgabe soll über Leuchtbalkenziffern (7-Segment-Anzeige) nach Bild 58 erfolgen. Die Schaltfunktionen sind aufzustellen.

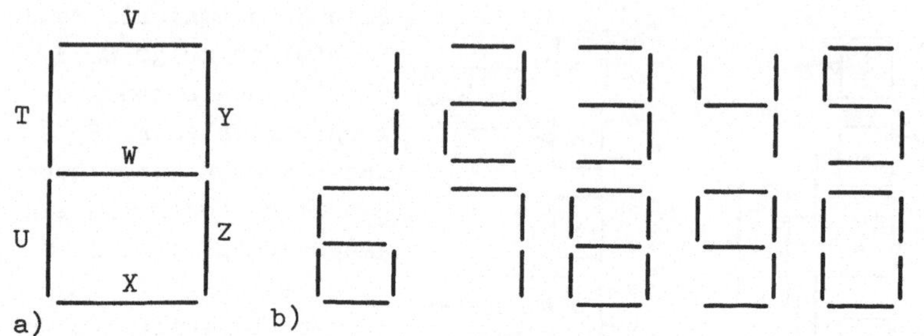

a)   b)

Bild 58 Leuchtbalkenanzeige; Balkenfeld (a) und Ziffern (b)

Die Eingangsvariablen zu dieser Aufgabe sind die 4 Bits des
8-4-2-1-Codes A, B, C und D, die Ausgangsvariablen die anzu-
steuernden Balken T, U, V, W, X, Y und Z. Das Schaltnetz
kann als Codeumsetzer angesehen und analog zu Beispiel 42
entwickelt werden.

Zunächst stellt man die Funktionstabelle nach Bild 59 auf, in der man auch die Pseudotetraden aufführt. In die KV-Tafeln für die sieben Ausgangsvariablen T bis Z in Bild 60 trägt man diese Pseudotetraden als frei wählbare Terme ein. Da in den Spalten der Ausgangs-

	D	C	B	A	Z	Y	X	W	V	U	T
0	0	0	0	0	1	1	1	0	1	1	1
1	0	0	0	1	1	1	0	0	0	0	0
2	0	0	1	0	0	1	1	1	1	1	0
3	0	0	1	1	1	1	1	1	1	0	0
4	0	1	0	0	1	1	0	1	0	0	1
5	0	1	0	1	1	0	1	1	1	0	1
6	0	1	1	0	1	0	1	1	1	1	1
7	0	1	1	1	1	1	0	0	1	0	0
8	1	0	0	0	1	1	1	1	1	1	1
9	1	0	0	1	1	1	1	1	1	0	1
(10)	1	0	1	0							
(11)	1	0	1	1							
(12)	1	1	0	0							
(13)	1	1	0	1							
(14)	1	1	1	0							
(15)	1	1	1	1							

Bild 59 Funktionsta-
belle zur
Ziffernan-
zeige mit
Leuchtbalken

variablen die Anzahl der Nullen wesentlich kleiner als die
Anzahl der Einsen, wird die Maxterm-Methode zur Schaltkreisvereinfachung benutzt. Dadurch brauchen weniger Felder in
den Tafeln beim Eintragen der Terme aufgesucht zu werden.
Das bedeutet aber nicht, daß auch die Schaltfunktionen einfacher als bei der Minterm-Methode werden, da sich in

diesem Fall bei einer größeren Anzahl von Einsen auch größere Blöcke zusammenfassen lassen. Welches Ergebnis das
wirtschaftlichere ist, hängt auch von der Art der zur Verfügung stehenden Glieder ab, über die in dieser Aufgabe nichts
ausgesagt ist. Aus der Funktionstabelle in Bild 59 lassen
sich die Maxterme direkt in die KV-Tafeln eintragen, ohne
daß man vorher die konjunktive Normalform anschreiben muß.
Dabei trägt man zweckmäßigerweise einen Maxterm parallel in
alle jene KV-Tafeln ein, bei denen in der Tabelle eine 0
steht.

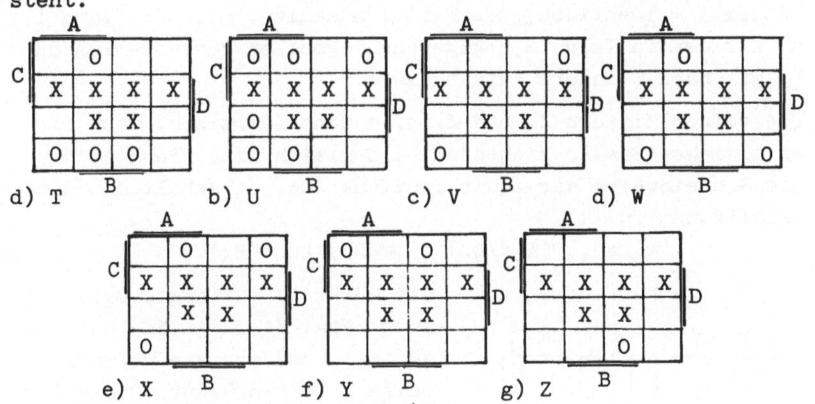

Bild 60 KV-Tafeln zu Beispiel 43

Man erhält als Lösung

$$a) \ T = (\overline{A} + \overline{B})(\overline{B} + C)(\overline{A} + C + D)$$
$$b) \ U = \overline{A}(B + \overline{C})$$
$$c) \ V = (A + B + \overline{C})(\overline{A} + B + C + D)$$
$$d) \ W = (\overline{A} + \overline{B} + \overline{C})(B + C + D)$$
$$e) \ X = (\overline{A} + \overline{B} + \overline{C})(A + B + \overline{C})(\overline{A} + B + C + D)$$
$$f) \ Y = (\overline{A} + B + \overline{C})(A + \overline{B} + \overline{C})$$
$$g) \ Z = A + \overline{B} + C.$$

4.4.2. Vergleicherschaltungen

Vergleicherschaltungen dienen dazu, festzustellen, ob in binärer Form vorliegende Ziffern, Zahlen, Buchstaben und Zeichen gleich oder nicht gleich sind. Beim Vergleich zweier
Zahlen kann man darüberhinaus melden, welche von beiden die

größere bzw. kleinere ist. Neben dem Aufbau von Vergleichern mit reinen Schaltnetzen lassen sich auch solche unter Verwendung von Schaltwerken (s.Abschn. 7) aufbauen, die weniger Aufwand erfordern, dafür aber eine längere Zeit benötigen, um zu einer Aussage zu gelangen.

<u>Beispiel 44:</u> Eine Vergleicherschaltung soll die beiden im 8-4-2-1-Code dargestellten Ziffern Z_1 (A_3, A_2, A_1, A_0) und Z_2 (B_3, B_2, B_1, B_0) auf Gleichheit prüfen. Sind beide Ziffern gleich, so soll die Ausgangsvariable der Schaltung Y_I (Index I = <u>i</u>dentisch) den Wert 1 annehmen. Die Schaltung ist a) mit den in Tafel 2 angegebenen Symbolen darzustellen und b) mit Nand-Gliedern aufzubauen.

Die beiden Ziffern Z_1 und Z_2 sind dann identisch, wenn die an gleicher Stelle stehenden Bits gleich sind. Benutzt man die Schreibweise der Äquivalenzfunktion, so erhält man die Schaltfunktion

$$Y_I = (A_3 \equiv B_3) \cdot (A_2 \equiv B_2) \cdot (A_1 \equiv B_1) \cdot (A_0 \equiv B_0) \qquad (54)$$

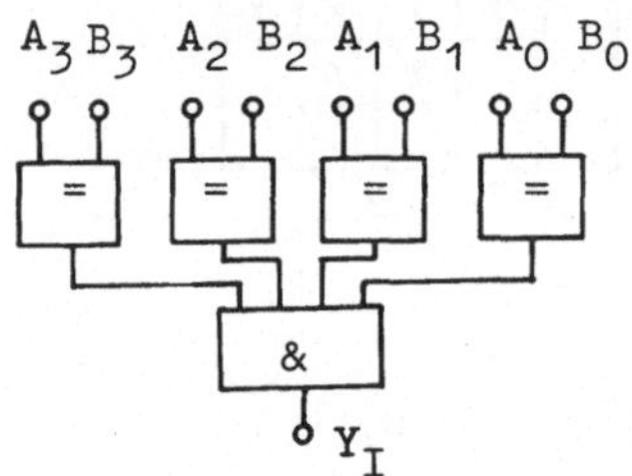

Die unter a) verlangte Darstellung zeigt Bild 61. Sie hat den Vorteil, daß man die Wirkungsweise sofort erkennt. Diese Darstellungsart sollte man wählen, wenn ein Schaltglied für die Äquivalenzfunktion, z.B. in Form einer integrierten Schaltung vorliegt.

Bild 61 Schaltnetz zur Gleichheitsprüfung binär codierter Ziffern

Sonst ist es in der Praxis aus prüfungstechnischen Gründen besser, das Schaltnetz mit den tatsächlich verwendeten Schaltgliedern darzustellen. Um die Äquivalenzfunktion mit Nand-Gliedern aufbauen zu können, muß man diese Schaltfunktion in der expliziten Form der Gl. (38) (s.Abschn. 2.1 Beispiel 25) anschreiben

$$Y = A \cdot B + \overline{A} \cdot \overline{B}.$$

Bild 62 zeigt die einzelne Äquivalenzschaltung mit Nand- ·

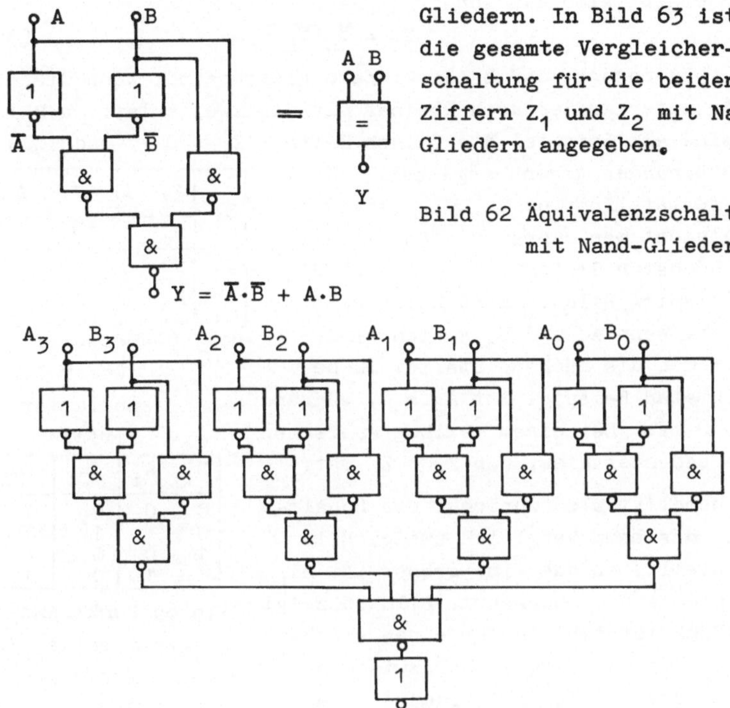

Gliedern. In Bild 63 ist die gesamte Vergleicherschaltung für die beiden Ziffern Z_1 und Z_2 mit Nand-Gliedern angegeben.

Bild 62 Äquivalenzschaltung mit Nand-Gliedern

Bild 63 Schaltplan zur Gleichheitsprüfung binär codierter Ziffern

Beispiel 45: Ein Schaltnetz ist zu entwickeln, mit dem binär codierte Ziffern Z_1 (A_3, A_2, A_1, A_0) und Z_2 (B_3, B_2, B_1, B_0) verglichen werden. Dieses Schaltnetz soll ein Signal Y_I (I = identisch), wenn $Z_1 = Z_2$ ist, ein Signal Y_G (G' = größer), wenn $Z_1 > Z_2$ ist und ein Signal Y_K (K = kleiner) liefern, wenn $Z_1 < Z_2$ ist. Das Schaltnetz soll für alle lexikographisch (s.Abschn. 3.1) geordneten Codes gelten. Das Schaltnetz ist zu zeichnen.

Eine der drei Ausgangsvariablen Y_I, Y_G und Y_K ist stets 1. Man kann also die Funktionen z.B. für Y_G und Y_K ermitteln, dann ergibt sich aus ihnen

$$Y_I = \overline{Y}_G \cdot \overline{Y}_K \qquad (55)$$

Gl. (55) besagt, daß beide Ziffern gleich sind, wenn die erste weder größer noch kleiner als die zweite ist. In Bild 64 sind als Beispiel die beiden Ziffern $Z_1 = 0111$ und $Z_2 = 0010$ einander gegenübergestellt. Will man feststellen, ob $Z_1 > Z_2$ ist, so vergleicht man zuerst die Stelle mit dem höchsten Gewicht, also A_3 mit B_3. Im Beispiel Bild 64 sind beide Bits gleich. Wenn A_3 und B_3 gleich sind prüft man die nächste Stelle. Im betrachteten Beispiel ist $A_2 = 1$, während $B_2 = 0$ ist. Bei einem lexikographischen Code bedeutet dies, daß $Z_1 > Z_2$ ist.

	A_3	A_2	A_1	A_0
Z_1	0	1	1	1
Z_2	0	0	1	0
	B_3	B_2	B_1	B_0

Bild 64 Beispiel zweier binär codierter Ziffern

Man benötigt also zunächst ein Schaltnetz, das beim Vergleich zweier Bits feststellt, ob das eine größer ist als das andere und umgekehrt. Bild 65 zeigt die Funktionstabelle für einen solchen Größer-Kleiner-Vergleicher zwischen Bit A_i und B_i. $Y_{Gi} = 1$ bedeutet, daß $A_i > B_i$ ist. $Y_{Ki} = 1$ bedeutet, daß $A_i < B_i$ ist. Die Schaltfunktionen sind

B_i	A_i	Y_{Gi}	Y_{Ki}
0	0	0	0
0	1	1	0
1	0	0	1
1	1	0	0

Bild 65 Funktionstabelle für Größer-Kleiner-Vergleicher

$$Y_{Gi} = A_i \cdot \overline{B}_i \qquad (56)$$

$$Y_{Ki} = \overline{A}_i \cdot B_i \qquad (57)$$

Durch Vergleich der einzelnen Bits ergibt sich die Funktion

$$Y_G = Y_{G3} + \overline{Y}_{K3} \cdot Y_{G2} + \overline{Y}_{K3} \cdot \overline{Y}_{K2} \cdot Y_{G1} + \overline{Y}_{K3} \cdot \overline{Y}_{K2} \cdot \overline{Y}_{K1} \cdot Y_{G0} \qquad (58)$$

Analog lautet die Schaltfunktion für das Kleiner-Signal

$$Y_K = Y_{K3} + \overline{Y}_{G3} \cdot Y_{K2} + \overline{Y}_{G3} \cdot \overline{Y}_{G2} \cdot Y_{K1} + \overline{Y}_{G3} \cdot \overline{Y}_{G2} \cdot \overline{Y}_{G1} \cdot Y_{K0} \qquad (59)$$

Aus Gl. (56) bis Gl. (59) erhält man das Schaltnetz in Bild 66.

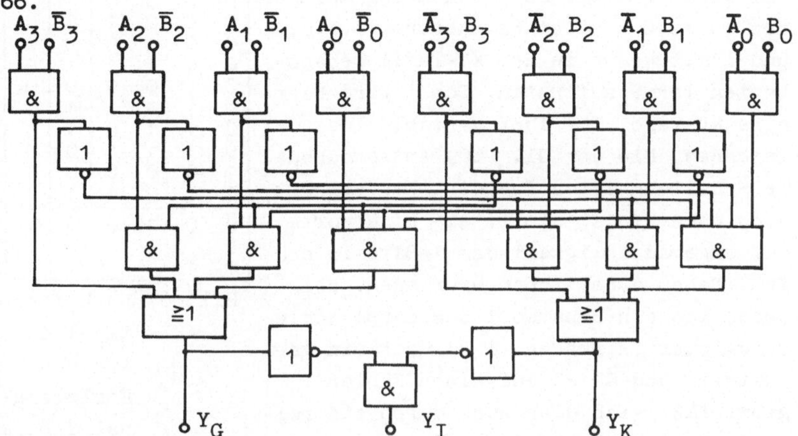

Bild 66 Schaltnetz für einen Größer-Kleiner-Vergleicher

4.4.3. Prüfschaltungen

Prüfschaltungen dienen dazu festzustellen, ob bei einem Codewort eine unzulässige Binärkombination, d.h., ein Fehler aufgetreten ist.

Beispiel 46: Es ist eine Schaltung zu ermitteln, die den 8-4-2-1-Code mit Prüfbit (Bits D, C, B, A, P) daraufhin prüft, ob ein unzulässiges Binärwort auftritt. In diesem Fall ist ein Fehlersignal Y zu geben.

Bild 67 zeigt die Funktionstabelle. Bei den 10 zulässigen Binärworten des 8-4-2-1-Code mit Prüfbit ist das Fehlersignal $Y = 0$, bei den übrigen $2^5 - 10 = 22$ Binärworten ist $Y = 1$. In Bild 67 sind diese Binärworte nicht alle aufgeführt, da man am zweckmäßigsten die Funktion Y als konjunktive Normalform anschreibt. Man erhält

$$Y = (\overline{P} + A + B + C + D)(P + \overline{A} + B + C + D) \qquad (60)$$
$$(P + A + \overline{B} + C + D)(\overline{P} + \overline{A} + \overline{B} + C + D)$$
$$(P + A + B + \overline{C} + D)(\overline{P} + \overline{A} + B + \overline{C} + D)$$
$$(\overline{P} + A + \overline{B} + \overline{C} + D)(P + \overline{A} + \overline{B} + \overline{C} + D)$$
$$(P + A + B + C + \overline{D})(\overline{P} + \overline{A} + B + C + \overline{D})$$

Gl. (60) läßt sich nicht mit der KV-Tafel vereinfachen, da der Hamming-Abstand des Codes D = 2 ist (s. Abschn. 3.1.2.) und somit keine in der KV-Tafel benachbarten Terme auftreten. Sonst wäre hier eine KV-Tafel für fünf Variable zu zeichnen. Die der Gl. (60) entsprechende Schaltung ist aufwendig. Man begnügt sich daher meist damit, die Binärworte auf Ungeradzahligkeit der 1-Bits zu prüfen. Neben dynamischen Prüfungen, bei denen man ein Binärwort aus einem Schieberegister (s.Abschn. 6.2) über ein getaktetes Und-Glied auf einen Zähler gibt, läßt sich dies auch durch ein reines Schaltnetz prüfen.

D	C	B	A	P	Y
0	0	0	0	1	0
0	0	0	1	0	0
0	0	1	0	0	0
0	0	1	1	1	0
0	1	0	0	0	0
0	1	0	1	1	0
0	1	1	0	1	0
0	1	1	1	0	0
1	0	0	0	0	0
1	0	0	1	1	0
0	0	0	0	0	1
:	:	:	:	:	:
1	1	1	1	1	1

Bild 67 Funktionstabelle für ein Fehlersignal Y beim 8-4-2-1-Code mit Prüfbit

<u>Beispiel 47:</u> Die Binärworte des 8-4-2-1-Codes mit Prüfbit sind auf Ungeradzahligkeit der 1-Bits zu prüfen. Bei einer geraden Anzahl ist ein Fehlersignal Y zu geben.

Die Lösung von Beispiel 46 genügt auch der Aufgabenstellung in Beispiel 47. Da diese Prüfung weniger streng ist, läßt sich auch eine einfachere Lösung finden. Dazu faßt man jeweils 2 Bits zu einer Gruppe zusammen. Bei einer ungeraden Anzahl von Bits bildet das letzte eine Gruppe für sich. Für jede Gruppe liefert die Äquivalenzschaltung einen Wert 1, wenn beide Bits gleich sind. Die Summe über 2 Bits ist dann gerade. Bild 68 zeigt das gesamte Schaltnetz.

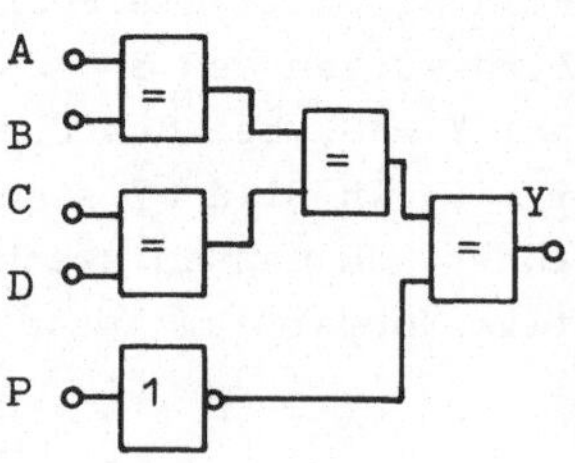

Bild 68 Prüfschaltung auf Ungeradzahligkeit der 1-Bits

Damit das einzelne Bit P sich wie eine Gruppe verhält, muß es negiert werden. Es muß dann eine 1 weitergeben, wenn es O ist, da es in diesem Fall genausowenig wie zwei gleiche Eingangsbits einer Gruppe einen Einfluß auf Gerad- oder Ungeradzahligkeit hat. Ist hingegen P = 1, so dürfte auch dann kein Fehlersignal Y erscheinen, wenn alle vorherigen Gruppen gleiche Bits melden. Bevor Bit P also auf die letzte Äquivalenzschaltung geht, ist es zu negieren.

4.4.4. Überwachungs- und Verriegelungsschaltungen

__Überwachungsschaltungen__ haben die Aufgabe, Anlagen zu kontrollieren und Warnungs- bzw. Störungsmeldungen im Falle eines unzulässigen Betriebszustands zu geben. Die __Verriegelungsschaltungen__ verhindern dagegen, daß ein nicht zulässiger Eingriff in eine Anlage überhaupt zur Auswirkung kommen kann.

__Beispiel 48:__ In einer Transportanlage kann ein Haupttransportband von 4 Zuliefererbändern beschickt werden. Das Hauptband hat aber die doppelte Kapazität der Zuliefererbänder. Es ist ein Verriegelungssignal Y zu geben, wenn 2 der 4 Zuliefererbänder A, B, C und D eingeschaltet sind. Das Signal Y soll dazu dienen, das Einschalten weiterer Bänder zu verhindern. Das Schaltnetz ist mit Nand-Gliedern aufzubauen.

Bevor die Funktionstabelle aufgestellt wird, muß die Zuordnung der Variablen zu den binären Werten getroffen werden.

Es bedeuten A = 1: Band A ist eingeschaltet,
          A = O: Band A ist nicht eingeschaltet.
Die Zuordnung bei den Bändern B, C und D ist wie bei Band A. Ferner bedeuten
    Y = 1: Das Verriegelungssignal ist aktiv (d.h. es sind
          zwei Zuliefererbänder eingeschaltet),
    Y = O: Das Verriegelungssignal ist nicht aktiv,
    Y = X: Frei wählbarer Zustand in einem nicht möglichen
          Betriebszustand. Dieser wird durch das Verriegelungssignal verhindert.

Man erhält die Funktionstabelle in Bild 69, aus der man die Eintragungen in die KV-Tafeln in Bild 70a für die Minterm-Methode und in Bild 70b für die Maxterm-Methode vornehmen kann. Aus diesen findet man wiederum die beiden Schaltfunktionen

$$Y = A{\cdot}B + B{\cdot}C + A{\cdot}D + B{\cdot}D + A{\cdot}C + C{\cdot}D \qquad (61)$$

$$Y = (A + C + D)(B + C + D)(A + B + C)(A + B + D) \qquad (62)$$

D	C	B	A	Y
0	0	0	0	0
0	0	0	1	0
0	0	1	0	0
0	0	1	1	1
0	1	0	0	0
0	1	0	1	1
0	1	1	0	1
0	1	1	1	X
1	0	0	0	0
1	0	0	1	1
1	0	1	0	1
1	0	1	1	X
1	1	0	0	1
1	1	0	1	X
1	1	1	0	X
1	1	1	1	X

Bild 69 Funktionstabelle für eine Verriegelung

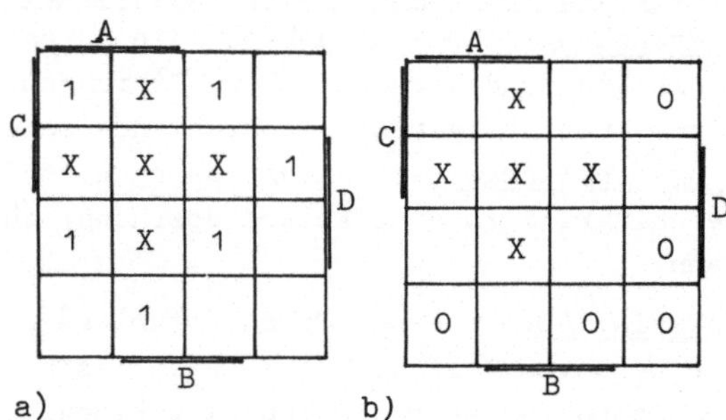

Bild 70 KV-Tafeln zu Bild 69 für Minterme (a) und Maxterme (b)

Gl. (62) führt zu einem etwas einfacheren Schaltnetz, das in Bild 71 dargestellt ist. Ein Schaltnetz nach Gl. (61) benötigt ein Schaltglied mehr. Da die Eingangsvariablen A, B, C und D meist zunächst in Flipflops (s.Abschn. 5.1.4) gespeichert werden, stehen die negierten Variablen ohnehin zur Verfügung.

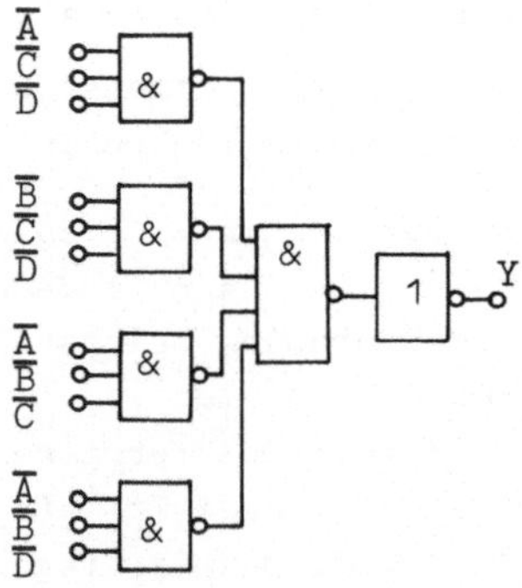

Bild 71 Schaltnetz für die Verriegelungsschaltung in Beispiel 48

4.5. Entwurf von Schaltnetzen mit MSI-Schaltungen

Bei den bisher behandelten Schaltnetzen sollten die Schaltfunktionen minimal sein. Entsprechend gering ist die Zahl
der Schaltglieder. Die Preisentwicklung bei integrierten
Schaltungen hat dazu geführt, daß die Anzahl der integrierten Bausteine (ICs) als Kriterium für einen minimalen Ge-
samtaufwand angesehen werden muß. Dabei sind außer dem Preis
für den IC selbst Verdrahtung und Platinengröße mit berücksichtigt [13].

Die Anzahl der Bausteine für die Realisierung einer Schaltfunktion läßt sich durch die Verwendung von käuflichen MSI-
Schaltungen (MSI: Middle Scale Integration, d.h. mittlere
Integrationsstufe) reduzieren. Zu diesen Schaltungen zählen
u.a. der <u>Multiplexer</u> und der <u>Decodierer</u> [2].

4.5.1. Schaltnetze mit Multiplexern

Multiplexer schalten jeweils einen von 2^n Eingängen X_i auf
den Ausgang Y durch. Die Auswahl des Eingangs erfolgt über
n Steuer- bzw. Adreßeingänge S_j.

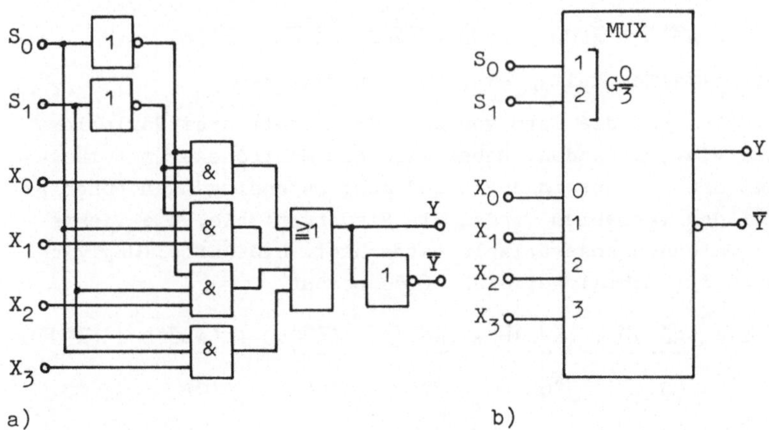

a)   b)

Bild 72 Multiplexer mit 4 Eingängen (a) und Schaltzeichen
        mit Abhängigkeitsnotation (b)

Bild 72 zeigt als Beispiel einen Multiplexer mit 4 Dateneingängen. Die Schaltfunktion lautet

$$Y = X_0\bar{S}_0\bar{S}_1 + X_1S_0\bar{S}_1 + X_2\bar{S}_0S_1 + X_3S_0S_1 \tag{63}$$

Gl. (63) läßt die Und-Beziehung zwischen der Dateneingangs-
variablen X_i und den Auswahlvariablen S_j erkennen. Diese Beziehung kommt im Schaltzeichen Bild 72b zum Ausdruck. Der
Buchstabe G im Innern ist ausschließlich für die Und-Abhängigkeit reserviert (DIN 40 700 Teil 14 bzw. DIN 40 900 Teil
12). Die Schreibweise G0/3 ist eine abgekürzte Darstellung
für G0, G1, G2, G3. Die Ziffern hinter G zeigen auf die ge-
steuerten Eingänge X_0 bis X_3 mit gleicher Ziffer im Innern
des Schaltzeichens (0 bis 3). Hinter den Steuereingängen S_0
und S_1 sind zusätzliche Gewichte angegeben. Ist z.B. $S_0 = 0$
und $S_1 = 1$, so ist das Gesamtgewicht 2. In diesem Fall wird
X_2 nach Y durchgeschaltet.

Die Realisierung von Schaltfunktionen mit Multiplexern wird
im folgenden an vier Beispielen demonstriert.

<u>Beispiel 49:</u> Die Schaltfunktion

$$Y = A\bar{B}C\bar{D} + \bar{A}BC\bar{D} + ABCD + \bar{A}BCD + \bar{A}B\bar{C}D + \bar{A}\bar{B}\bar{C}D \tag{64}$$

ist mit einem Multiplexer zu verwirklichen.

Gl. (64) hat die Form von Gl. (63). Statt drei Variablen
sind vier vorhanden. Daher wird ein Multiplexer mit insgesamt drei Steuereingängen und acht Dateneingängen benötigt.
Drei der Variablen werden als Steuervariable, die vierte
als Dateneingangsvariable betrachtet. Die Aufteilung wird
durch die Schreibweise Gl. (65) betont.

$$Y = \underbrace{(A\bar{B}C)}_{X_5}\bar{D} + \underbrace{(\bar{A}BC)}_{X_6}\bar{D} + \underbrace{(ABC)}_{X_7}D + \underbrace{(\bar{A}BC)}_{X_4}D + \underbrace{(\bar{A}B\bar{C})}_{X_2}D + \underbrace{(\bar{A}\bar{B}\bar{C})}_{X_0}D \tag{65}$$

In Gl. (65) ist angegeben, welche Dateneingänge X_i adres -
siert werden, wenn die Variable A mit dem niedrigstwertigen

Steuereingang verbunden wird. Die Lösung Bild 73 zeigt, daß außer dem Multiplexer nur noch ein Inverter erforderlich ist. Offene Eingänge X_i müssen auf logisch 0 gelegt werden.

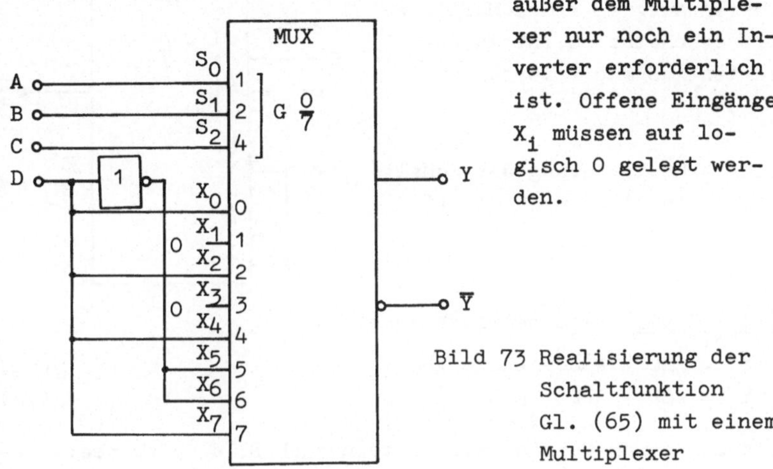

Bild 73 Realisierung der Schaltfunktion Gl. (65) mit einem Multiplexer

Beispiel 50: Die Schaltfunktion

$$Q = (A + B + \overline{C} + \overline{D})(\overline{A} + B + \overline{C} + D)(\overline{A} + \overline{B} + \overline{C} + \overline{D}) \qquad (66)$$

ist mit einem Multiplexer zu realisieren.

Durch Invertieren von Gl. (66) erhält man mit Hilfe des De Morganschen Theorems die Funktion Gl. (67).

$$\overline{Q} = \overline{A}\overline{B}CD + A\overline{B}C\overline{D} + ABCD \qquad (67)$$

Da die Variable C in allen Mintermen nicht negiert ist, wird sie auf die entsprechenden Dateneingänge des Multiplexers gegeben. Dadurch entfällt der in Beispiel 49 benötigte Inverter am Eingang.

$$\overline{Q} = (\overline{A}\overline{B}D)C + (A\overline{B}\overline{D})C + (ABD)C \qquad (68)$$

$$\underbrace{\phantom{(\overline{A}\overline{B}D)}}_{X_4} \qquad \underbrace{\phantom{(A\overline{B}\overline{D})}}_{X_1} \qquad \underbrace{}_{X_7}$$

Aufgrund der Schreibweise von Gl. (68) wird deutlich, daß

die Variable $\overline{Q}$ am nicht negierten Ausgang Y des Multiplexers erscheint. Q ist am negierten Ausgang $\overline{Y}$ verfügbar.

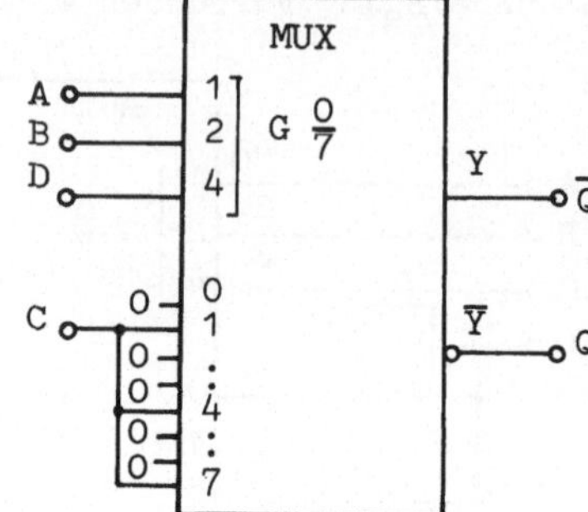

Bild 74 Realisierung der Schaltfunktion nach Gl. (66)

<u>Beispiel 51:</u> Die Schaltfunktionen

$$Y_1 = A\overline{B}C + A\overline{B}\overline{C} + ABC + \overline{A}BC \qquad (69)$$
$$Y_2 = A\overline{B}D + AB\overline{D} + \overline{A}BD + \overline{A}\overline{B}\overline{D} \qquad (70)$$

sind mit einem Multiplexerbaustein nach Bild 75 zu realisieren.

Das Schaltsymbol beschreibt zwei Multiplexer, deren Dateneingänge X über gemeinsame Steuereingänge S_0 und S_1 ange-

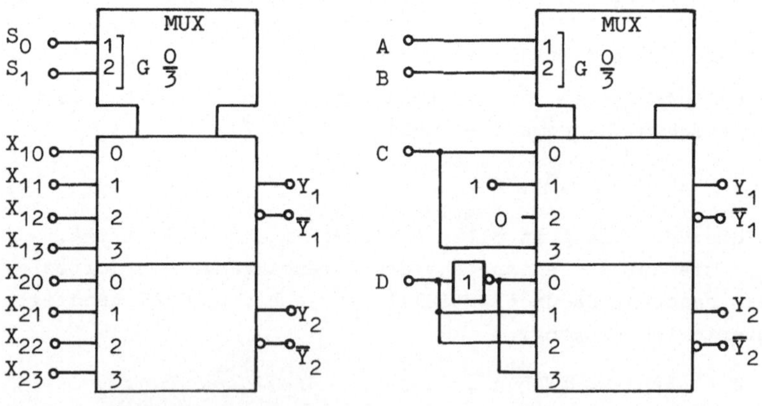

Bild 75 Schaltzeichen eines
zweifachen Multiple-
xers mit 4 Eingängen

Bild 76 Schaltplan zu Beispiel 51

sprochen werden. Der obere Teil des Schaltsymbols, der alle
unteren Blöcke steuert, wird mit <u>Steuerblock</u> bezeichnet.
Die Gl. (69) und (70) lassen sich mit dem Multiplexerbaustein Bild 75 realisieren, wenn die gemeinsamen Variablen A
und B auf die Steuereingänge und die nicht gemeinsamen Variablen C und D auf die Dateneingänge geschaltet werden. Aus
der Schreibweise in der Form Gl. (71) und (72) folgt unmittelbar der Schaltplan Bild 76.

$$Y_1 = (A\overline{B})C + (A\overline{B})\overline{C} + (AB)C + (\overline{A}\overline{B})C$$
$$= (A\overline{B})1 + (AB)C + (\overline{A}\overline{B})C \tag{71}$$
$$Y_2 = (A\overline{B})D + (AB)\overline{D} + (\overline{A}B)D + (\overline{A}\overline{B})\overline{D} \tag{72}$$

<u>Beispiel 52:</u> Ein Multiplexer nach Bild 77 verfügt über Tri-
State-Ausgänge und einen Enable-Eingang EN. Unter Ausnutzung des Enable-Eingangs soll mit zwei Multiplexern nach
Bild 77 und möglichst wenig Zu-
satzlogik die Schaltfunktion

$$Y = A\overline{B}C\overline{D} + ABCD + A\overline{B}\overline{C}D + \overline{A}BC\overline{D} +$$
$$\overline{A}\overline{B}CD + \overline{A}B\overline{C}\overline{D}$$

realisiert werden.

Bei einer binären 1 am Eingang EN
sind die beiden Ausgänge im hochohmigen Zustand. Eine binäre 0 an
EN bringt den Ausgang auf den von
den Eingängen her bestimmten Wert.
Die Ausgänge zweier Multiplexer
nach Bild 77 lassen sich verbin-

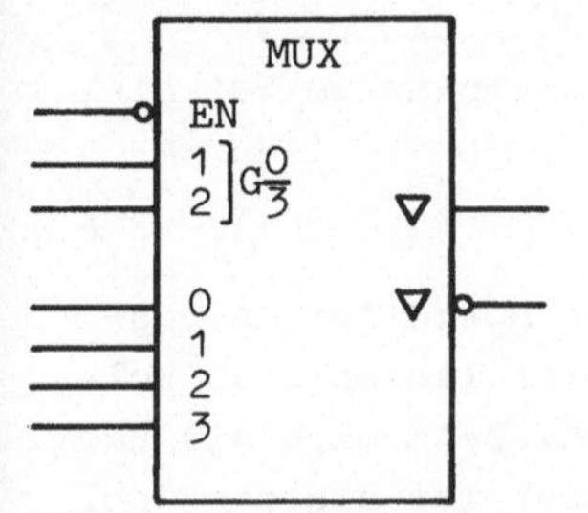

Bild 77 Multiplexer mit
      Tri-State-Aus-
      gängen

den, wenn jeweils nur einer über EN aktiviert wird. Dies
geschieht, wenn z.B. an einen EN-Eingang die Variable A und
an den anderen die Variable $\overline{A}$ gelegt wird. Die Schaltfunktion wird dazu wie folgt geschrieben

$$Y = A(\overline{B}C\overline{D} + BCD + \overline{B}\overline{C}D) + \overline{A}(BC\overline{D} + \overline{B}CD + B\overline{C}\overline{D})$$

Die Variablen innerhalb
der Klammern werden wie
in den Beispielen 49 bis
51 behandelt. Dazu sind
weitere Klammern zweck-
mäßig.

$$Y = A[(\overline{B}C)\overline{D} + (BC)D + (\overline{BC})D] +$$
$$\overline{A}[(BC)\overline{D} + (\overline{B}C)D + (B\overline{C})\overline{D}]$$

Zu beachten ist, daß
der erste Term

$$A[(\overline{B}C)\overline{D} + (BC)D + (\overline{BC})D]$$

durch den unteren Mul-
tiplexer in Bild 78
realisiert wird und
umgekehrt.

Die Beispiele haben ge-
zeigt, daß mit Multiple-
xern sowohl konjunktive wie disjunktive Normalformen realisierbar sind. Mit nur einem Multiplexer lassen sich solche Schaltfunktionen technisch aufbauen, bei denen die Zahl
der unabhängigen Variablen um eins größer ist als die Zahl
der Steuereingänge des Multiplexers.

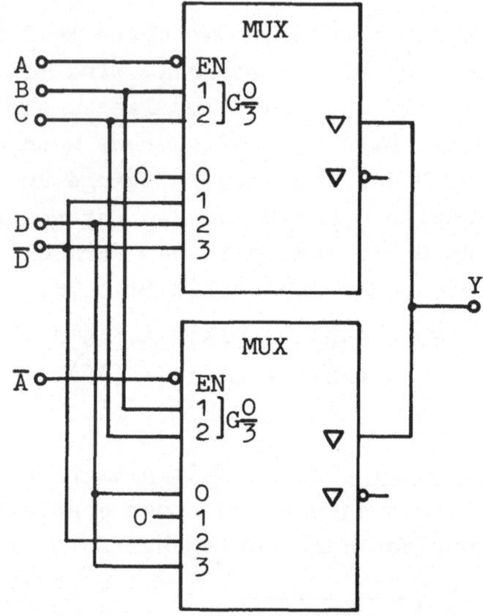

Bild 78 Schaltplan zu Beispiel 52

4.5.2. Schaltnetze mit Decodieren

Die Decodierschaltung wurde bereits in Abschn. 4.2 eingeführt. Die meisten integrierten Decodierer verfügen über
negierte Ausgänge. Bild 79 zeigt Schaltsymbol und vollständige Funktionstabelle eines typischen 1-aus-10-Decodierers.
Abgesehen von den negierten Ausgängen ist dieser identisch
mit dem aus Beispiel 41. Die binäre 0 als <u>aktiver</u> Ausgangs-

wert wird hier durch einen Negationsstrich bei der Bezeichnung der Ausgangsvariablen hervorgehoben. Andere weit ver-
breitete integrierte Decodierer sind u.a. der 1-aus-8- und
der 1-aus-16-Decodierer.

Decodierer eignen sich zur Realisierung von mehreren Schaltfunktionen mit gleichen Eingangsvariablen. Die Schaltfunktionen müssen dazu in eine disjunktive Normalform gebracht
werden. Die Anzahl der Eingänge des Decodierers muß minde-
stens gleich der Zahl der Variablen sein. Es lassen sich nur
die tatsächlich decodierten Eingangsterme darstellen.

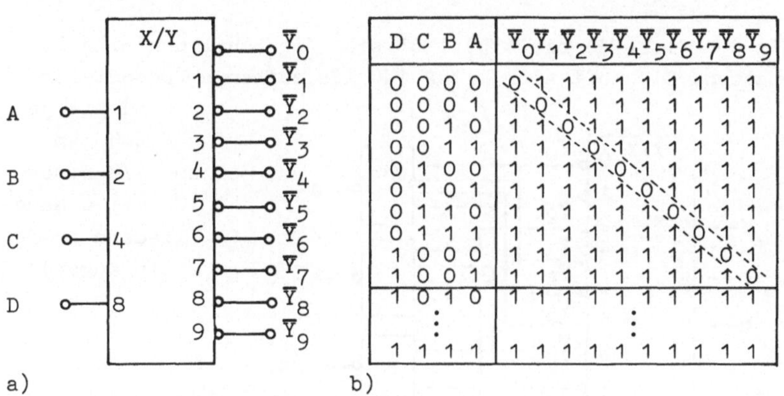

D	C	B	A	$\overline{Y}_0$	$\overline{Y}_1$	$\overline{Y}_2$	$\overline{Y}_3$	$\overline{Y}_4$	$\overline{Y}_5$	$\overline{Y}_6$	$\overline{Y}_7$	$\overline{Y}_8$	$\overline{Y}_9$
0	0	0	0	0	1	1	1	1	1	1	1	1	1
0	0	0	1	1	0	1	1	1	1	1	1	1	1
0	0	1	0	1	1	0	1	1	1	1	1	1	1
0	0	1	1	1	1	1	0	1	1	1	1	1	1
0	1	0	0	1	1	1	1	0	1	1	1	1	1
0	1	0	1	1	1	1	1	1	0	1	1	1	1
0	1	1	0	1	1	1	1	1	1	0	1	1	1
0	1	1	1	1	1	1	1	1	1	1	0	1	1
1	0	0	0	1	1	1	1	1	1	1	1	0	1
1	0	0	1	1	1	1	1	1	1	1	1	1	0
1	0	1	0	1	1	1	1	1	1	1	1	1	1
⋮				⋮									
1	1	1	1	1	1	1	1	1	1	1	1	1	1

a) b)

Bild 79 Schaltzeichen (a) und Funktionstabelle eines 1-aus-
10-Decodierers (b)

<u>Beispiel 53:</u> Die Schaltfunktionen

$$Z_1 = A\overline{B}C + AB\overline{C} + \overline{A}BC + \overline{A}\,\overline{B}\,\overline{C}$$
$$Z_2 = AB + \overline{A}B$$
$$Z_3 = ABC + \overline{A}\,\overline{B}C$$

sind mit einer Decodierschaltung mit negierten Ausgängen zu
realisiern .

Bei drei Eingangsvariablen A, B und C kann ein 1-aus-8-De-
codierer benutzt werden. Die Schaltfunktionen werden auf die

disjunktive Normalform gebracht und die Minterme den entsprechenden Ausgängen des Decodierers zugeordnet.

$$Z_1 = \underbrace{A\overline{B}C}_{Y_5} + \underbrace{AB\overline{C}}_{Y_3} + \underbrace{\overline{A}BC}_{Y_6} + \underbrace{\overline{A}\,\overline{B}\,\overline{C}}_{Y_0} \tag{73}$$

$$Z_2 = AB + \overline{A}B = \underbrace{AB\overline{C}}_{Y_3} + \underbrace{ABC}_{Y_7} + \underbrace{\overline{A}B\overline{C}}_{Y_2} + \underbrace{\overline{A}BC}_{Y_6} \tag{74}$$

$$Z_3 = \underbrace{ABC}_{Y_7} + \underbrace{\overline{A}\,\overline{B}C}_{Y_4} \tag{75}$$

Mit den Gl. (73) bis (75) läßt sich die Schaltung Bild 80 angeben. Sie läßt sich mit 2 1/4 ICs aufbauen (Decodierer, 2 Nand mit je 4 Eingängen und 1/4 eines ICs mit 4 Nand-Gliedern zu je 2 Eingängen).

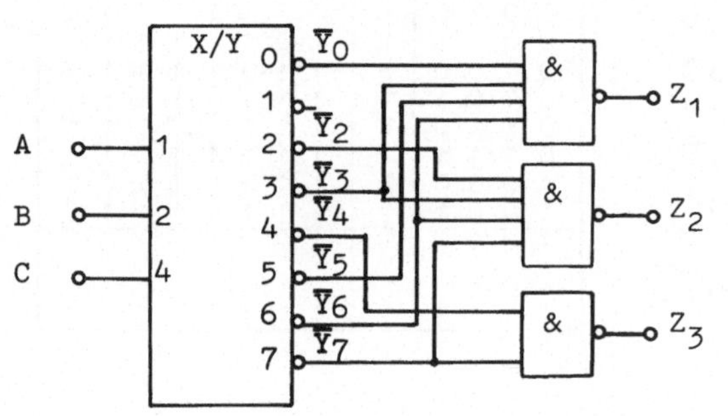

Bild 80 Schaltplan zu Beispiel 53

Beispiel 54: Die auf einer Eingangsleitung anstehende binäre Information I soll auf jeweils eine von 4 Ausgangsleitungen durchgeschaltet werden. Die Auswahl der jeweiligen Ausgangsleitung erfolgt über die Steuereingänge S_0 und S_1.

Bild 81 zeigt die Funktionstabelle zu diesem Beispiel. Sie ist für die benutzten Ausgangsvariablen Q_0 bis Q_3 identisch mit der eines 1-aus-8-Decodierers entsprechend Bild 80. Daher erfüllt der 1-aus-8-Decodierer die geforderte Funktion,

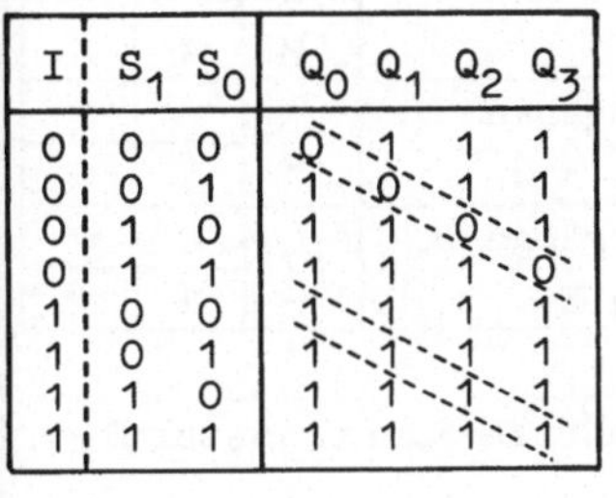

I	S_1	S_0	Q_0	Q_1	Q_2	Q_3
0	0	0	0	1	1	1
0	0	1	1	0	1	1
0	1	0	1	1	0	1
0	1	1	1	1	1	0
1	0	0	1	1	1	1
1	0	1	1	1	1	1
1	1	0	1	1	1	1
1	1	1	1	1	1	1

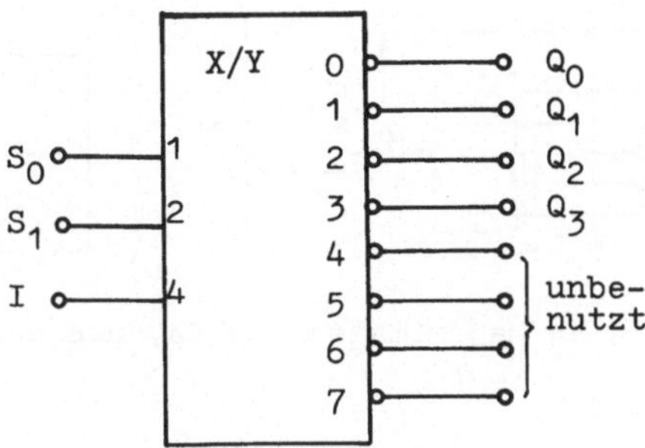

Bild 81 Funktionstabel-
le eines Demul-
tiplexers

Bild 82 Decodierer als Demultiplexer

wenn entsprechend Bild 82 die Variable I auf den höchstwer-
tigen Eingang des Decodierers gelegt wird. Eine solche
Schaltung, bei der ein Eingang auf einen von mehreren Ausgängen geschaltet wird, nennt man <u>Demultiplexer</u>. Demultiplexer sind als eigenständige integrierte Schaltungen verfügbar. Bei ihnen fehlen die in Bild 82 unbenutzten Ausgänge. Der Informationseingang ist meist mit logisch 0 aktiv
und wird oft mit $\overline{E}$ bezeichnet.

4.5.3. Realisierung von Schaltfunktionen mit Majoritäts-
gliedern

Majoritätsglieder sind Verknüpfungsschaltungen, bei denen
die Ausgangsvariable nur dann den Wert 1 annimmt, wenn die
Mehrzahl der Eingangsvariablen 1 ist. Mit Majoritätsgliedern lassen sich bestimmte Schaltfunktionen auf einfache
Weise realisieren. Bild 83a zeigt eine käufliche integrierte Schaltung, die ein zusätzliches Äquivalenzglied enthält.
Wie aus der Funktionstabelle Bild 83b hervorgeht, kann über
den Steuereingang W zum Äquivalenzglied die Ausgangsvariable Z normal (W = 0) oder invertiert (W = 1) ausgegeben werden. Die Aussage in Bild 83b "<3 Eingänge A bis E = 1" könnte auch durch die gleichwertige Aussage " ≥ 3 Eingänge A bis

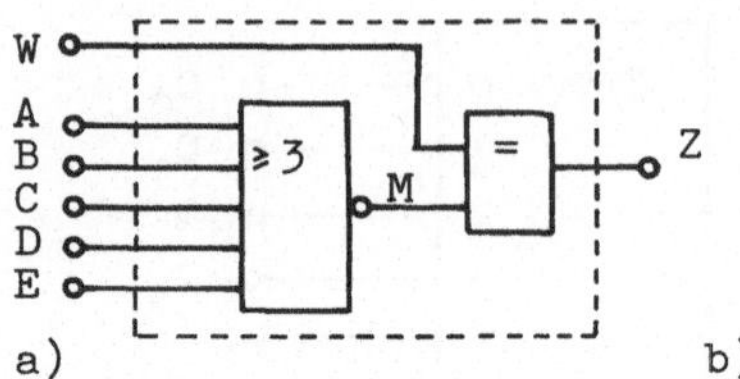

		M	W	Z
≥ 3 Eingänge			0	1
A bis E = 1		0	1	0
< 3 Eingänge			0	0
A bis E = 1		1	1	1

a)   b)

Bild 83 Majoritätsglied (a) und zugehörige Funktionstabelle (b)

E = 0" ersetzt werden.

Beispiel 55: Ein Schaltnetz soll dann den Wert 1 am Ausgang Q liefern, wenn wenigstens 2 von 4 Eingangsvariablen X_1 bis X_4 den Wert 1 haben.

Die Schaltfunktion für dieses Beispiel lautet nach Vereinfachung

$$Q = X_1 X_2 + X_1 X_3 + X_1 X_4 + X_2 X_3 + X_2 X_4 + X_3 X_4.$$

Sie kann mit Majoritätsgliedern nach Bild 83a realisiert werden, wenn einer der 5 Eingänge fest auf 1 gelegt wird. Dadurch wird die Majorität erreicht, wenn zwei der Variableneingänge 1 sind. Der Eingang W muß entsprechend der Funktionstabelle Bild 83b auf 0 gelegt werden (Bild 84).

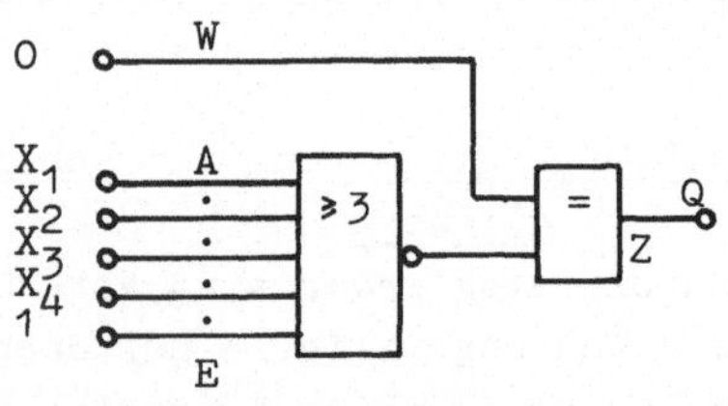

Bild 84 Schaltung zu Beispiel 55

Beispiel 56: Es ist ein Schaltnetz anzugeben, das den Wert der Eingangsvariablen I dann invertiert an dem Ausgang Q ausgibt, wenn wenigstens eine der Steuervariablen X_1 bis X_3 den Wert 1 hat. Sind alle Steuervariablen $X_1 = X_2 = X_3 = 0$, soll der Wert am Ausgang Q gleich dem von I sein.

Die Schaltfunktion dieser Aufgabenstellung lautet

$$Q = (X_1 + X_2 + X_3)\cdot \overline{I} + \overline{X}_1\cdot\overline{X}_2\cdot\overline{X}_3\cdot I$$

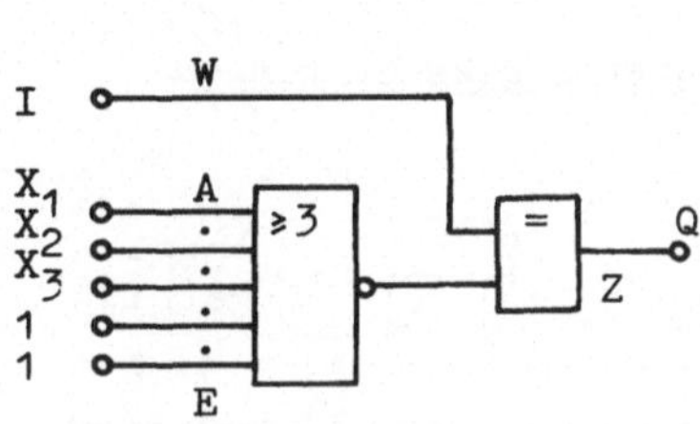

Bild 85 Schaltung zu Bei-
spiel 56

Bild 85 zeigt die Lösung mit dem Majoritätsglied nach Bild 83a. Der Eingang W wird mit der Variablen I belegt. Zwei der Eingänge A bis E müssen fest auf 1 liegen, damit die Majoritätsbedingung erfüllt ist.

4.6. Schaltnetze mit programmierbaren LSI-Schaltungen

Komplexe Schaltfunktionen lassen sich durch freiprogrammierbare Logikschaltungen einer hohen Integrationsstufe (LSI =
Large Scale Integration) realisieren. Dazu benötigt der Anwender ein besonderes Programmiergerät. Beim Programmiervorgang werden winzige Schmelzsicherungen durchgebrannt und dadurch die binären Werte festgelegt. Der Einsatz solcher programmierbarer Bausteine bietet für den Entwickler folgende
Vorteile:

1. Aufgrund der Großserienfertigung und der Zusammenfassung
   vieler Funktionen auf einem IC ergibt sich ein günstiger
   Preis pro Schaltfunktion.
2. Der Einsatz weniger integrierter Schaltungsbausteine erhöht die Zuverlässigkeit eines Systems.
3. Der Anwender ist flexibel aufgrund der individuellen Pro-
   grammierbarkeit. Teilweise lassen sich Entwurfsfehler
   ohne Änderung des Platinenlayouts durch Neuprogrammierung
   korrigieren.
4. Die Entwicklungszeit wird verkürzt.

Als Hauptvertreter dieser programmierbaren Schaltungen sind
der PROM (Programmable Read Only Memory) und der FPLA (Field
Programmable Logic Array) zu nennen. Unter dem Begriff PROM
sollen hier auch die besonderen Ausführungsformen wie EPROM

(Erasable PROM) und EEPROM (Electrically Erasable PROM)
verstanden werden, die logisch gleich sind.

4.6.1. Grundstruktur programmierbarer Logikschaltungen

Die allgemeine Grundstruktur programmierbarer Logikschaltungen besteht aus der Kombination einer Und- und Oder-Matrix. In Bild 86a ist eine Anordnung mit 4 Eingängen I_1 bis I_4 und 4 Ausgängen Q_1 bis Q_4 dargestellt. Die Eingangsvariablen werden sowohl normal wie invertiert auf die Und-Matrix geführt. Bild 86b zeigt, wie die hier gewählte Darstellung zu verstehen ist. Jedes Und-Glied in Bild 86a hat 8 programmierbare Eingänge. Die Kreuze kennzeichnen die Programmierungspunkte. Diese Koppelpunkte kann man sich im einfachsten Fall als Dioden in Reihe mit einer Sicherung vorstellen. Beim Programmiervorgang werden bestimmte Sicherungen durchgeschmolzen. Dabei können folgende 4 Fälle auftreten:

1. Beide Sicherungen, die zu einem Eingang I_i und einem bestimmten Und-Glied gehören, wer-

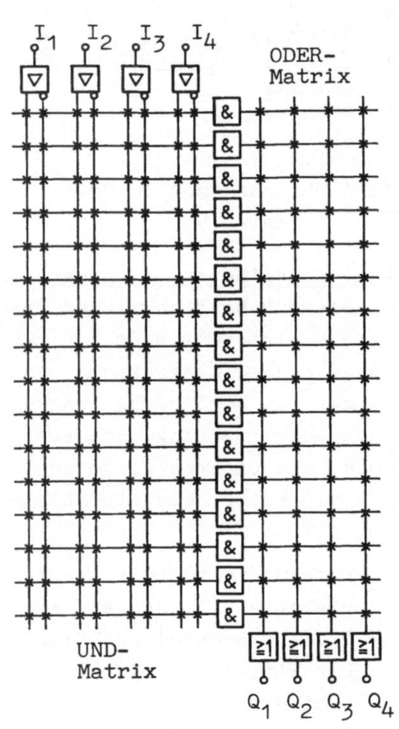

a)

b)

Bild 86 Allgemeine Struktur von programmierbaren Schaltungen (a) und Erklärung zur Darstellung (b)

den durchgebrannt. In diesem Fall ist der Wert dieser Eingangsvariablen beliebig (don't care).

2. Beide Sicherungen bleiben beim Programmieren unversehrt. In diesem Fall wird das Und-Glied inaktiv, da immer ein Eingang den Wert O hat.
3. Der negierte Eingang wird beim Programmieren aufgetrennt. Es wirkt die normale Eingangsvariable I_i.
4. Die Sicherung des normalen Eingangs wird durchgebrannt. Es wirkt die invertierte Eingangsvariable $\bar{I}_i$ auf das Und-Glied.

Über die Sicherungen der Oder-Matrix lassen sich bestimmte Konjunktionen disjunktiv verknüpfen.

Der Unterschied zwischen PROM und FPLA besteht darin, daß beim PROM die Und-Matrix bereits vom Hersteller fest programmiert ist und nur noch die Oder-Matrix vom Anwender programmiert werden kann. Beim FPLA dagegen kann der Anwender sowohl Und- wie Oder-Matrix programmieren. Dafür sind aber die Matrizen nicht maximal. Während ein PROM mit n Eingängen grundsätzlich 2^n Und-Glieder enthält (Dekodierlogik), sind es beim FPLA weniger. Bild 87 verdeutlicht den Unterschied zwischen PROM und FPLA.

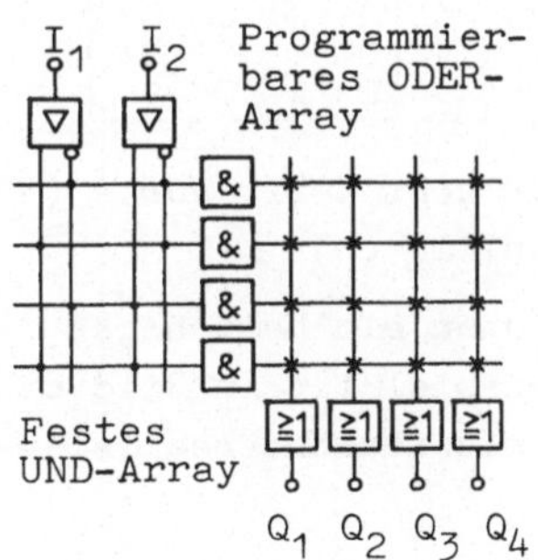

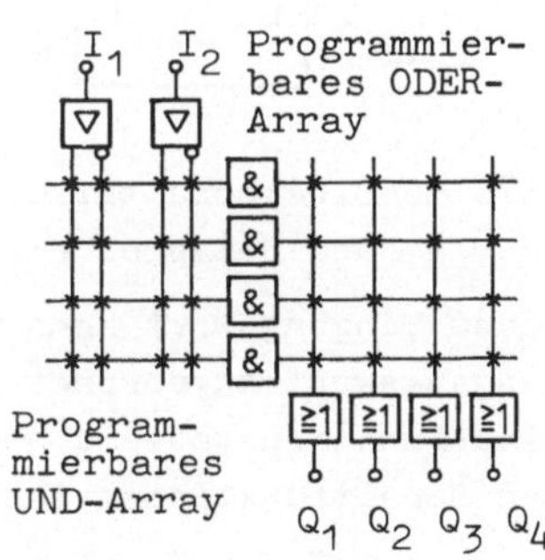

a)   b)

Bild 87 Unterschied zwischen PROM (a) und FPLA (b)

4.6.2. Realisierung logischer Funktionen mit Festwertspeichern (PROMs)

Die übliche Aufgabe eines Festwertspeichers besteht darin, in Computern oder Steuerungseinrichtungen nichtflüchtige Daten (z.B. Grundbetriebssysteme, Steuerprogramme) zu speichern. In den folgenden Abschnitten wird gezeigt, wie sich mit derartigen Speicherbausteinen Schaltfunktionen realisieren lassen.

4.6.2.1. Realisierungsprinzip

Beim Festwertspeicher ist jedem Eingangswort (Adresse) ein bestimmtes Ausgangswort (Datenwort) eindeutig zugeordnet. Von daher kann der PROM auch als Codeumsetzer aufgefaßt werden. Bild 88a zeigt ein bewußt einfaches Beispiel mit nur drei Adressiereingängen A_0, A_1 und A_2, die die Eingänge des Codeumsetzers darstellen. Anstelle der inneren Bezeichnung "X/Y" für den Codeumsetzer ist hier nach DIN 40 900 Teil 12 die Bezeichnung "PROM" eingetragen.

A_0	A_1	A_2	Q_0	Q_1	Q_2	Q_3
0	0	0	0	0	0	0
1	0	0	1	0	1	0
0	1	0	1	0	1	0
1	1	0	0	1	1	0
0	0	1	0	0	0	0
1	0	1	0	1	0	0
0	1	1	0	0	0	0
1	1	1	0	1	0	1

a)   b)

Bild 88 Blockschaltbild eines PROMs für acht 4-Bit-Worte (a) und Beispiel einer Funktionstabelle (b)

Jedem Eingangswort kann beim Programmieren ein beliebiges Ausgangswort zugeordnet werden. Als Beispiel ist in Bild 88b eine Funktionstabelle angegeben. Die entsprechend realisierten Schaltfunktionen lauten

$$Q_0 = A_0\overline{A}_1\overline{A}_2 + \overline{A}_0 A_1 \overline{A}_2$$

$$Q_1 = A_0 A_1 \overline{A}_2 + A_0 \overline{A}_1 A_2 + A_0 A_1 A_2$$

$$Q_2 = A_0 \overline{A}_1 \overline{A}_2 + \overline{A}_0 A_1 \overline{A}_2 + A_0 A_1 \overline{A}_2$$

$$Q_3 = A_0 A_1 A_2$$

Der PROM liefert also direkt Normalformen. Eine Vereinfachung von Schaltfunktionen ist daher für ihre Realisierung mit Festwertspeichern nicht durchzuführen. Im Gegenteil muß eine vereinfacht vorliegende Funktion auf ihre Normalform gebracht werden.

4.6.2.2. Innere Struktur eines PROMs

Bild 89 a zeigt die innere Struktur eines käuflichen PROMs für $2^9 = 512$ Worte zu 4 Bits. Ein physikalischer Aufbau entsprechend Bild 86 würde zu einer ungünstigen Geometrie der programmierbaren Oder-Matrix führen (Matrix 256 x 4). Daher besteht die Oder-Matrix hier aus 64 Oder-Gliedern mit je 32 Eingängen. Die 64 Ausgänge der Oder-Matrix werden zu 4 Gruppen von je 16 Leitungen zusammengefaßt. Ein Ausgang aus jeweils einer Gruppe wird über einen Multiplexer auf den Tri-State-Ausgang Q_i (i = 1 bis 4) geschaltet.

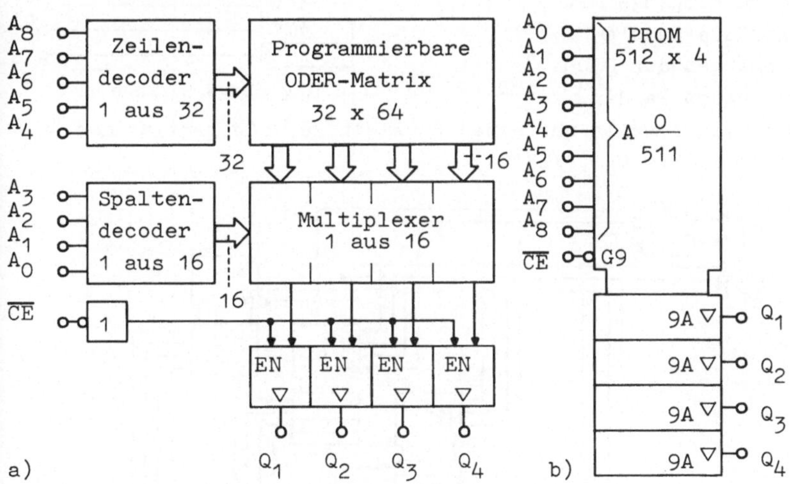

Bild 89 Innere Struktur eines PROMs 512 x 4 (a) und Schaltzeichen nach DIN 40 900 (b)

Die festprogrammierte Und-Matrix (Decodierlogik) ist aufgeteilt in zwei Gruppen, von denen die erste (Eingänge A_0 bis A_3) den Multiplexer ansteuert und die zweite (Eingänge A_4 bis A_8) jeweils eine der 32 Zeilen (Eingänge) der programmierbaren Oder-Matrix anwählt.

4.6.2.3. Erweiterungsmöglichkeiten

Reicht die Zahl der Ausgänge nicht aus, können mehrere PROMs eingangsseitig parallelgeschaltet werden (Bild 90). Bei einer nicht ausreichenden Zahl von Eingängen müssen Ausgänge und Adressierungseingänge parallelgeschaltet werden. Eine zusätzliche Decodierschaltung, deren Ausgänge mit den Chip-Enable-Eingängen der PROMs verbunden werden,

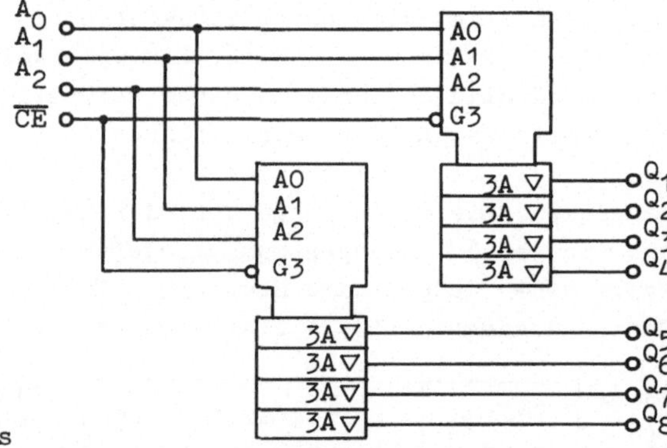

Bild 90 Erweiterung der Ausgänge

schaltet jeweils nur einen Baustein auf die gemeinsamen Ausgänge Q_1 bis Q_4 (Bild 91).

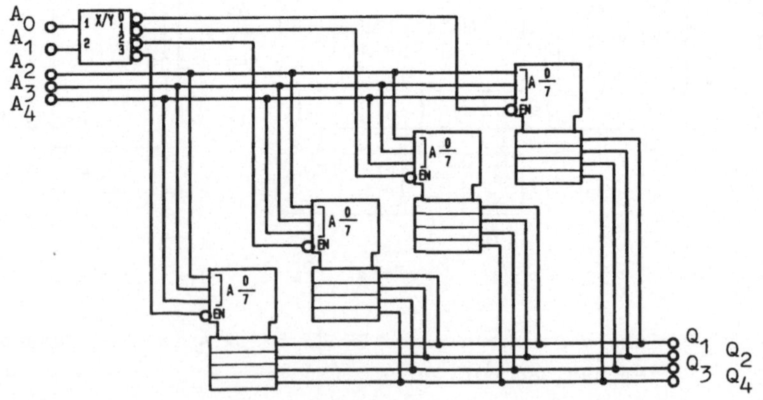

Bild 91 Erweiterung der Zahl der Eingänge von 3 auf 5

4.6.3. Realisierung logischer Funktionen mit programmierbaren Logik-Arrays (FPLAs)

Die Ausnutzung von PROMs zum Zwecke der Realisierung von
Schaltfunktionen ist i. allg. schlecht und damit unwirt-
schaftlich. Es wurden daher Anordnungen entwickelt, mit denen sich ein Großteil der gängigen Schaltfunktionen wirt-
schaftlich darstellen lassen. Im Gegensatz zum PROM ist
nicht jeder Kombination der Eingangsvariablen (Adresse) ein
internes Und-Glied zugeordnet. Dadurch lassen sich bei gleicher Anzahl interner Koppelpunkte ("Sicherungselemente") und
gleicher Wortlänge (Zahl der Ausgänge) mehr Eingänge realisieren als beim PROM.

4.6.3.1. Aufbau und Programmierung

Das Prinzip des FPLAs läßt sich an dem bewußt einfachen Bild
92 erklären. Minterme disjunktiver Normalformen werden durch
freiprogrammierbare Und-Glieder gebildet und über nachfol-
gende Oder-Glieder beliebig zusammengefaßt. Das Durchbren-
nen der Sicherung am Eingang des Äquivalenzgliedes legt den

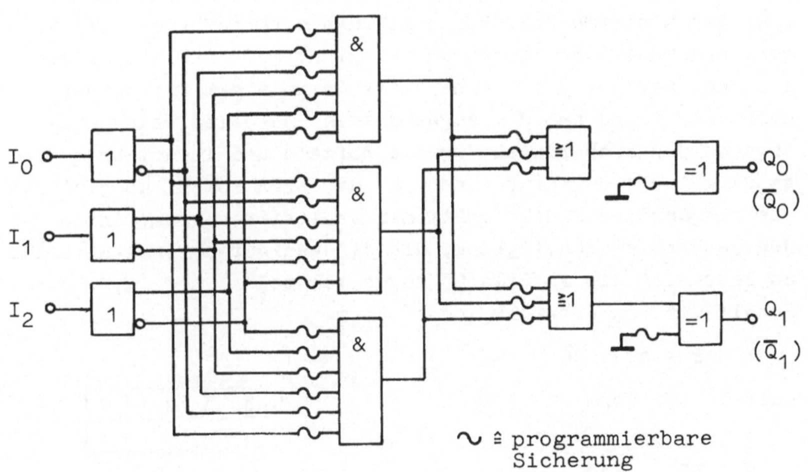

Bild 92 Prinzipieller Aufbau eines FPLAs

Eingang auf 1. Der Wert am Ausgang des Äquivalenzgliedes
ist gleich dem Wert am Ausgang des Oder-Gliedes. Die Schaltfunktion erscheint als normale konjunktive Normalform am
Ausgang. Bei nicht durchgebrannter Sicherung liegt der Eingang des Äquivalenzgliedes auf O. Dadurch wird die Schaltfunktion negiert. Unter Berücksichtigung des De Morganschen
Theorems lassen sich damit konjunktive wie disjunktive Normalformen realisieren. Mit dem Baustein Bild 92 können z.B.
die Schaltfunktionen

$$Q_0 = I_0\overline{I}_1 I_2 + I_0 I_1 \overline{I}_2 \quad \text{und}$$

$$\overline{Q}_1 = I_0 I_1 I_2 + I_0 I_1 \overline{I}_2 \quad \text{bzw.}$$

$$Q_1 = (\overline{I}_0 + \overline{I}_1 + \overline{I}_2)(\overline{I}_0 + \overline{I}_1 + I_2)$$

programmiert werden. Insgesamt kann die Zahl der Minterme
bei diesem Baustein wegen der drei Und-Glieder maximal drei
sein. Mit einem PROM ließen sich bei drei Eingängen $2^3 = 8$
Minterme realisieren.

Wegen der begrenzten Zahl von Und-Gliedern ist eine Schaltkreisvereinfachung nur im Hinblick auf eine Reduktion der
Zahl der Minterme bzw. Konjunktionen durchzuführen. Die zu
realisierende Schaltfunktion muß nicht auf ihre Normalform
gebracht werden. Tritt eine Variable in einem Produktterm
nicht auf, sind bei dem zugeordneten Und-Glied beide entsprechenden Sicherungen für die normale und invertierte Eingangsvariable durchzubrennen. Da der FPLA sowohl konjunktive
wie disjunktive Schaltfunktionen realisieren kann, ist die-
jenige Form am günstigsten, die die wenigsten Terme enthält.
So läßt sich die in Bild 93 dargestellte
Schaltfunktion entweder in der Form

$$Y = B + AC + \overline{AC}$$

oder in der Form

$$Y = (A + B + \overline{C})(\overline{A} + B + C) \quad \text{bzw.}$$

$$\overline{Y} = \overline{A}\overline{B}C + AB\overline{C}$$

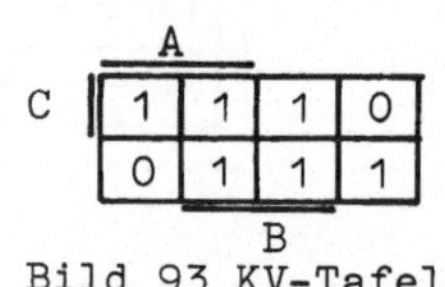

Bild 93 KV-Tafel

angeben. Bei diesem Beispiel belegt die disjunktive Form

drei und die konjunktive Form zwei Und-Glieder.

Bild 94 zeigt im Prinzip den Aufbau eines realen FPLAs. Bei 16 Eingängen verfügt er über 48 programmierbare Und-Glieder, die über Oder- und Äquivalenzglieder auf 8 Ausgänge F_0 bis F_7 führen. Zum Vergleich dazu hätte ein PROM bei 16 Eingängen 2^{16} = 65538 feste Und-Glieder in der Decodierlogik.

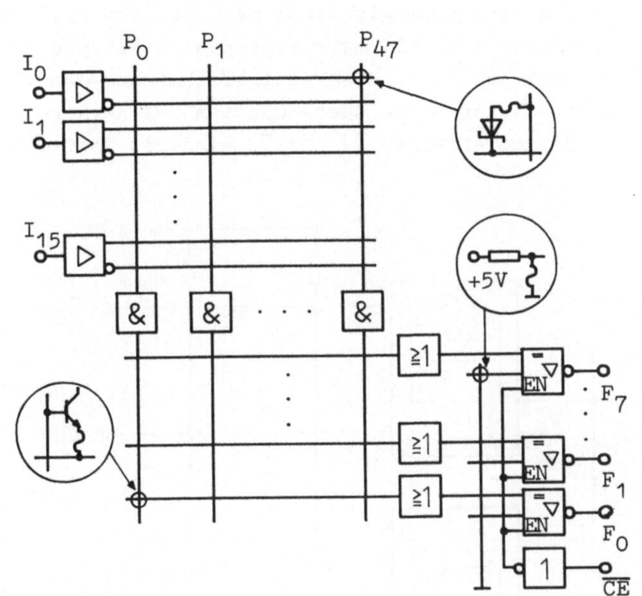

Bild 94 Aufbau eines FPLAs 16 x 48 x 8

Der FPLA aus Bild 94 ist in Bild 95 als Block dargestellt. In dem Block wird auf eine Programmiertabelle verwiesen, in der die zu programmierbaren Elemente eingetragen sind (hier nicht angegeben) [18].

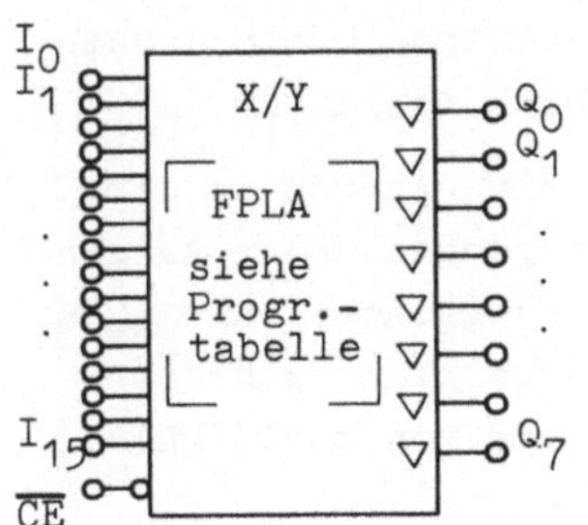

Bild 95 Blockdarstellung zu Bild 94

4.6.3.2. Erweiterungen

Die Erweiterung der Zahl der Ausgänge kann in gleicher Weise
durch Parallelschalten der Eingänge erreicht werden, wie es
in Bild 90 für den PROM gezeigt ist.

Reichen die vorhandenen Produktterme eines FPLAs nicht aus,
richtet sich die Erweiterungsmöglichkeit nach der Art des
Ausgangs. FPLAs mit offenem Kollektor lassen sich entsprechend Bild 96 parallelschalten. Die Parallelschaltung der
Ausgänge ergibt eine verdrahtete Oder-Funktion bei negati-
ver Logik. Die Ausgangsvariablen $\overline{Q}_0$ bis $\overline{Q}_7$ sind mit logisch
0 aktiv.

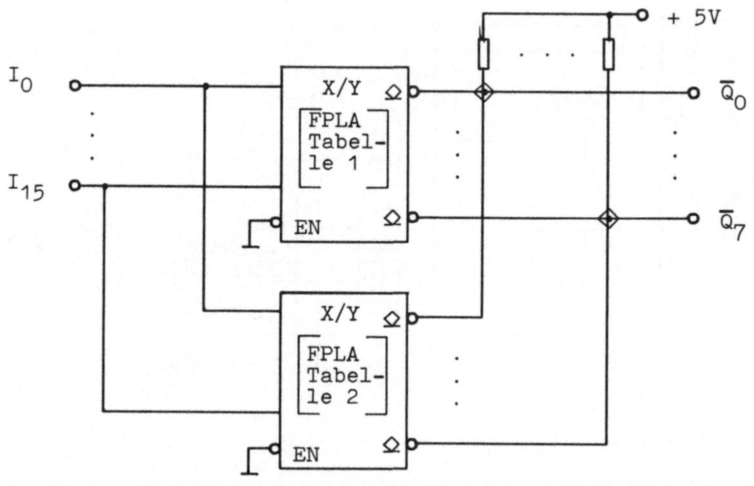

Bild 96 Erweiterung der Zahl der Produktterme durch Parallelschalten von FPLAs mit offenem Kollektor

Die Zahl der Eingänge läßt sich durch eine Anordnung der
FPLAs nach Bild 97 erreichen. Bei m Eingängen und n Ausgängen je FPLA ergibt sich eine Gesamteingangszahl von n_{ges} =
2n - m. Eine weitere Erhöhung der Gesamteingangszahl ist
mit drei FPLAs möglich, wenn die Ausgänge von zwei FPLAs

auf die Eingänge eines dritten geschaltet werden.

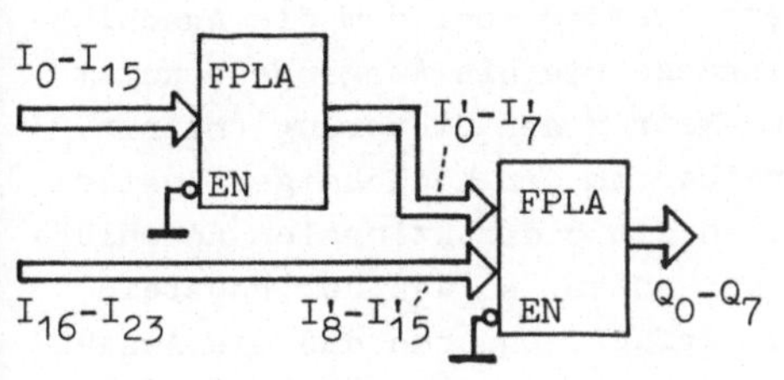

Bild 97 Erweiterung der Zahl der
        Eingänge auf 24

Bei manchen Anwendungen kann eine Schaltung nach Bild 97 ungünstig sein, weil zwischen den Eingängen I_0 - I_{15} und I_{15} - I_{23} zum Ausgang hin unterschiedliche Signallaufzeiten auftreten. In diesem Fall können z.B. FPLAs ver-

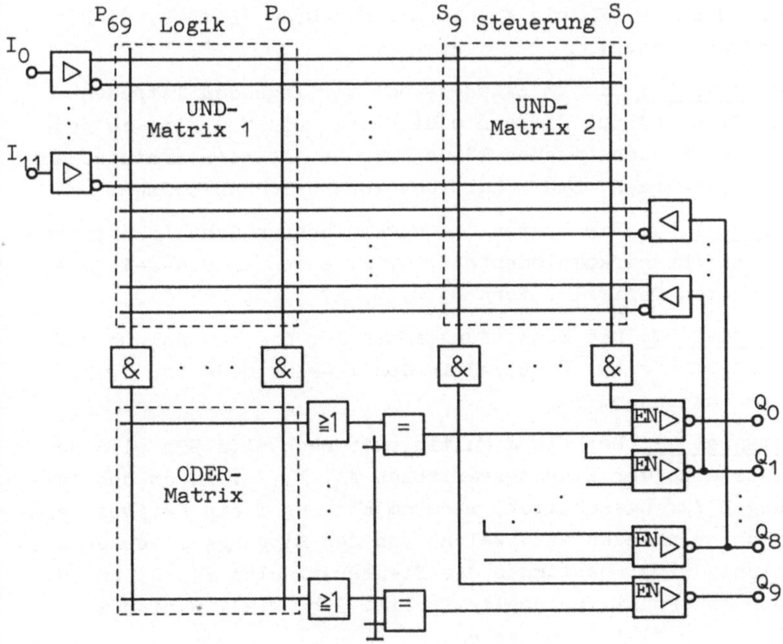

Bild 98 FPLA mit Rückführung und bidirektionalen Klemmen

wendet werden, die noch universeller aufgebaut sind und sich noch flexibler programmieren lassen. So kann z.B. ein Baustein nach Bild 98 eingesetzt werden, bei dem die Anschlüsse Q_1 bis Q_8 sowohl als Eingänge wie als Ausgänge benutzt werden können. Über die Und-Matrix der Steuerung (Matrix 2) lassen sich die Ausgangstreiber in den hochohmigen Zustand schalten. Dadurch lassen sich die bidirektionalen Anschlüsse Q_1 bis Q_8 als Eingänge verwenden, so daß der Baustein über insgesamt 20 Eingänge verfügt. Dadurch daß die Ausgänge auf die Eingänge der Und-Matrix zurückgeführt werden können, lassen sich erzeugte Funktionen in andere Funktionen einbauen.

<u>Übungsaufgaben zu Abschn. 4</u> (Lösungen im Anhang):

<u>Beispiel 57:</u> Die Schaltfunktion für die Codierung der Ziffern 0 bis 9 (X_0 bis X_9) im Exzeß-3-Code (Bits D, C, B, A) sind anzugeben.

<u>Beispiel 58:</u> Die im Exzeß-3-Code vorliegenden Tetraden (D, C, B, A) der Ziffern 0 bis 9 (Y_0 bis Y_9) sind zu decodieren. Pseudotetraden können zur Schaltkreisvereinfachung benutzt werden. Die Schaltfunktionen sind anzugeben.

<u>Beispiel 59:</u> Wie lauten die vereinfachten Schaltfunktionen für die Neunerkomplemente H, G, F, E von im 8-4-2-1-Code codierten Dezimalziffern D, C, B, A?

<u>Beispiel 60:</u> Die Schaltfunktionen für die Umwandlung vom Exzeß-3-Code (D, C, B, A) in den 2-4-2-1-Code (H, G, F, E) sind anzugeben.

<u>Beispiel 61:</u> Bei einem Multiplexer nach Bild 99a wird jeweils eine der Eingangsvariablen X_0, X_1, ...X_7 an den Ausgang Y durchgeschaltet, wenn am Eingang T ein aktives Taktsignal vorhanden ist. Welche von den Eingangsvariablen ausgewählt wird, bestimmen die Steuervariablen S_0, S_1 und S_2 nach der Funktionstabelle in Bild 99b. Die Funktion Y = $f(X_i, S_j, \bar{T})$ ist anzugeben.

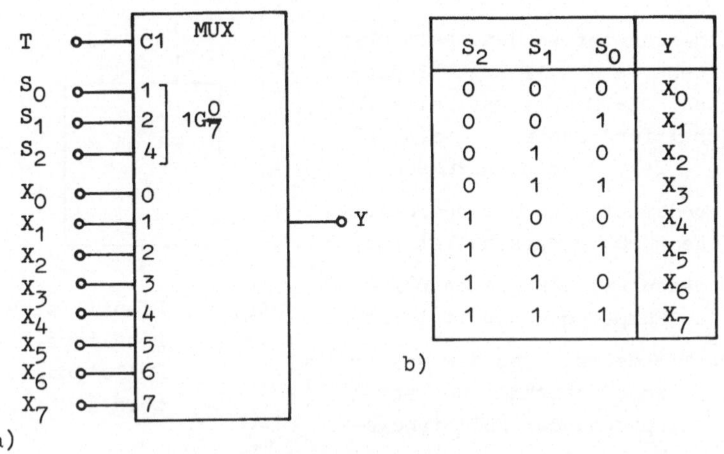

a)

b)

S_2	S_1	S_0	Y
0	0	0	X_0
0	0	1	X_1
0	1	0	X_2
0	1	1	X_3
1	0	0	X_4
1	0	1	X_5
1	1	0	X_6
1	1	1	X_7

Bild 99 Schaltzeichen (a) und Funktionstabelle (b) des Multiplexers in Beispiel 61

Beispiel 62: Die im 8-4-2-1-Code codierten Dezimalziffern (D, C, B, A) 0 bis 9 sind mit einem konstanten Faktor 4 zu multiplizieren. Die dezimal zweistelligen Ergebnisse sind ebenfalls im 8-4-2-1-Code darzustellen (M, L, K, I; H, G, F, E). Die vereinfachten Schaltfunktionen sind anzugeben.

Beispiel 63: Die Aufgabe in Beispiel 43 in Abschn. 4.4.1 ist nach der Minterm-Methode zu vereinfachen. Es ist anzugeben, wieviel Nand-Glieder mit beliebig vielen Eingängen benötigt werden bei

a) der Lösung von Beispiel 43
b) dieser Lösung, falls auch negierte Eingangsvariable zur Verfügung stehen.

Außerdem ist in beiden Fällen die Gesamtzahl der Eingänge zu ermitteln.

Beispiel 64: Ein Wasserbehälter nach Bild 100 kann von zwei Pumpen P_1 und P_2 gefüllt werden. Liegt der Wasserstand zwischen den Füllstandsgebern A und B, soll nur Pumpe P_1 laufen. Unterschreitet er die Marke B, soll zusätzlich Pumpe

P_2 eingeschaltet werden. Beim Über-
schreiten von A soll keine Pumpe
arbeiten. Die Funktionstabelle und
die Schaltfunktionen P_1 = f(A, B)
und P_2 = f(A, B) sind anzugeben.

P = 1 bedeutet, daß die betreffen-
de Pumpe eingeschaltet ist,

P = 0 bedeutet, daß die betreffen-
de Pumpe ausgeschaltet ist,

A, B = 1 bedeutet, daß der Wasserstand oberhalb des ent-
sprechenden Füllstandge-
bers ist,

A, B = 0 bedeutet, daß der Wasserstand unterhalb des entsprechenden Füllstandgebers ist.

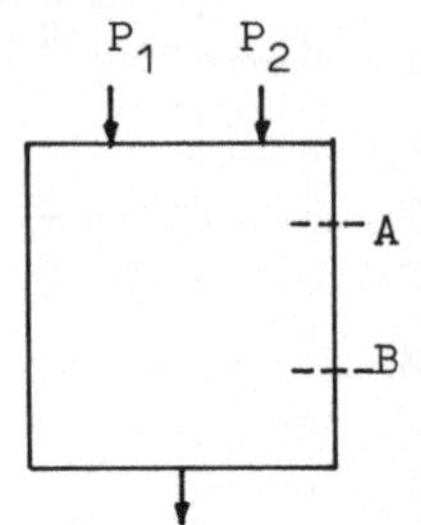

Bild 100 Prinzip eines
Behälters mit
Füllstandge-
bern A und B

Beispiel 65: In einer digitalen Rechenanlage sind die Ziffern im 2-4-2-1-Code (D, C, B, A) dargestellt. Über ein
Schaltnetz ist ein Signal Y zu geben, wenn eine Ziffer grös-
ser oder gleich der dezimalen 5 ist. Die Schaltfunktion ist
nach der Minterm-Methode zu vereinfachen.

Beispiel 66: Eine Heizungsanlage dient zur Raumheizung und
Warmwasserbereitung. Die Raumtemperatur ϑ_R wird von einem
Raumthermostaten T_R, die Temperatur des Heizkessels ϑ_K von
einem Kesselthermostaten T_K (Ansprechtemperatur ϑ_{K1}) und
einem Sicherheitsthermostaten T_S (Ansprechtemperatur ϑ_{K2} >
ϑ_{K1}) überwacht. Die Entnahme von Warmwasser wird durch ein
Schaltventil V_W gemeldet. Die Feuerung des Brenners F_B soll
eingeschaltet werden, wenn die Kesseltemperatur kleiner als
ϑ_{K1} ist. Außerdem soll der Brenner eingeschaltet werden,
wenn Warmwasser entnommen wird. Er muß in jedem Fall ausgeschaltet werden, wenn der Sicherheitsthermostat bei der Tem-
peratur ϑ_{K2} anspricht. Wird die Raumtemperatur ϑ_{RO} unter-
schritten, so soll ein Mischermotor M_M eingeschaltet werden,

damit heißes Wasser ins Heizungssystem (Radiatoren) gelangt. Bei Entnahme von warmem Wasser soll der Mischermotor in jedem Fall ausgeschaltet sein.

Zwischen binären Variablen und Werten gilt die Zuordnung nach Bild 101. Funktionstabelle und Schaltfunktionen für F_B und M_M sind anzugeben.

Wert	T_R	T_K	T_S	V_W	F_B	M_M
0	$< \vartheta_{RO}$	$< \vartheta_{K1}$	$< \vartheta_{K2}$	keine Warmwasser-entnahme	Brenner aus	Mischermotor aus
1	$\geq \vartheta_{RO}$	$\geq \vartheta_{K1}$	$\geq \vartheta_{K2}$	Warmwasser-entnahme	Brenner ein	Mischermotor ein

Bild 101 Zuordnung der binären Werte zu den Variablen des Beispiels 66

Beispiel 67: Die Schaltfunktion
$$Z = (A + \overline{B} + C)(\overline{B} + C + \overline{D})(A + \overline{B} + D + \overline{E})(\overline{A} + \overline{B} + \overline{C} + D + E)$$
ist mit dem Multiplexerbaustein Bild 102 zu realisieren. Es stehen nur die nicht negierten Eingangsvariablen zur Verfügung. Es ist eine Lösung anzugeben, bei der kein zusätzlicher Inverter erforderlich ist.

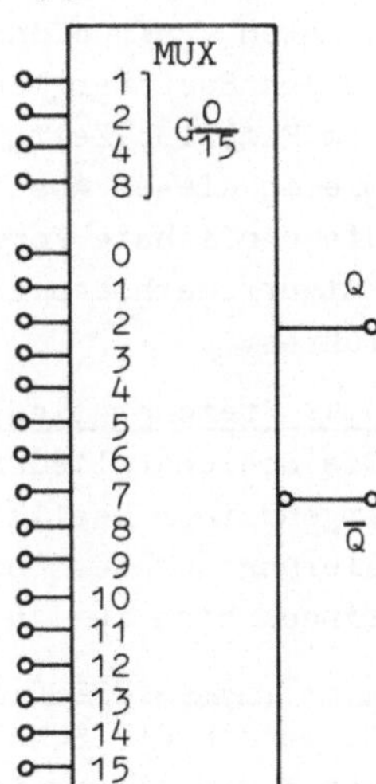

Bild 102 Multiplexerbaustein zu Beispiel 67

5. Systematischer Entwurf von Zählschaltungen

Bei den bisher behandelten Schaltnetzen wird der zeitliche
Ablauf nicht berücksichtigt. Die Verknüpfungsglieder werden
als trägheitslos angesehen. Dadurch ist der Zustand der Ausgangsvariablen nur vom momentanen Zustand der Eingangsvariablen abhängig. Bei realen Verknüpfungsschaltungen treten
jedoch Übergangs- und Verzögerungszeiten auf, die u.U. zu
Fehlern führen können. Auf solche Störungen soll in diesem
Skriptum nicht näher eingegangen werden. Ausführliche Be-
schreibungen dieser Probleme finden sich in [22].

Schaltungen, bei denen der Wert der Ausgangsgröße nicht allein vom momentanen Wert der Eingangsgrößen, sondern auch
vom vorherigen Zustand abhängt, bezeichnet man als <u>Schalt-
werke</u> (engl. sequential circuit).

In DIN 44 300 ist der Begriff Schaltwerk definiert als ein
"Gebilde zum Verarbeiten von Schaltvariablen, wobei der Wert
am Ausgang zu einem bestimmten Zeitpunkt abhängt von den
Werten am Eingang zu diesem und endlich vielen vorangegan-
genen Zeitpunkten." Schaltwerke müssen daher neben den bekannten Verknüpfungsgliedern auch <u>Speicherglieder</u> enthalten.
Zu den Speichergliedern im Sinne von DIN 44 300 müssen neben
dem Flipflop Zeitglieder wie das Monoflop gerechnet werden.
Die in diesem Abschnitt behandelten Zählschaltungen bilden
die einfachste Form von Schaltwerken. Für sie lassen sich
Entwurfsmethoden angeben, die zu einem minimalen Aufwand
führen.

5.1. Speicherglieder
Die Speicherglieder werden hier rein logisch, also frei von
irgendeiner Realisierung, erklärt. Beispiele für die Realisierung solcher Speicherglieder mit Halbleiterbauelementen
finden sich in [14].

5.1.1. Allgemeine Kennzeichen
Es werden die Schaltzeichen nach DIN 40 700 benutzt. Bild 103
zeigt die allgemeinen Kennzeichen für Speicherglieder.

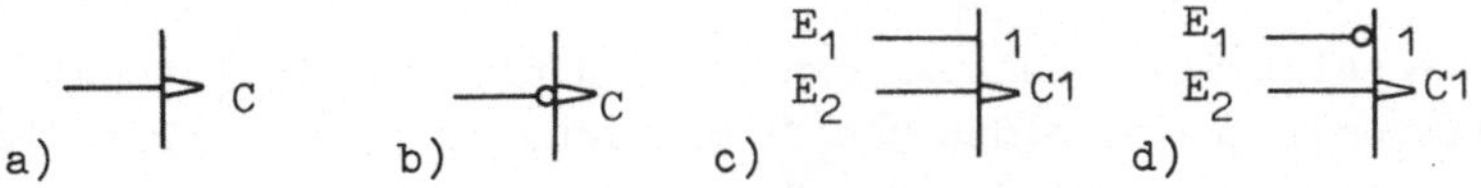

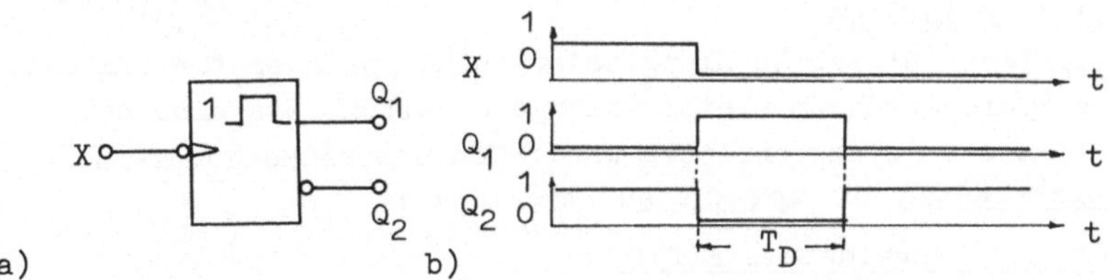

Bild 103 Kennzeichen für dynamische Eingänge mit Wirkung von
0 auf 1 (a) und 1 auf 0 (b) sowie Eingangsschaltung
mit Vorbereitung durch 1- (c) und 0-Signal (d)

Der dynamische Eingang von Bild 103a wirkt so, als ob beim
Übergang von 0 auf 1 ein 1-Signal, und der Eingang von Bild
103b so, als ob beim Übergang von 1 auf 0 ein 1-Signal angelegt würde (Flankensteuerung).

Der Vorbereitungseingang E_1 in den Bildern 103c und d wird
erst dann wirksam, wenn sich der Wert am Takteingang E_2 von
0 auf 1 ändert. Die Abhängigkeit des Eingangs E_1 (gesteuerter Eingang) vom Eingang E_2 (steuernder Eingang) wird durch
eine gleiche Zählnummer (hier 1) im Schaltsymbol gekennzeichnet (Abhängigkeitsnotation).

5.1.2. Zeitglieder

Zeitglieder erzeugen bei einer sprunghaften Änderung des
Eingangssignals ein Ausgangssignal bestimmter Dauer (Monoflop) oder verzögern ein Signal um eine bestimmte Zeit (Verzögerungsglieder).

Bild 104 Schaltzeichen eines Monoflops (a) und zugehörige
Zeitliniendiagramme (b)

Als Signale werden hier ausschließlich ideale Rechteckimpul-
se betrachtet, d.h. Zeitabschnitte, in denen die Variablen
den Wert 1 haben und die Übergänge von 0 nach 1 bzw. von 1
nach 0 zeitlos erfolgen.

Bild 104 zeigt das Schaltzeichen (a) und die entsprechenden
Zeitliniendiagramme eines Monoflops (monostabiles Kippglied).
Das Schaltzeichen für das Verzögerungsglied ist neben zwei
Beispielen in Tafel 6 dargestellt.

Tafel 6 Schaltzeichen für Verzögerungsglieder

Schalt-zeichen	Ausgangssignal bei folgendem Eingangssignal	Erläuterung
E —[t_1 t_2]— A	A	Verzögerungsglied mit Angabe der Verzögerungswerte für Vorder- und Rückflanke
E —[0 5ns]— A	A	Beispiel für die Verzögerung der Rückflanke um 5 ns
E —[10ns]— A	A	Beispiel für die Verzögerung von Vorder- und Rückflanke um eine gleiche Zeit von 10 ns

5.1.3. Flipflops

Flipflops (bistabile Kippglieder) sind Speicher für ein Bit.
Der Speicherinhalt bleibt solange erhalten, bis eine neue
Information eingeschrieben wird. Man unterscheidet zwischen
ungetakteten und getakteten Flipflops [14].

5.1.3.1. Ungetaktete Flipflops

Ungetaktete Flipflops speichern die jeweils von statischen
Eingängen her bestimmte Information. Sie haben theoretisch
keine inneren Verzögerungen bzw. keine Zwischenspeicherung
der Eingangsinformation. In der Praxis treten zwar immer
Verzögerungen auf. Sie sind beim ungetakteten Flipflop aber
nicht erforderlich. Es dient ausschließlich als Speicher-

element.

Das Verhalten der Flipflops kann sowohl durch eine schaltalgebraische Gleichung als auch durch eine Funktionstabelle
beschrieben werden. Hier wird von der Beschreibung durch die
Funktionstabelle Gebrauch gemacht, da sie übersichtlicher
und für die Anwendung günstiger ist. Der Unterschied zur
Funktionstabelle bei logischen Verknüpfungsschaltungen besteht darin, daß sich Eingangs- und Ausgangsvariablen auf
unterschiedliche Zeiten beziehen. Man bezeichnet mit

t_n die Zeit, _bevor_ sich das Flipflop auf den neuen Zustand
eingestellt hat und mit

t_{n+1} die Zeit, _nachdem_ sich das Flipflop eingestellt hat.

Die Indizes n bzw. n+1 an den Variablen gehören zu diesen
Zeiten. Bild 105 zeigt das Schaltzeichen für ein ungetaktetes
RS-Flipflop (a), die zugehörige ausführliche (b) und die
vereinfacht dargestellte Funktionstabelle (c).

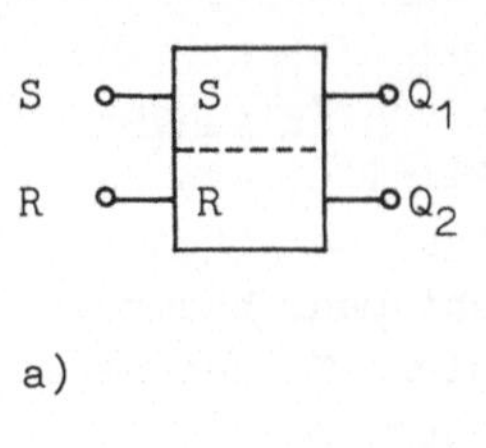

S^n	R^n	Q_1^n	Q_1^{n+1}
0	0	0	0
0	0	1	1
0	1	0	0
0	1	1	0
1	0	0	1
1	0	1	1
1	1	0	?
1	1	1	?

b)

S^n	R^n	Q_1^{n+1}
0	0	Q_1^n
0	1	0
1	0	1
1	1	?

c)

Bild 105 Schaltzeichen (a), ausführliche (b) und vereinfachte Darstellung der Funktionstabelle eines RS-Flipflops

Die Tabellen sagen aus, daß das Flipflop den alten Zustand
Q_1^n beibehält, wenn sowohl der _Setzeingang S_ als auch der
Löscheingang R zur Zeit t_n (S^n, R^n) den Wert 0 haben. Sind
beide Eingänge $S^n = R^n = 1$, so ist der Zustand am Ausgang
Q_1 zur Zeit t_{n+1} unbestimmt (Q_1^{n+1} = ?). Dieser Fall darf
in der Praxis nicht auftreten.

Sind der Setzeingang $S^n = 1$ und der Löscheingang $R^n = 0$,
dann wird das Flipflop gesetzt ($Q_1^{n+1} = 1$). Sind der Setzeingang $S^n = 0$ und der Löscheingang $R^n = 1$, so wird das
Flipflop gelöscht ($Q_1^{n+1} = 0$).

Im Schaltbild Bild 105a muß der Eingang S dem Ausgang Q_1 ge-
genüberliegen, wenn ihm die Funktionstabelle Bild 105c zugeordnet ist. Das Schaltbild ist so zu lesen, daß eine 1
am Eingang S beim Setzvorgang an den Ausgang Q_1 weiterge-
geben wird.

Der Ausgang Q_2 ist normalerweise gleich $\overline{Q}_1$. Während der
Einstellzeit des Flipflops können beide Ausgänge den gleichen Wert annehmen, solange $S^n = R^n = 1$ ist.

5.1.3.2. Taktflankengesteuerte Flipflops

Bei taktflankengesteuerten Flipflops sind die Informations-
eingänge als Vorbereitungseingänge aufgebaut. Der Zustand
des Flipflops kann sich erst ändern, wenn der Takteingang T
aktiv wird. Das taktflankengesteuerte Flipflop ist eine Form
aus der Familie der getakteten Flipflops [14]. Es hat eine
interne Schaltverzögerung. Man spricht auch von Zwischenspeicherung. Sie ist notwendig, damit das Flipflop den Zustand annimmt, der von den Vorbereitungseingängen vor Auftreten des Taktes bestimmt ist und sich nicht mehr ändert,
wenn unmittelbar nach dem Auftreten des aktiven Taktes neue
Werte an den Vorbereitungseingängen erscheinen.

Die dargestellten Funktionstabellen sind unabhängig vom
Taktsignal. Das aktive Taktsignal bestimmt nur den Zeitpunkt, zu dem sich der neue Zustand einstellt.

Die Kennzeichnung der Negation an den Vorbereitungseingängen
des $\overline{RS}$- und des $\overline{JK}$-Flipflops bedeutet, daß eine 0 an einem
Eingang (falls der andere 1 ist) dazu führt, daß der zuge-
ordnete Ausgang 1 wird. Der Vergleich der Funktiontabellen
von RS- und $\overline{RS}$-Flipflop bzw. JK- und $\overline{JK}$-Flipflop zeigt, daß
die Werte der Eingangsvariablen ihre Rolle im Hinblick auf
einen gleichen Wert von Q^{n+1} vertauscht haben (Tafel 7).

Tafel 7 Taktflankengesteuerte Flipflops

Bezeichnung	Schaltbild	Funktionstabelle			Bemerkungen
RS-Flipflop	S—1S, T—C1, R—1R, Q	S^n	R^n	Q^{n+1}	Der Zustand $S = R = 1$ ist unzulässig
		0	0	Q^n	
		0	1	0	
		1	0	1	
		1	1	?	
$\overline{RS}$-Flipflop	$\overline{S}$—1S, T—C1, $\overline{R}$—1R, Q	$\overline{S}^n$	$\overline{R}^n$	Q^{n+1}	Der Zustand $\overline{S} = \overline{R} = 0$ ist unzulässig
		0	0	?	
		0	1	1	
		1	0	0	
		1	1	Q^n	
JK-Flipflop	J—1J, T—C1, K—1K, Q	J^n	K^n	Q^{n+1}	Bei $J = K = 1$ kippt das Flipflop um
		0	0	Q^n	
		0	1	0	
		1	0	1	
		1	1	$\overline{Q}^n$	
$\overline{JK}$-Flipflop	$\overline{J}$—1J, T—C1, $\overline{K}$—1K, Q	$\overline{J}^n$	$\overline{K}^n$	Q^{n+1}	Bei $\overline{J} = \overline{K} = 0$ kippt das Flipflop um
		0	0	$\overline{Q}^n$	
		0	1	1	
		1	0	0	
		1	1	Q^n	
D-Flipflop	D—1D, T—C1, Q		D^n	Q^{n+1}	Der Wert am Eingang wird an den Ausgang weitergegeben
			0	0	
			1	1	

Die im folgenden Abschnitt behandelten Zählschaltungen lassen sich nur mit Flipflops aufbauen, die über eine interne Zwischenspeicherung verfügen (z.B. taktflankengesteuerte Flipflops).

5.2. Zählschaltungen

Hier soll gezeigt werden, wie Zählschaltungen mit vorgegebenen Anforderungen systematisch entwickelt werden. In der Steuerungs-, Meß- und Rechentechnik finden Zählschaltungen ein breites Anwendungsfeld. Sie können elektrische Impulse, die in beliebiger zeitlicher Folge am Eingang erscheinen, zählen. Die Zähler können so aufgebaut werden, daß in jedem beliebigen Code gezählt wird.

In der Steuerungstechnik dienen Zähler zur Erzeugung von Steuerimpulsen. In der Meßtechnik lassen sich Stückzahlen, Zeiten, Frequenzen, Spannungen, Ströme usw. messen, indem die analogen Größen über einen Analog-Digitalwandler in proportionale Impulsfolgen umgeformt werden. In der Rechentechnik dienen Zähler zum Addieren, Subtrahieren und Steuern der Arbeitsabläufe.

Zählschaltungen werden aus dynamisch ansteuerbaren Flipflops aufgebaut. Diese Flipflops benötigen neben der Informationsvorbereitung am Eingang einen Auslöseimpuls (Takt), der die Informationseingabe bewirkt.

5.2.1. Allgemeine Struktur

Bei den hier behandelten Zählern handelt es sich um Schaltwerke, die außer dem Takteingang und einem Rücksetzeingang über keine steuernden Eingänge verfügen (<u>ungesteuerte Zähler</u>). Für sie läßt sich die allgemeine Struktur Bild 106 angeben. Die Ausgangsvariablen A, B bis N des Schaltwerks sind identisch mit den Ausgangsvariablen der Flipflops. In der Darstellung Bild 106 sind JK-Flipflops angenommen.

Die Aufgabe beim Entwurf eines Zählers besteht darin, das Schaltnetz zu ermitteln. Eingangsvariablen des Schaltnetzes sind ausschließlich die Ausgangsvariablen der Flipflops. Die Ausgangsvariablen des Schaltnetzes sind die Eingangsvariablen der Flipflops. Diese Flipflopeingangsvariablen sind so zu bestimmen, daß in einem bestimmten Zustand des Zählers der nächste Zustand vorbereitet wird, der sich dann mit dem

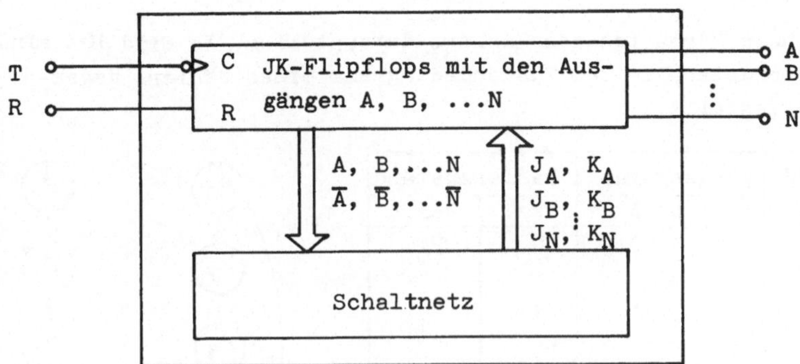

Bild 106 Allgemeine Struktur eines Zählers

folgenden aktiven Taktimpuls einstellt.

Werden **alle** Flipflops des Zählers gleichzeitig von demselben Auslöseimpuls T getaktet, sprechen wir von **synchronen
Zählern** bzw. parallelgesteuerten Zählern.

Geht hingegen der Takt T nicht auf alle Flipflops des Zählers, spricht man von **asynchronen** bzw. seriengesteuerten
Zählern.

Die Grundstellung des Zählers wird i. allg. durch den statischen Rücksetzeingang R erreicht. Dieser ist ohne Einfluß
auf das Schaltnetz, da er direkt auf die Flipflops wirkt.
Er ist in den folgenden Schaltbildern der Zähler z.T. nicht
gezeichnet.

5.2.2. Darstellung der Zählfolge durch ein Zustandsdiagramm

Der Zustand des Zählers ist gekennzeichnet durch die Werte
der Ausgangsvariablen. Der Zähler selbst ist charakterisiert
durch die Aufeinanderfolge der Zustände. Diese Zustandsfolge
läßt sich durch eine Tabelle oder ein Zustandsdiagramm beschreiben. Die tabellarische Darstellung wird für die Herleitung der Schaltfunktionen beim Entwurf des Zählers benutzt. Die Beschreibung des Zählerverhaltens durch das Zustandsdiagramm ist kompakter und besser geeignet, das funk-

tionale Verhalten des Zählers darzustellen. In Bild 107 sind
Zustandstabelle und Zustandsdiagramm eines Zählers gegenübergestellt.

| Lfd. | Ausgangsvar. | | | Zählerzustand | |
Nr.	C	B	A	dez.	Bez.
0	0	0	0	0	P_0
1	0	0	1	1	P_1
2	0	1	1	3	P_3
3	1	1	0	6	P_6
4	1	0	0	4	P_4

a) b) 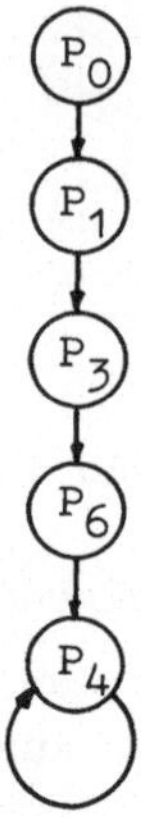 c)

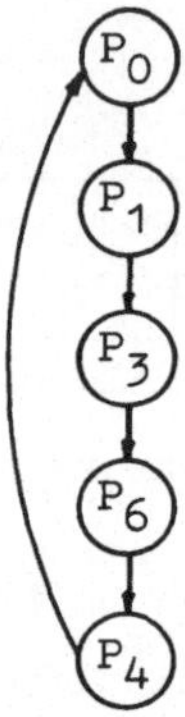

Bild 107 Zustandstabelle (a) und Zustandsdiagramm
eines Zählers mit zyklischem Durchlauf (b) bzw.
mit blockiertem Endzustand (c)

Jeder Kreis des Zustandsdiagramms beschreibt einen Zählerzustand. Die Verbindungspfeile kennzeichnen den Übergang zum
folgenden Zustand. Bei allgemeinen Schaltwerken lassen sich
noch neben den Pfeilen Bedingungen angeben, unter denen der
Übergang in den nächsten Zustand erfolgt. Die fehlende Be-
dingungsangabe in Bild 107b und c besagt, daß der Zähler mit
jedem aktiven Taktimpuls in den folgenden Zustand geht.

Zähler mit einem Verhalten entsprechend Bild 107b werden als
zyklische Zähler bezeichnet. Dagegen beschreibt Bild 107c
einen Zähler mit blockiertem Endzustand.

5.2.3. Synchrone Zählschaltungen

Synchrone Zähler werden aus n Flipflops gebildet. Mit ihnen
kann man maximal bis 2^n zählen. Der Takt T geht parallel
auf alle n Flipflops. Dadurch schalten die Flipflops synchron, d.h. gleichzeitig in den nächsten Zustand (Bild 108).

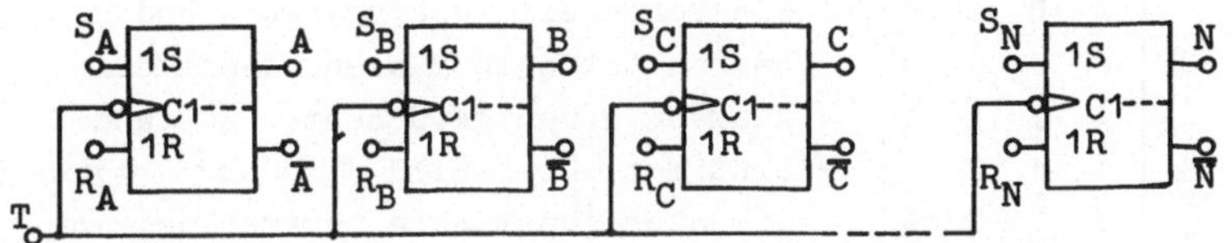

Bild 108 Takt T bei einer synchronen Zählschaltung

Die Aufeinanderfolge der Zustände an den Ausgängen A, B, C
bis N läßt sich im Grunde beliebig festlegen. In einem Zähl-
zyklus darf ein Zustand nur einmal vorkommen.

Das Verfahren zum Entwurf von Zählern wird anhand von Beispielen erläutert.

5.2.3.1. Zehnerzähler

Ein Zehnerzähler ist ein zyklischer Zähler mit 10 Zuständen.
Zehnerzähler werden in allen dezimal arbeitenden Geräten
eingesetzt. Für jede Dekade wird ein Zehnerzähler benötigt.
Dabei kann z.B. ein Dekadenzähler dann einen Impuls an die
nächst höhere Dekade weitergeben, wenn er selbst in die
Grundstellung zurückkehrt (insgesamt asynchroner Betrieb).
Zehnerzähler können für beliebige Codes aufgebaut werden.

<u>Beispiel 68:</u> Ein Zehnerzähler im 8-4-2-1-Code entsprechend
Bild 109 ist mit RS-Flipflops aufzubauen.

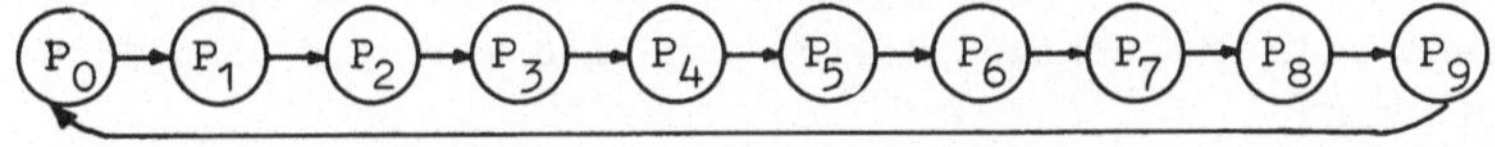

Bild 109 Zustandsdiagramm eines Zehnerzählers

Bild 110 zeigt die Zustandsfolge als Tabelle. Das niederwer-
tigste Bit A steht links. Die hier gewählte Reihenfolge der
Variablendarstellung entspricht der üblichen Darstellung von
Zählern mit einem Informationsfluß von links nach rechts.
Für den Entwurf von Zählern ist es zweckmäßig, die Funktionstabelle der Flipflops in einer gegenüber der Tafel 7
anderen Form anzugeben. Man möchte ja wissen, wie

	A	B	C	D
0	0	0	0	0
1	1	0	0	0
2	0	1	0	0
3	1	1	0	0
4	0	0	1	0
5	1	0	1	0
6	0	1	1	0
7	1	1	1	0
8	0	0	0	1
9	1	0	0	1
(10)	0	1	0	1
(11)	1	1	0	1
(12)	0	0	1	1
(13)	1	0	1	1
(14)	0	1	1	1
(15)	1	1	1	1

Bild 110 Zählfolge eines Zehnerzählers im 8-4-2-1-Code

die Vorbereitungseingänge S und R beschaltet sein müssen, damit der Ausgang Q den gewünschten Zustand einnimmt. Über Bild 111a findet man die hier günstigere Darstellung in Bild 111b.

a)

S^n	R^n	Q^{n+1}
0	0	Q^n
0	1	0
1	0	1
1	1	?

b)

Q^n	Q^{n+1}	S^n	R^n
0	0	0	X
0	1	1	0
1	0	0	1
1	1	X	0

Bild 111 Funktionstabellen für das RS-Flipflop in der Form $Q^{n+1} = f(S^n, R^n)$ (a) und $S^n, R^n = f(Q^n, Q^{n+1})$ (b)

Die erste Zeile in Bild 111b besagt, daß ein Flipflop, das zur Zeit t^n den Zustand $Q^n = 0$ hat und zur Zeit t^{n+1} ebenfalls den Zustand $Q^{n+1} = 0$ haben soll, entweder die Eingangswerte $S^n = 0$, $R^n = 0$ (s. 1. Zeile in Bild 111a) oder aber $S^n = 0$, $R^n = 1$ (s. 2. Zeile in Bild 111a) benötigt. Der Setzeingang S^n muß also in jedem Fall 0 sein, während der Wert des Löscheingangs R^n beliebig sein kann. Entsprechend lassen sich die übrigen Zeilen von Bild 111b aus Bild 111a ermitteln.

Mit der Funktionstabelle für das RS-Flipflop in Bild 111b läßt sich nun die Funktionstabelle für die von den Flipflopausgängen A, B, C und D abhängigen Variablen der Vorbereitungseingänge S und R aufstellen (Bild 112). Die Indizes kennzeichnen das zugehörige Flipflop.

Im Ausgangszustand Nr. 0 ist A = B = C = D = 0 (Zeit t_n). Mit dem folgenden Taktimpuls soll der Zustand Nr. 1, also

Nr.	A B C D	S_A R_A	S_B R_B	S_C R_C	S_D R_D
0	0 0 0 0	1 0	0 X	0 X	0 X
1	1 0 0 0	0 1	1 0	0 X	0 X
2	0 1 0 0	1 0	X 0	0 X	0 X
3	1 1 0 0	0 1	0 1	1 0	0 X
4	0 0 1 0	1 0	0 X	X 0	0 X
5	1 0 1 0	0 1	1 0	X 0	0 X
6	0 1 1 0	1 0	X 0	X 0	0 X
7	1 1 1 0	0 1	0 1	0 1	1 0
8	0 0 0 1	1 0	0 X	0 X	X 0
9	1 0 0 1	0 1	0 X	0 X	0 1

Bild 112 Funktionstabelle für die Vorbereitungseingänge eines synchronen
Zehnerzählers im 8-4-2-1-Code

A = 1, B = C = D = 0 erreicht werden (Zeit t^{n+1}). Damit A von 0 nach 1 geht, müssen die Vorbereitungseingänge des Flipflops A laut Bild 111b $S_A = 1$ und $R_A = 0$ sein.

Die Ausgangsvariablen B, C und D der übrigen Flipflops bleiben beim Übergang von Nr. 0 nach Nr. 1 gleich 0. Das bedeutet gemäß Bild 111b, daß die Werte der Eingangsvariablen $S_B = S_C = S_D = 0$ und $R_B = R_C = R_D = X$ sein müssen.

Bei den Eintragungen der Werte für die Vorbereitungseingänge in der letzten Reihe von Bild 112 ist zu beachten, daß nach Zustand Nr. 9 wieder Nr. 0 folgt.

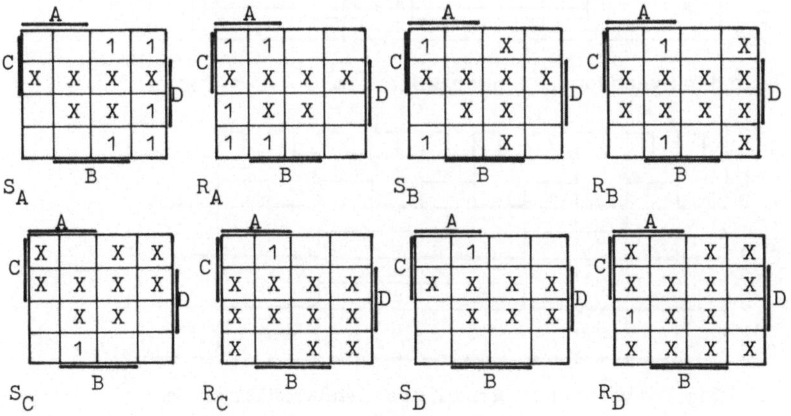

Bild 113 KV-Tafeln zum Entwurf eines Zehnerzählers im
8-4-2-1-Code

Für jede der 8 Funktionen S_A bis R_D ist eine KV-Tafel (Bild 113) zu zeichnen, in die sowohl die Pseudotetraden des 8-4-2-1-Codes, die frei wählbaren Terme X aus Bild 112 und bei einer Schaltkreisvereinfachung nach der Minterm-Methode alle 1-Werte einzutragen sind.

Aus den KV-Tafeln erhält man die Schaltfunktionen

$$S_A = \overline{A} \qquad S_B = A \cdot \overline{B} \cdot \overline{D} \qquad S_C = A \cdot B \cdot \overline{C} \qquad S_D = A \cdot B \cdot C$$

$$R_A = A \qquad R_B = A \cdot B \qquad R_C = A \cdot B \cdot C \qquad R_D = A \cdot \overline{B}.$$

Mit diesen Gleichungen läßt sich der Schaltplan des Dezimalzählers im 8-4-2-1-Code Bild 114 zeichnen. Bild 115 zeigt das zugehörige Zeitdiagramm der Variablen A, B, C und D.

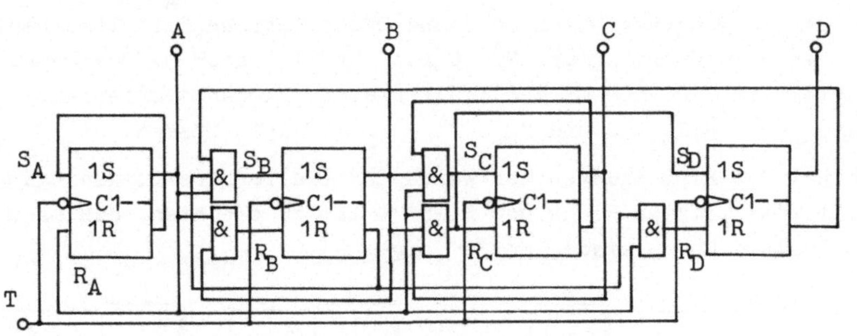

Bild 114 Synchroner Zehnerzähler im 8-4-2-1-Code

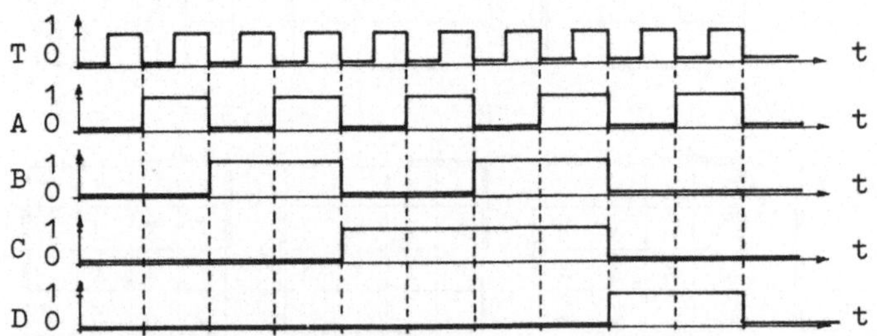

Bild 115 Zeitliniendiagramm des Zehnerzählers im
8-4-2-1-Code

<u>5.2.3.2. Modulo-n-Zähler</u>

Unter einem Modulo-n-Zähler versteht man einen Zähler mit

n verschiedenen Stellungen. Der Zehnerzähler Bild 114 kann somit auch als Modulo-10-Zähler bezeichnet werden. Während beim Zehnerzähler die Codierung der einzelnen Zählschritte mit dem Code der Dezimalziffern übereinstimmt, die in einem größeren Schaltungssystem vorkommen, ist die Codierung beim Modulo-n-Zähler meist von untergeordneter Bedeutung. Man wählt die Codierung der einzelnen Zählschritte so, daß der Aufwand minimal wird.

Als Anwendung eines Modulo-5-Zählers ist folgendes Beispiel denkbar. In einer pharmazeutischen Fabrik sollen Gläschen mit je 5 Pillen gefüllt werden. Die Pillen fallen aus einem Trichter in die Gläschen. Sie werden fotoelektrisch erfaßt. Der Impuls des Fotoverstärkers erhöht den Zählerstand eines Modulo-5-Zählers jeweis um 1. Nach 5 eingefallenen Pillen muß das Gläschen gewechselt und ein Transportmechanismus in Gang gesetzt werden. Der dazu notwendige Impuls wird vom Modulo-5-Zähler entweder über eine digitale Verknüpfungs- schaltung abgeleitet oder dynamisch entnommen, indem ein Übergang von 1 auf 0 oder umgekehrt ausgewertet wird, um ein Flipflop oder Monoflop zu setzen.

<u>Beispiel 69</u>: Ein Modulo-5-Zähler mit den Zählfolgen nach Bild 116 ist mit JK-Flipflops zu entwerfen.

Nr.	A	B	C
0	0	0	0
1	1	0	0
2	0	1	0
3	1	1	0
4	0	0	1
(5)	1	0	1
(6)	0	1	1
(7)	1	1	1

a)

J^n	K^n	Q^{n+1}
0	0	Q^n
0	1	0
1	0	1
1	1	$\overline{Q}^n$

b)

Q^n	Q^{n+1}	J^n	K^n
0	0	0	X
0	1	1	X
1	0	X	1
1	1	X	0

Bild 117 Funktionstabellen für das JK-
Flipflop in der Form
$$Q^{n+1} = f(J^n, K^n) \text{ (a) und}$$
$$J^n, K^n = f(Q^n, Q^{n+1}) \text{ (b)}$$

Bild 116 Funktions-
tabelle
eines Modulo-
n-Zählers

Mit der Funktionstabelle für das JK-Flipflop Bild 117b wird zunächst die Funktionstabelle für die Eingangsvariablen der

Flipflops in Bild 118 aufgestellt. Aus ihr entnimmt man die nicht vereinfachten Schaltfunktionen für die Eingangsvariablen

$$J_A = \overline{A}\cdot\overline{B}\cdot\overline{C} + \overline{A}\cdot B\cdot\overline{C} \qquad J_B = A\cdot\overline{B}\cdot\overline{C} \qquad J_C = A\cdot B\cdot\overline{C}$$

$$K_A = A\cdot\overline{B}\cdot\overline{C} + A\cdot B\cdot\overline{C} \qquad K_B = A\cdot B\cdot\overline{C} \qquad K_C = \overline{A}\cdot\overline{B}\cdot C.$$

Diese lassen sich unter Berücksichtigung frei wählbarer Terme mit den KV-Tafeln in Bild 119 vereinfachen. Es ergeben sich die Schaltfunktionen

$$J_A = \overline{C},\ K_A = 1,$$

$$J_B = A,\ K_B = A,$$

$$J_C = A\cdot B \text{ und } K_C = 1.$$

Nr.	A B C	J_A	K_A	J_B	K_B	J_C	K_C
0	0 0 0	1	X	0	X	0	X
1	1 0 0	X	1	1	X	0	X
2	0 1 0	1	X	X	0	0	X
3	1 1 0	X	1	X	1	1	X
4	0 0 1	0	X	0	X	X	1

Bild 118 Funktionstabelle für die Eingangsvariablen der Flipflops eines Modulo-5-Zählers

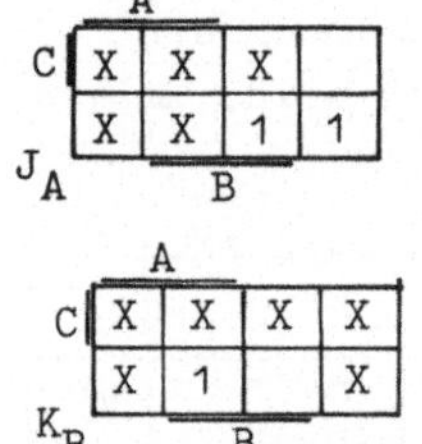

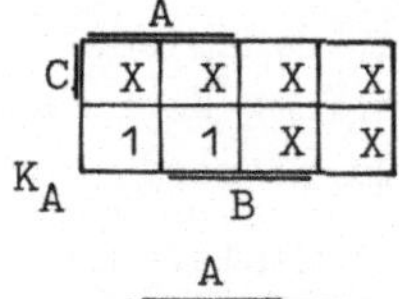

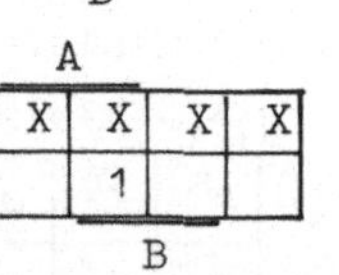

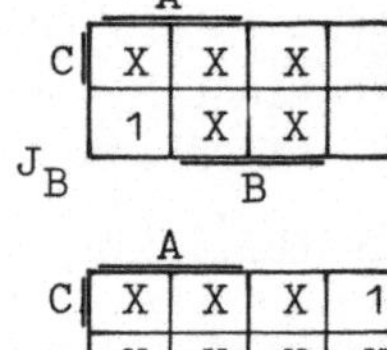

Bild 119 KV-Tafeln für die Eingangsvariablen der Flipflops eines synchronen Modulo-5-Zählers

Mit diesen Schaltfunktionen erhält man die in Bild 120 dargestellte Schaltung.

Da beim Modulo-n-Zähler die Reihenfolge und Auswahl der Binärkombinationen beliebig sind, läßt sich eine gegenüber der Schaltung in Bild 120 noch einfachere Schaltung in Bild 122 finden, wenn man die Funktionstabelle in Bild 121 zugrundelegt.

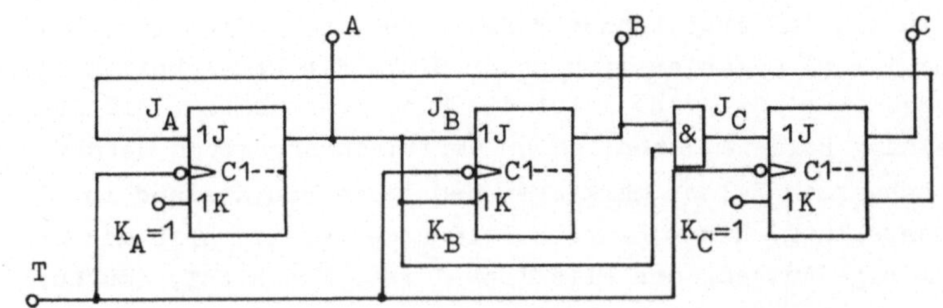

Bild 120 Schaltung des Modulo-5-Zählers nach Bild 116

Nr.	A	B	C
0	0	0	0
1	1	0	0
2	1	1	0
3	0	1	1
4	0	0	1

Bild 121 Funktionstabelle eines Modulo-5-Zählers

Die Schaltfunktionen für die Eingangsvariablen der Flipflops in Bild 122 lauten

$$J_A = \overline{C}, \quad K_A = B, \quad J_B = A, \quad K_B = \overline{A}$$

$$J_C = B \text{ und } K_C = \overline{B}.$$

Dieser Zähler läßt sich also ohne ein Verknüpfungsglied aufbauen.

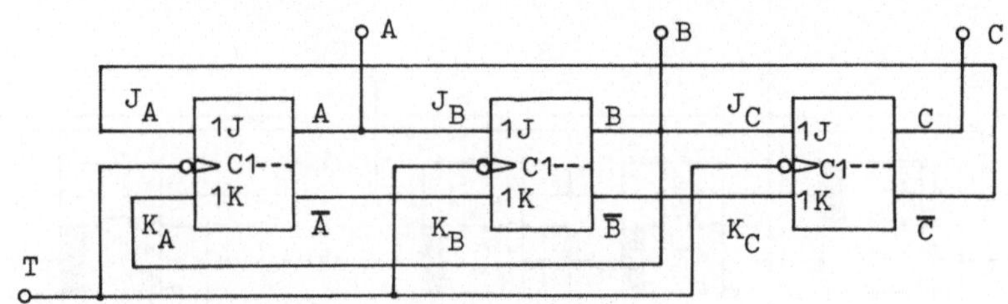

Bild 122 Modulo-5-Zähler nach Bild 121

5.2.3.3. Ringzähler

Ein Ringzähler besteht aus einer Anzahl n zu einem Ring zusammengeschalteter dynamischer Flipflops, von denen jeweils ein einziges gesetzt (d.h. 1) ist. Mit jedem Zählimpuls wandert die 1 um eine Stelle in Zählrichtung weiter. Der Inhalt des Zählers entspricht einem 1-aus-n-Code. Wir wollen nun einen Zehnstufigen Ringzähler betrachten, der besonders häu-

fig in digital arbeitenden Meßgeräten anzutreffen ist. Bei
einem 1-aus-10-Zähler wird jeder Stufe die Wertigkeit 0 bis
9 zugeordnet. Bild 123 zeigt die Funktionstabelle. Die Zählschaltung Bild 124 kann leicht empirisch angegeben werden.
Die schwarzen Felder markieren den logischen Zustand in
Grundstellung. Ein schwarzes Feld bedeutet hierbei, daß der
zugehörige Ausgang des Flipflops 1 ist. Man sieht, daß nur

das erste Flipflop mit dem Ausgang A gesetzt ist, während alle übrigen ungesetzt bleiben.
Diese Grundstellung wird durch
ein 1-Signal auf der Rückstell-
leitung R erzielt, die beim
Flipflop mit dem Ausgang A auf
den <u>statischen</u> Setzeingang und
bei den übrigen Flipflops auf
den statischen Löscheingang
führt.

Nr.	A	B	C	D	E	F	G	H	I	K
0	1	0	0	0	0	0	0	0	0	0
1	0	1	0	0	0	0	0	0	0	0
2	0	0	1	0	0	0	0	0	0	0
3	0	0	0	1	0	0	0	0	0	0
4	0	0	0	0	1	0	0	0	0	0
5	0	0	0	0	0	1	0	0	0	0
6	0	0	0	0	0	0	1	0	0	0
7	0	0	0	0	0	0	0	1	0	0
8	0	0	0	0	0	0	0	0	1	0
9	0	0	0	0	0	0	0	0	0	1

Bild 123 Funktionstabelle für
den 1-aus-10-Code

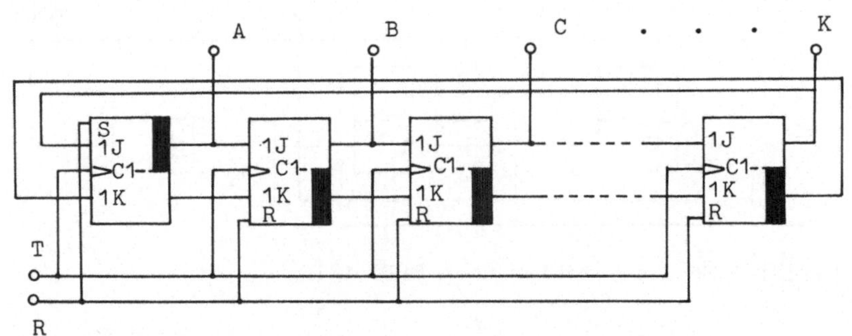

Bild 124 1-aus-10-Ringzähler

Der Ringzähler hat den Vorteil, daß die Decodierung entfällt. Wegen des übersichtlichen Aufbaus wird er häufig zur
Erzeugung von Steuersignalen verwendet. Der Aufbau ist bei
RS- und JK-Flipflops gleich, da wegen der Zusammenschaltung
die Werte an den Vorbereitungseingängen stets verschieden
sind.

5.2.3.4. Johnson-Zähler

Der Modulo-n-Zähler (d.h. auch der Zehnerzähler) ist so aufgebaut, daß die Anzahl der verwendeten Flipflops minimal ist. Eine Decodierung ist dabei aufwendig. Der Ringzähler benutzt so viele Flipflops wie Zählerstellungen erwünscht sind. Eine Decodierung ist nicht mehr notwendig. Der Johnson-Zähler stellt einen Kompromiß zwischen Modulo-n-Zähler und Ringzähler dar. Für n Zustände benötigt der Johnson-Zähler n/2 Flipflops. Vorteilhaft ist die einfache Decodierung. Jeder Zustand des Zählers kann über eine Und-Schaltung mit nur zwei Eingängen decodiert werden.

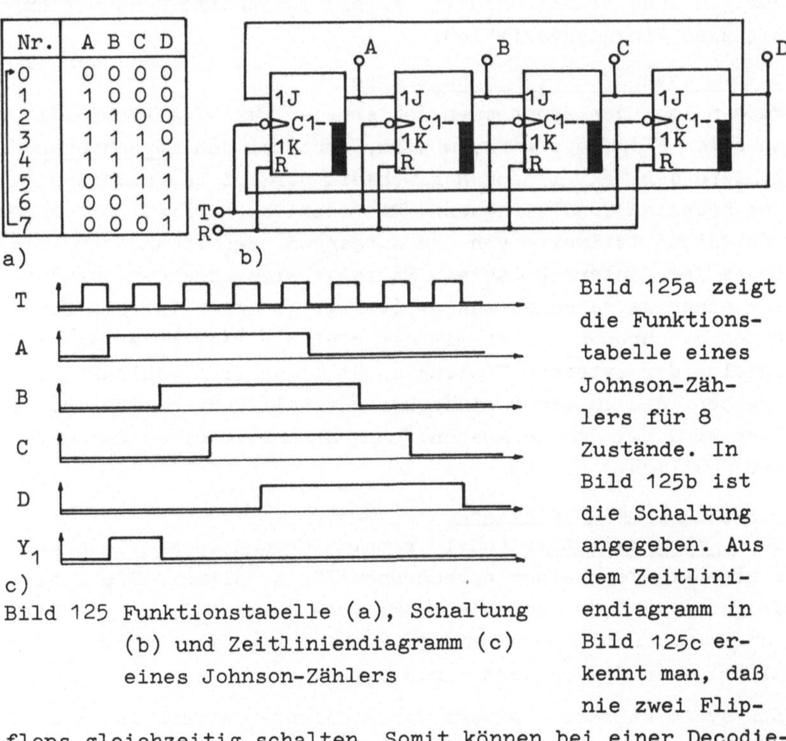

a)   b)   c)

Bild 125 Funktionstabelle (a), Schaltung (b) und Zeitliniendiagramm (c) eines Johnson-Zählers

Bild 125a zeigt die Funktionstabelle eines Johnson-Zählers für 8 Zustände. In Bild 125b ist die Schaltung angegeben. Aus dem Zeitliniendiagramm in Bild 125c erkennt man, daß nie zwei Flipflops gleichzeitig schalten. Somit können bei einer Decodierung keine störenden Nadelimpulse auftreten, wie dies beson-

ders bei den asynchronen Zählschaltungen möglich ist (s.Ab-
schn. 5.2.2.3). Solche Nadelimpulse sind auch bei synchronen Schaltungen denkbar, wenn die einzelnen Flipflops sehr
unterschiedliche Schaltzeiten haben.

Die Decodierung läßt sich unmittelbar aus Bild 125c entnehmen. Greift man z.B. den Impuls zu der Zeit heraus, in der
$A = 1$, $B = 0$, $C = 0$ und $D = 0$ ist (Y_1 in Bild 125c), so läßt
sich statt $Y_1 = A \cdot \overline{B} \cdot \overline{C} \cdot \overline{D}$ die vereinfachte Schaltfunktion $Y_1 =$
$A \cdot \overline{B}$ angeben, da zu keinem anderen Zeitpunkt nochmals $A = 1$
und $B = 0$ vorkommt. Entsprechend findet man auch für die
übrigen Schaltfunktionen Y_0, Y_2 bis Y_7 jeweils Konjunktionen
mit zwei Eingangsvariablen.

5.2.4. Asynchrone Zählschaltungen

Während bei den synchronen Zählern der Takt T gleichzeitig
an allen Flipflops wirksam wird, geht bei den asynchronen
Zählern der Takt T nach Möglichkeit nur auf das Flipflop mit
der höchsten Schaltfrequenz. Die restlichen Flipflops werden
wenigstens teilweise von den Ausgängen jeweils anderer Flipflops des Zählers getaktet. Es zeigt sich, daß der Aufwand
für einen asynchronen Zähler i.allg. geringer ist als für
einen synchronen Zähler mit der gleichen Zählfolge, da sich
infolge der internen Taktung zusätzliche frei wählbare Terme
ergeben, die zu einer einfacheren Schaltfunktion führen.
Dies wird bei dem in Abschn. 5.2.4.2. entwickelten Zehnerzähler deutlich.

5.2.4.1. Binäruntersetzer

Der Binäruntersetzer (engl. ripple through counter) ist die
einfachste Form einer asynchronen Zählschaltung. Die Zählfolge entspricht dem reinen Dualcode (Bild 40), der in Bild
126 erneut in der Form angegeben ist, daß das Bit A mit dem
niedrigsten Stellenwert links erscheint.

Ein systematischer Entwurf des Binäruntersetzers ist zwar
möglich, doch findet man den Zähleraufbau direkt aus dem
Zeitliniendiagramm Bild 127. Benutzt man zum Aufbau des Zählers JK-Flipflops, deren Vorbereitungseingänge fest an 1

Nr.	A	B	C	D
0	0	0	0	0
1	1	0	0	0
2	0	1	0	0
3	1	1	0	0
4	0	0	1	0
5	1	0	1	0
6	0	1	1	0
7	1	1	1	0
8	0	0	0	1
9	1	0	0	1
10	0	1	0	1
11	1	1	0	1
12	0	0	1	1
13	1	0	1	1
14	0	1	1	1
15	1	1	1	1

Bild 126 Reiner Dualcode

liegen, so kann man mit dem Ausgang eines Flipflops das folgende takten. Bild 128 zeigt einen Binäruntersetzer mit 4 Flipflops.

Der asynchrone Binäruntersetzer zeichnet sich durch geringen Schaltungsaufwand und die einfache Erweiterungsmöglichkeit auf weitere Stufen aus.

Die Bezeichnung Binäruntersetzer hebt hervor, daß jede Flipflopstufe die Frequenz am Takteingang im Verhältnis 2:1 untersetzt, d.h., am Ausgang erscheint gegenüber dem Eingang die halbe Frequenz.

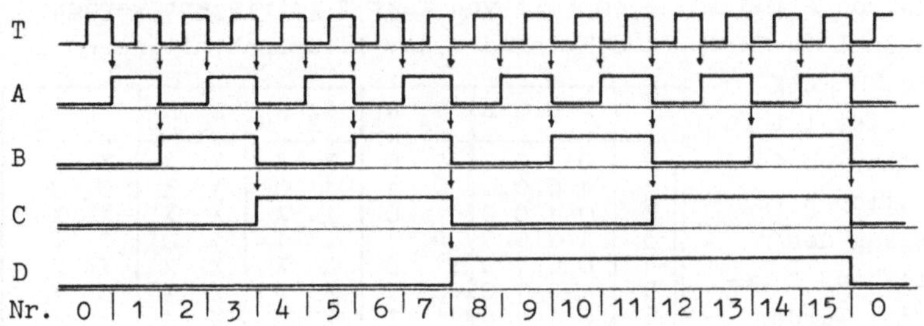

Bild 127 Zeitliniendiagramm eines Binäruntersetzers

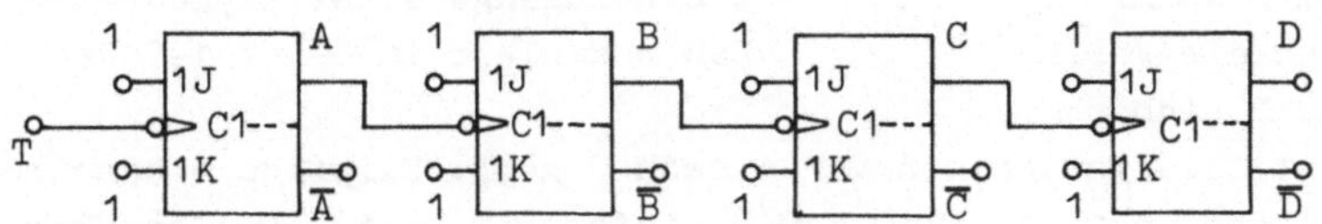

Bild 128 Schaltung des Binäruntersetzers

5.2.4.2. Asynchroner Zehnerzähler im 8-4-2-1-Code

Zum Vergleich mit dem in Abschn. 5.2.3.1 behandelten synchronen Zehnerzähler im 8-4-2-1-Code wird hier dieser Zähler als asynchroner Zähler entwickelt. An diesem Beispiel wird das Prinzip des Entwurfs asynchroner Schaltungen aufgezeigt.

__Beispiel 70:__ Ein asynchroner Zehnerzähler im 8-4-2-1-Code ist mit RS-Flipflops aufzubauen. Die Flipflops sollen beim Übergang von 1 auf 0 getriggert werden. Es sind die Schaltfunktionen für die Eingangsvariablen der 4 Flipflops R_A, S_A bis R_D, S_D zu bestimmen.

Die Zählfolge des Zehnerzählers einschließlich der Pseudotetraden und die Funktionstabelle des RS-Flipflops können von Bild 110 bzw. Bild 111 übernommen werden. Die zu Bild 112 analoge Funktionstabelle für die Eingangsvariablen der Flipflops des asynchronen Zehnerzählers ist in Bild 129 angegeben.

Flipflop A muß in jedem Fall von Takt T getriggert werden. Die Spalten für S_A und R_A sind daher identisch mit denen in Bild 112. Als nächstes ist zu prüfen, ob das Flipflop B vom Ausgang des Flipflops A getaktet werden kann.

Aus Bild 129 erkennt man, daß immer dann, wenn die Variable B sich ändert, die Variable A von 1 nach 0 geht.

Nr.	A B C D	S_A R_A	S_B R_B	S_C R_C	S_D R_D
0	0 0 0 0	1 0	X X	X X	X X
1	1 0 0 0	0 1	1 0	X X	0 X
2	0 1 0 0	1 0	X X	X X	X X
3	1 1 0 0	0 1	0 1	1 0	0 X
4	0 0 1 0	1 0	X X	X X	X X
5	1 0 1 0	0 1	1 0	X X	0 X
6	0 1 1 0	1 0	X X	X X	X X
7	1 1 1 0	0 1	0 1	0 1	1 0
8	0 0 0 1	1 0	X X	X X	X X
9	1 0 0 1	0 1	0 X	X X	0 1

Bild 129 Funktionstabelle für die Vorbereitungseingänge eines asynchronen Zehnerzählers im 8-4-2-1-Code

dert, die Variable A von 1 nach 0 geht. Flipflop A kann somit den Takt für Flipflop B liefern (T_B = A). Da der Übergang von 0 auf 1 das Flipflop B nicht umschalten kann, wird an den entsprechenden Stellen (Nr. 0, 2, 4, 6 und 8) in den

Spalten für die Vorbereitungseingänge S_B und R_B ein frei
wählbarer Term X eingetragen.

Entsprechend kann Flipflop C von B getriggert werden (T_C =
B). Dagegen läßt sich der Takt für Flipflop D nicht von C
gewinnen, da beim Übergang von Nr. 9 auf Nr. 0 Flipflop D
gekippt werden muß, C aber seinen Wert nicht ändert. Flipflop D läßt sich nur von Flipflop A triggern (T_D = A). Da
der Übergang von 0 auf 1 oder ein unverändertes Signal des
triggernden Flipflops kein Umschalten des zu triggernden
Flipflops bewirkt, kann man in den Spalten S_C bis R_D überall
dort ein X eintragen, wo das triggernde Flipflop nicht von
1 auf 0 geht. Die übrigen Eintragungen werden der Funktionstabelle des RS-Flipflops Bild 111 entnommen. Überträgt man
die Pseudotetraden, die Minterme und die frei wählbaren Terme aus Bild 129 in die KV-Tafeln Bild 130, so erhält man
die Schaltfunktionen für die Flipflopeingangsvariablen

$$S_A = \overline{A} \qquad S_B = \overline{B}\cdot\overline{D} \qquad S_C = \overline{C} \qquad S_D = B\cdot C$$
$$R_A = A \qquad R_B = B \qquad R_C = C \qquad R_D = \overline{B}$$

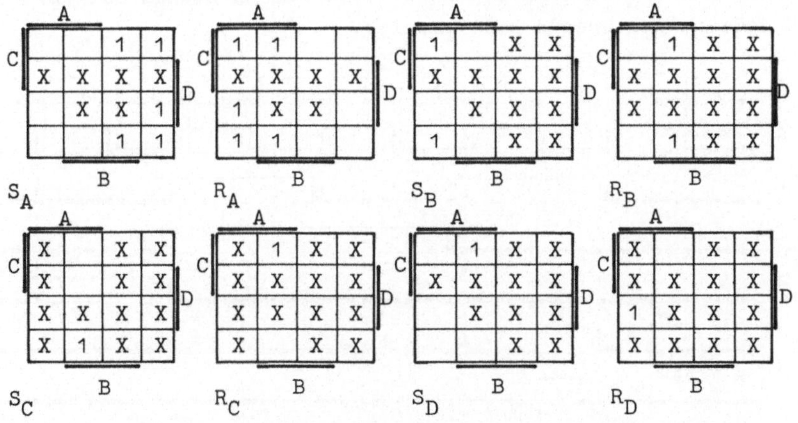

Bild 130 KV-Tafeln für die Eingangsvariablen der Flipflops
eines asynchronen Zehnerzählers im 8-4-2-1-Code

Bild 131 zeigt die Schaltung des asynchronen Zehnerzählers
mit den Taktvariablen T_A = T, T_B = A, T_C = B und T_D = A.

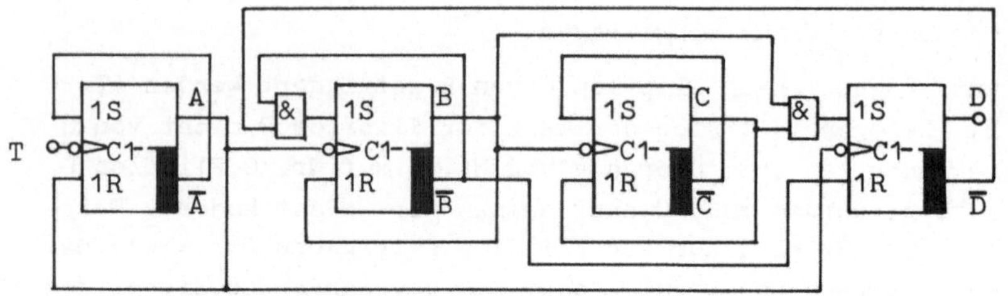

Bild 131 Schaltung des asynchronen Zehnerzählers im 8-4-2-1-
         Code mit RS-Flipflops

5.2.4.3. Schaltzeiten bei asynchronen Zählern

Alle kombinatorischen und sequentiellen Grundschaltungen
weisen bestimmte Verzögerungszeiten t_{pd} (engl. propagation
delay) auf. Sie geben an, welche Zeit zwischen der Änderung
eines Signals am Eingang einer Schaltung und dem dadurch
ausgelösten Wechsel am Ausgang vergeht. Durch die Verzögerungszeit t_{pd} wird die maximal zulässige Zählfrequenz am
Eingang eines Zählers begrenzt. Außerdem entstehen bei der
Decodierung störende Nadelimpulse.

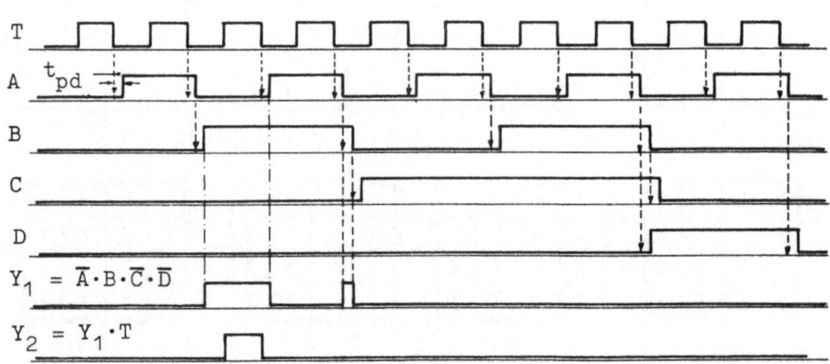

Bild 132 Zeitliniendiagramme des asynchronen Zehnerzählers
         im 8-4-2-1-Code

Es wird hier der Einfachheit halber angenommen, daß alle
Flipflops eine gleich große Verzögerungszeit t_{pd} aufweisen.

Dann läßt sich aus Bild 131 das Zeitliniendiagramm für die logischen Ausgangsvariablen der Flipflops A bis D nach Bild 132 zeichnen. Die Pfeilenden kennzeichnen die triggernde Flanke, während die Pfeilspitzen auf das zu triggernde Flipflop (bzw. dessen Ausgangsvariable) hinweisen.

Man erkennt, daß im Gegensatz zu den Zeitliniendiagrammen in Bild 115, S. 109, die Flipflops infolge der asynchronen Taktung nicht gleichzeitig umkippen. Zwischen steuernder Impulsflanke und Umkippen des Flipflops liegt jeweils die Verzögerungszeit t_{pd}. Dadurch entstehen bei der Decodierung unerwünschte Nadelimpulse (Spikes), wie dies in Bild 118 für die Funktion $Y_1 = \overline{A} \cdot B \cdot \overline{C} \cdot \overline{D}$ dargestellt ist.

Statt eines Impulses sind hier zwei Impulse entstanden. Werden diese Impulse auf Bausteine mit im Vergleich zur Nadelimpulsbreite großen Ansprechverzögerungen (z.B. Relais) gegeben, stören die Nadelimpulse nicht. Wird dagegen von dem Signal Y_1 direkt oder über logische Verknüpfungsschaltungen ein Flipflop angesteuert, können Fehler auftreten.

Die Nadelimpulse lassen sich unterdrücken, wenn man das Signal Y_1 mit dem Grundtakt T konjunktiv verknüpft (s. Y_2 in Bild 132), solange die Gesamtverzögerung kleiner als die Zeit ist, in der der Takt T = 0 ist.

<u>Übungsaufgaben zu Abschn. 5</u> (Lösungen im Anhang):

<u>Beispiel 71</u>: Das Zeitliniendiagramm der Ausgangsvariablen Q_1

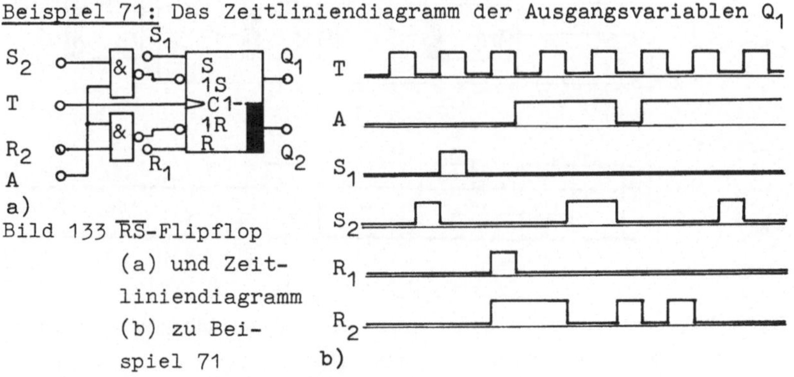

a)

Bild 133 $\overline{\text{RS}}$-Flipflop (a) und Zeitliniendiagramm (b) zu Beispiel 71

b)

des $\overline{RS}$-Flipflops in Bild 133a ist zu zeichnen, wenn an den Eingängen die in Bild 133b dargestellten Zeitfunktionen anliegen.

Beispiel 72: Die Funktionstabelle eines $\overline{JK}$-Flipflops nach Tafel 7, S. 102 ist in der Form Q^n, Q^{n+1}, $\overline{J}^n$, $\overline{K}^n$ aufzustellen.

Beispiel 73: Das Verhalten eines S-Flipflops mit den dynamischen Vorbereitungseingängen S_1 und S_2 wird durch die Funktionstabelle in Bild 134 beschrieben.

a) Die ausführliche Funktionstabelle in der Schreibweise Q^n, Q^{n+1}, S_1^n, S_2^n ist anzugeben (s. Bild 105b).

b) Die Tabelle unter a) ist vereinfacht anzugeben.

Hinweis: In einer Zeile darf nicht
$$S_1^n = S_2^n = X \text{ stehen.}$$

S_1^n	S_2^n	Q^{n+1}
0	0	Q^n
0	1	0
1	0	1
1	1	1

Bild 134 Funktionstabelle eines S-Flipflops

Beispiel 74: Die Zeitliniendiagramme der logischen Werte von A, B und C in der Schaltung Bild 135a sind zu zeichnen, wenn an E und T die in Bild 135b angegebenen Werte anliegen.

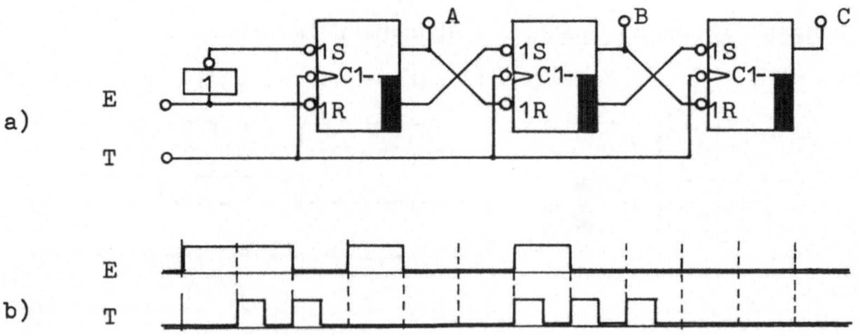

Bild 135 Sequentielle Schaltung (a) und Zeitliniendiagramme an den Eingängen E und T(b)

Beispiel 75: Am Takteingang T des Zählers in Bild 136 soll eine periodische Impulsfolge anliegen. Die Zeitliniendiagramme für T, J_A, J_B, A, B und C sind zu zeichnen. Unbeschaltete Flipflopeingänge verhalten sich wie 1. Es genügt, 8 Taktimpulse T zu zeichnen. Das Verhältnis der Taktfrequenz f_T zur Frequenz am Flipflopausgang C f_C ist anzugeben.

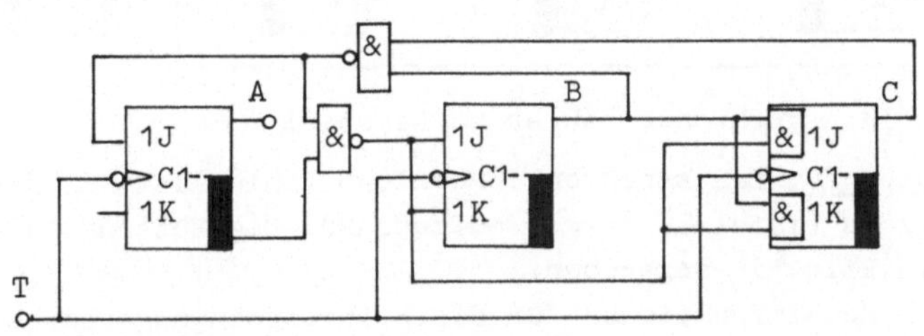

Bild 136 Modulo-n-Zähler zu Beispiel 75

Beispiel 76: Die Zeitliniendiagramme an den Ausgängen des folgenden Zählers sind zu zeichnen. Freie Eingänge entsprechen der 1. Nach wievielen Taktimpulsen ist der Ausgangszustand wieder erreicht (Verzögerungszeiten können vernachlässigt werden)?

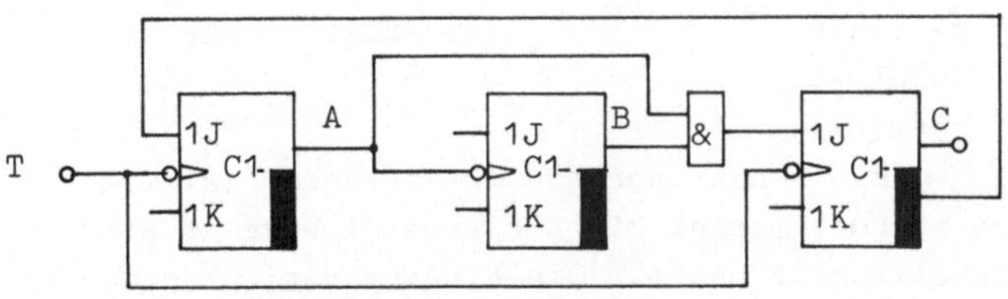

Bild 137 Asynchroner Zähler zu Beispiel 76

Beispiel 77: Die Zeitliniendiagramme an den Ausgängen A, B, C und D des in Bild 138 angegebenen Zählers sind für 9 Eingangstakte T zu zeichnen. Bei der Darstellung soll eine für alle Flipflops gleich große Verzögerungszeit t_{pd} berücksichtigt werden. Unbeschaltete Vorbereitungseingänge verhalten sich wie 1. In welchem Verhältnis stehen Taktfrequenz f_T und die Frequenz f_D am Ausgang D?

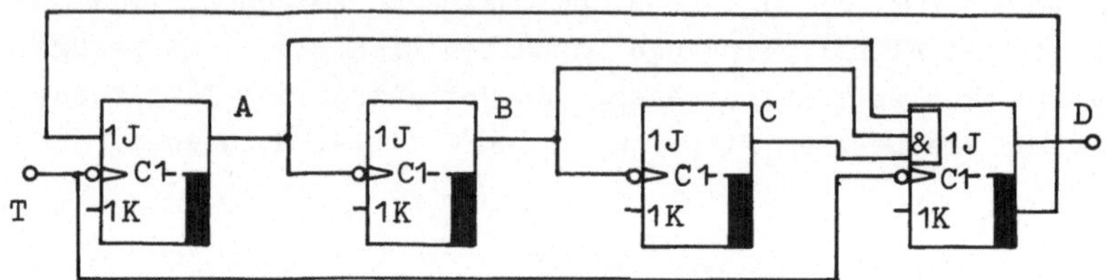

Bild 138 Asynchroner Zähler zu Beispiel 77

Beispiel 78: Ein synchroner Modulo-5-Zähler ist mit $\overline{JK}$-Flipflops (Tafel 7, S.102) aufzubauen. Die Zustandsfolge ist in Bild 139 angegeben.
a) Die Schaltfunktionen für die Flipflopeingangsvariablen J_A bis K_C sind herzuleiten.
b) Der Schaltplan ist zu zeichnen. Offene Eingänge sollen der 0 entsprechen.

A	B	C
1	0	0
0	1	1
1	0	1
1	1	0
0	0	1

A	0	1	0	1	1	1	0	0	0	1	1
B	0	0	1	0	1	1	1	0	0	0	1
C	1	0	1	1	0	0	0	0	1	0	1
D	1	1	0	0	0	1	0	1	0	0	1

Bild 139 Zustandsfol-
ge eines
Modulo-5-
Zählers

Bild 140 Zustandsfolge eines Modulo-
11-Zählers zu Beispiel 79

Beispiel 79: Ein synchroner Modulo-11-Zähler ist mit $\overline{JK}$-Flipflops zu entwickeln. Die Zustandsfolge zeigt Bild 140.
a) Die Schaltfunktionen für die Eingangsvariablen der Flip-flops $\overline{J}_A$ bis $\overline{K}_D$ sind zu bestimmen.
b) Der Schaltplan ist zu zeichnen.

Beispiel 80: Ein asynchroner Zähler soll mit JK-Flipflops aufgebaut werden. Die Zustandsfolge ist in Bild 141 angege-ben. Die Flipflops werden durch den Taktübergang von 1 nach 0 getriggert.

A	0	1	0	1	0
B	0	1	1	0	0
C	1	0	0	0	0

Bild 141 Zustands-
folge zu
Beispiel
80

a) Die Funktionstabelle der JK-Flipflops ist in der Form Q^n, Q^{n+1}, J^n,
K^n anzugeben.

b) Die günstigste Taktung für die Flipflops A, B und C ist anzugeben.

c) Die vereinfachten Schaltfunktionen
für die Eingangsvariablen der Flipflops sind herzuleiten.

Beispiel 81: Die Zustandsfolge eines asynchronen Zählers
zeigt Bild 142. Zum Aufbau des Zählers
sollen RS-Flipflops verwendet werden,
die auf eine Taktänderung von 0 auf 1
kippen.

A	0	1	0	1	0	1
B	1	1	0	0	1	0
C	0	0	1	1	1	0

Bild 142 Zustands-
folge zu
Beispiel
81

a) Die günstigste Taktung für die Flipflops A (T_A), B (T_B) und C (T_C) ist
anzugeben.

b) Die vereinfachten schaltalgebrai-
schen Gleichungen für die Vorbereitungseingänge S_A' bis R_C
sind herzuleiten.

Beispiel 82: Ein asynchroner Zehnerzähler im Exzeß-3-Code
ist mit den in Bild 143 dargestell-
ten JK-Flipflops aufzubauen. Die
Vorbereitungseingänge J_1 und J_2
bzw. K_1 und K_2 sind konjunktiv verknüpft. Das Flipflop verhält sich
so, als sei nur einem J- bzw. K-
Eingang jeweils eine Konjunktion
vorgeschaltet. Unbeschaltete Eingänge verhalten sich wie 1. Weitere
logische Verknüpfungen sollen aus-

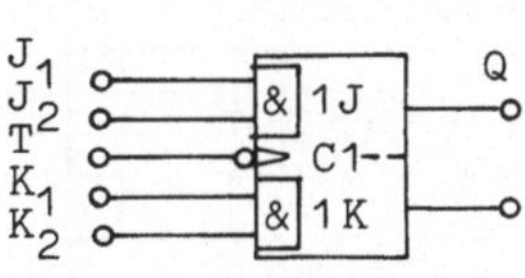

Bild 143 JK-Flipflop
mit konjunk-
tiv verknüpf-
ten Vorberei-
tungseingängen

schließlich mit Nand-Bausteinen realisiert werden.

a) Die Taktung (T_A, T_B, T_C, T_D) der 4 Flipflops ist anzugeben.

b) Die vereinfachten Schaltfunktionen für die Eingangsvariablen sind herzuleiten.

c) Die Schaltung ist zu zeichnen.

6. Registerschaltungen

Registerschaltungen dienen zum kurzzeitigen Speichern binärer Worte. Sie sind aus Flipflops aufgebaut. Beim Schieberegister kann die gespeicherte Information innerhalb des Registers verschoben werden.

6.1. Register

Ein Register ist laut DIN 41 859 Blatt 10 eine Anordnung von bistabilen Schaltungen, mit deren Hilfe eine Information aufgenommen, gespeichert und wieder abgegeben werden kann. Beim einfachen Register wird der Inhalt parallel ein- und ausgegeben.

Register können taktzustands- oder taktflankengesteuert sein. Bild 144 zeigt eine taktzustandsgesteuerte Speicherzelle, Bild 145 ein entsprechendes 4-stelliges Register. Der Takt T bestimmt den Zeitpunkt der Informationsaufnahme. Das in Bild 145b angegebene Schaltzeichen ist eine vereinfachte Darstellung von Bild 145a. Derartige Register werden häufig als "Latch" bezeichnet.

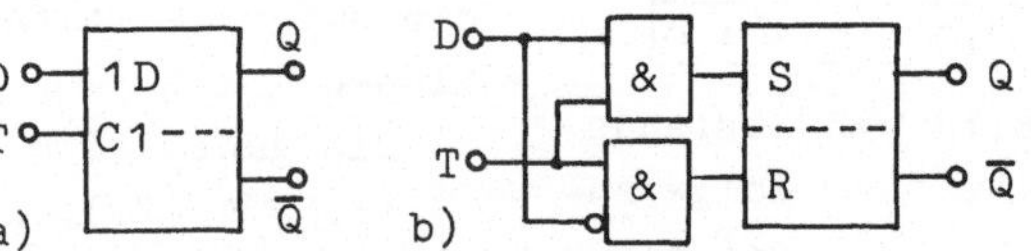

Bild 144 Schaltzeichen (a) und ausführliche Darstellung des taktzustandsgesteuerten D-Flipflops

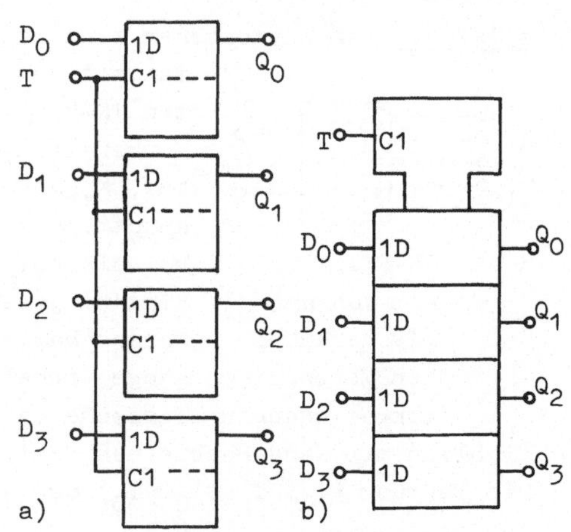

Bild 145 Statisches Flipfloregister (a) und Schaltzeichen (b)

6.2. Schieberegister

Das Schieberegister kann mit Hilfe eines geeigneten Steuersignals Informationen zwischen aufeinanderfolgenden Flipflops übertragen. Die Folge der binären Werte·bleibt dabei erhalten.

Bild 146 zeigt ein mit JK-Flipflops aufgebautes Schieberegister. Über die Eingänge S_A bis S_D kann ein beliebiges Wort parallel eingeschrieben werden, wenn der Steuereingang S aktiv ist.

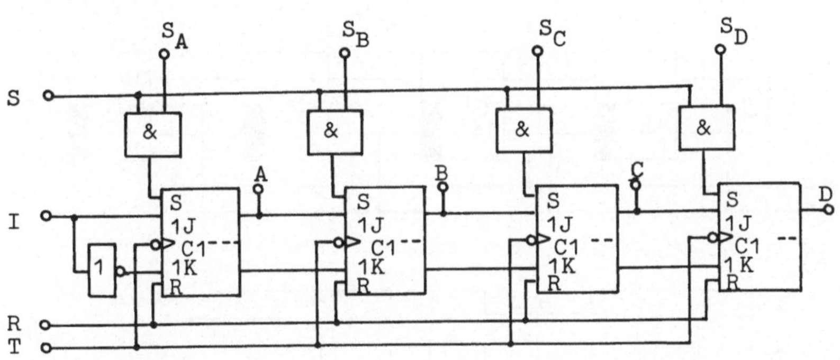

Bild 146 Schieberegister

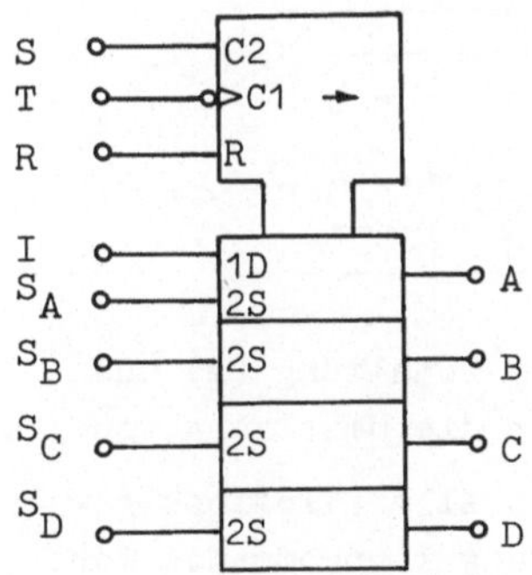

Bild 147 Vereinfachtes
         Schaltsymbol
         des Schiebe-
         registers

Ein aktiver Taktimpuls am Eingang T verschiebt die gespeicherte Information um eine Stelle nach rechts. Dabei wird in das Flipflop A die Information von Eingang I geschrieben.

Durch die Schaltung werden den Flipflopeingängen J und K stets antivalente Werte zugeführt. Das linke Flipflop verhält sich zusammen mit dem Inverter wie ein D-Flipflop. Dies kommt in der Abhängigkeitsnotation des Eingangs I in Bild 147 zum Ausdruck.

6.3. Serien-Parallel-Umsetzer

Der Serien-Parallel-Umsetzer stellt eine Anwendung des
Schieberegisters dar. Ein serielles Binärwort, d.h. ein
Wort, dessen Bits zeitlich nacheinander erscheinen, kann von
einem Schieberegister aufgenommen und zur parallelen Weiterverarbeitung bereitgestellt werden. Bild 148 zeigt die
Schaltung eines Serien-Parallel-Umsetzers und die zugehörigen Zeitliniendiagramme für die Umsetzung des Wortes 1101.

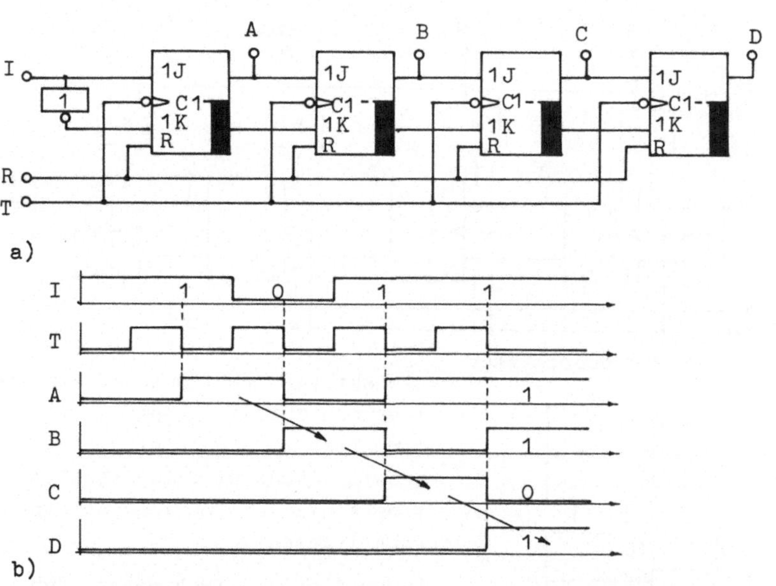

Bild 148 Serien-Parallel-Umsetzer mit Schaltung (a) und
          Zeitliniendiagrammen (b) für die Umsetzung von 1101

Es ist angenommen, daß zur Zeit t = 0 alle Flipflops gelöscht sind. Das am Informationseingang I ankommende Wort
wird mit jedem Taktimpuls um ein Flipflop weitergeschoben.
Nach vier Taktimpulsen sind alle vier Bits im Schieberegister gespeichert. Zwischen einlaufender Information und
Takt muß beim Serien-Parallel-Umsetzer Synchronismus herr-
schen.

6.4. Parallel-Serien-Umsetzer

Der Parallel-Serien-Umsetzer dient dazu, die parallel anstehenden Bits eines Wortes in eine zeitliche Folge umzuwandeln. Eine solche Umformung ist dann notwendig, wenn eine binäre Information über nur eine Leitung (Kanal) übertragen werden soll. Bei der Schaltung in Bild 149a muß zuerst das Register über den Rückstelleingang R gelöscht werden (Bild 149b). Danach werden die Bits A_1, B_1, C_1 und D_1 zu der Zeit, in der das Steuersignal ES = 1 (Eingabe Schieberegister) ist, in das Schieberegister übernommen.

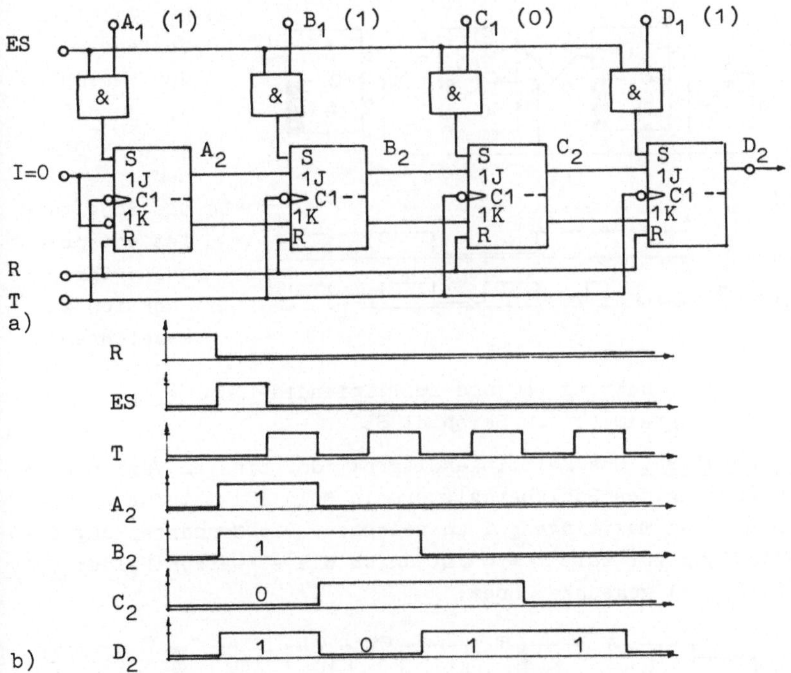

Bild 149 Parallel-Serien-Umsetzer mit Schaltung (a) und
         Zeitliniendiagramme (b)

Mit jedem Taktimpuls T wird der Registerinhalt um eine Stelle nach rechts verschoben. Auf diese Weise erscheinen nacheinander die vier Bits am Ausgang D_2 des Parallel-Serien-

Umsetzers. Der serielle Eingang I des linken Flipflops in
Bild 149a ist fest mit dem Wert 0 belegt. Dadurch wird in
dieses Flipflop stets eine 0 eingeschrieben. Nach vier Takt-
impulsen ist das Register gelöscht. Bild 149b zeigt die
Zeitliniendiagramme für die Parallel-Serien-Umsetzung des
Binärwortes 1101.

<u>Übungsaufgaben zu Abschn. 6</u> (Lösungen im Anhang):

<u>Beispiel 83:</u> Am Eingang I der Schaltung Bild 150a liegt die
in Bild 150b dargestellt Impulsfolge an.

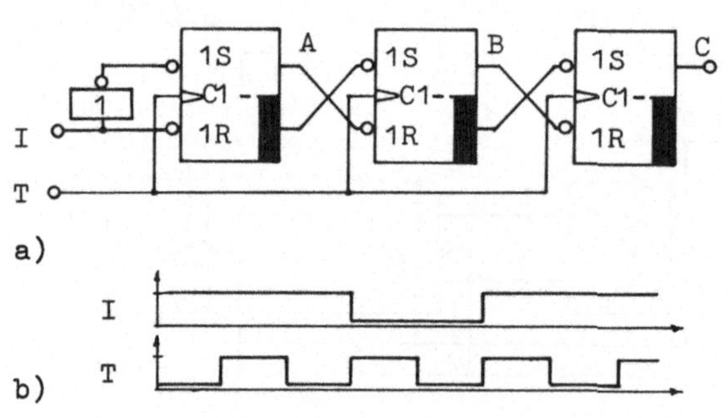

a) Die Zeitlini-
endiagramme
der Variablen
A, B und C
sind zu zeich-
nen.

b) Die Schaltung
ist entspre-
chend ihrer
Funktion zu
bezeichnen.

Bild 150 Schaltung (a) und Zeitliniendiagramm (b) zu Beispiel 83

<u>Beispiel 84:</u> Das Zeitliniendiagramm der binären Variablen F
am Ausgang des Schieberegisters in Bild 151 ist für sieben
Impulse am Takteingang T zu zeichnen. Die Grundstellung der
Flipflops zur Zeit t = 0 ist durch die schwarzen Felder
(binäre 1) gekennzeichnet.

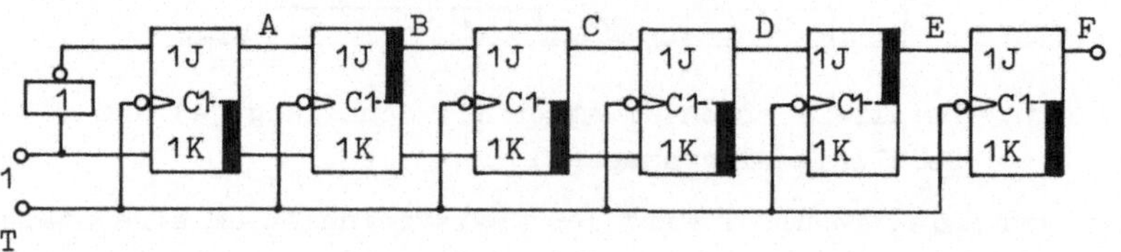

Bild 151 Schieberegister zu Beispiel 84

<u>Beispiel 85</u>: Die Schaltung eines aus drei RS-Flipflops be-
stehenden Schieberegisters ist anzugeben, in dem ein gespei-
chertes Wort in beiden Richtungen verschoben werden kann.
Das Steuersignal für das Verschieben nach rechts ist mit V_R,
das für das Verschieben nach links mit V_L zu bezeichnen.
Beim Verschieben nach rechts soll eine beliebige Information
über einen Eingang I in das erste Flipflop (in der Darstellung links) einfließen. Beim Verschieben nach links soll in
das letzte Flipflop (in der Darstellung rechts) jeweils eine
O eingeschrieben werden. Alle notwendigen Verknüpfungsglieder sind mit Nand-Gliedern aufzubauen.

7. Entwurf von Schaltwerken nach der Programmablaufplan-Methode

In Abschn. 5 werden Zählschaltungen als spezielle Schaltwerke entwickelt; jetzt sollen Schaltwerke entworfen werden, die in der Lage sind, den zeitlichen Ablauf bestimmter Verarbeitungsvorgänge zu steuern oder zu überwachen. Schaltwerke, die z.B. Pumpen, Aufzüge, Werkzeugmaschinen oder industrielle Prozesse steuern sollen, müssen sowohl Signale von der zu steuernden Anlage (Steuerstrecke) aufnehmen und verarbeiten, als auch solche an die Steuerstrecke abgeben.

Wir können hier nicht auf alle möglichen Steuerungsverfahren eingehen. Ein guter Überblick findet sich in [10]. Die Mehrzahl industrieller Steuerungen läuft nach einem vorgegebenen Programm ab. Man spricht daher von Programmsteuerungen. Die Steuereinrichtung besteht aus einem Schaltwerk, das das Steuerprogramm speichert und dieses schrittweise abarbeitet. Die systematische Projektierung von Schaltwerken kann

1. nach Entwurfsverfahren, die auf der Automatentheorie [8, 11, 12] aufbauen und
2. nach der Programmablaufplan-Methode [21]

vorgenommen werden.

Die hier vorgestellte Methode benutzt den Programmablaufplan als Beschreibungsmittel der binären Steuerung. Die Programmablaufpläne sind gegenüber den beim Softwareentwurf üblichen Plänen durch die Darstellung der Schaltwerkszustände ergänzt. Dadurch gewinnt der Programmablaufplan dieselbe Aussagekraft wie ein Zustandsdiagramm (s. Bild 180).

In diesem Abschnitt wird ein Verfahren entwickelt, bei dem sich aus dem Entwurf in Form des Programmablaufplans automatisch eine Realisierung herleitet. Dabei kann bei unterschiedlichen Schaltwerken auf allgemeine Ausgangsfunktionen zurückgegriffen werden, die dann schrittweise und systematisch optimiert werden.

Die allgemeine Struktur der nachfolgend behandelten Schalt-

werke läßt sich nach Bild 152 angeben. Im Gegensatz zu den
ungesteuerten Zählern aus Abschn. 5 wird das Fortschalten
der Schaltwerkszustände von den Eingabevariablen X_i gesteuert. Außerdem sind die Ausgabevariablen Y_j nicht grundsätzlich identisch mit den Flipflopausgangsvariablen.

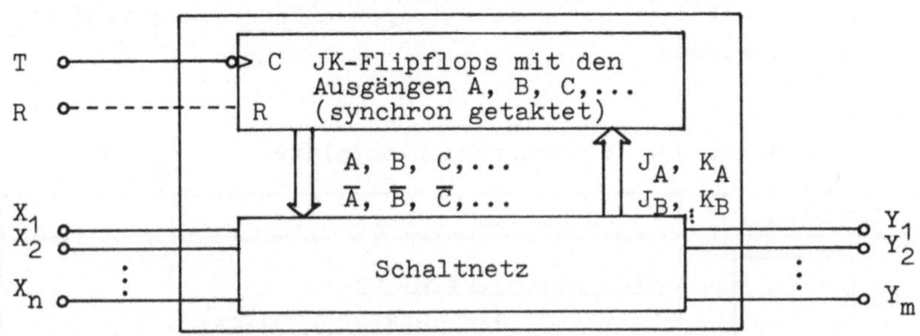

Bild 152 Allgemeine Struktur der behandelten Schaltwerke

7.1. Beschreibung von Schaltwerken durch den Programmablauf-plan

Der Programmablaufplan ist von der Programmierung digitaler
Rechenanlagen bekannt. In DIN 44 300 ist das _Programm_ als
eine in einer beliebigen Sprache abgefaßte vollständige Anweisung zur Lösung einer Aufgabe definiert. Der _Programmab-
lauf_ kennzeichnet die zeitlichen Beziehungen zwischen den
Teilvorgängen eines Programms. Der _Programmablaufplan_ stellt
eine graphische Beschreibung des Programmablaufs durch die
in DIN 66 001 festgelegten Sinnbilder mit zugehörigem Text
dar.

7.1.1. Elemente des Programmablaufplans

Von den in DIN 66 001 genormten Sinnbildern werden die in
Tafel 8 angegebenen Symbole benutzt. Ihre Bedeutung erkennt
man am besten anhand der später behandelten Beispiele. Bei
der _Verzweigung_ werden Größen auf ihr Vorhandensein abgefragt. Statt der Aussagen ja - nein können bei der Abfrage
von Variablen die binären Werte 1 - 0 an die Ausgänge der

Verzweigung geschrieben werden. Das Symbol für die Übergangsstelle beschreibt jeweils einen Zustand des Schaltwerks. Das Unterprogrammsymbol kennzeichnet hier ein Teilschaltwerk, das von dem übergeordneten Schaltwerk an den entsprechenden Stellen freigegeben wird (z.B. Zähler). Das Teilschaltwerk wird durch einen eigenen Programmablaufplan näher beschrieben.

Tafel 8 Sinnbilder für Programmablaufpläne

Sinnbild	Benennung und Bemerkungen
	<u>Allgemeine Operation</u> (hier für die Ausgabe benutzt)
	<u>Ablauflinie:</u> Der Pfeil kann entfallen. Vorzugsrichtungen sind von oben nach unten und von links nach rechts.
	<u>Verzweigung:</u> Bei der Verzweigung wird eine Größe (hier die Eingangsvariable) auf ihr Vorhandensein abgefragt. Die Ausgänge ja - nein (1 - 0) können vertauscht werden.
	<u>Sonderfall der Verzweigung:</u> Der Ablauf wird nur dann fortgesetzt, wenn die abgefragte Vorbedingung erfüllt ist.
	<u>Unterprogramm</u> (hier Teilschaltwerk)
	<u>Übergangsstelle:</u> (hier <u>Zustand</u>) Der Übergang kann von mehreren Stellen aus, aber nur zu einer Stelle hin erfolgen.
	<u>Zusammenführung</u> (Gegensatz zu Verzweigung)

7.1.2. Aufstellen des Programmablaufplans

Der Programmablaufplan steht in enger Beziehung zum Schaltwerk. Als Kern des Schaltwerks wird bei den folgenden Beispielen ein _synchroner Zähler_ angenommen, der die Programm-
schritte festlegt. Der Zähler wird von den Eingabevariablen
gesteuert (gesteuerter Zähler). Jedem Zustand des Zählers
wird eine Übergangsstelle im Programmablaufplan zugeordnet.
Die Übergangsstellen werden entsprechend dem gewünschten Zustand (i.allg. fortlaufend) numeriert. Die Numerierung entspricht dem Dualwert des Zählerzustandes. Im Normalfall bildet der Programmablaufplan eine geschlossene Schleife. Das
Schaltwerk kehrt in den Grundzustand P_0 (Bild 153a) zurück.
Dieser Zustand wird hier zweimal dargestellt.

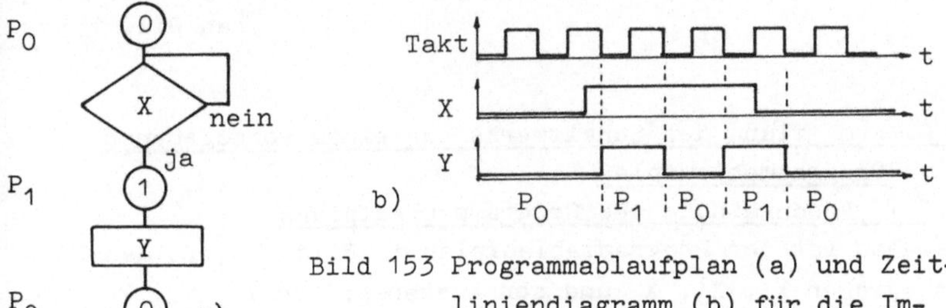

Bild 153 Programmablaufplan (a) und Zeitliniendiagramm (b) für die Impulsausgabe Y

Bild 153 zeigt ein einfaches Beispiel eines Programmablaufplans für die in den Zeitliniendiagrammen Bild 153b angegebene Impulsausgabe Y. Danach sollen so lange taktsynchrone
Impulse von der Dauer einer Taktperiode ausgegeben werden,
als ein Eingangssignal X vorhanden ist.

Aus dem Programmablaufplan in Bild 153a erkennt man, daß das
Schaltwerk nur die beiden Zustände P_0 und P_1 benötigt. Der
Zähler wird so auf ein einziges Flipflop reduziert. Im War-
tezustand P_0 wartet das Schaltwerk auf das Eingangssignal X.
Sobald das Signal X erscheint, schaltet der "Zähler" in den
Zustand P_1. Im Zustand P_1 wird das Signal Y ausgegeben. Der
nächste Taktimpuls schaltet das Schaltwerk in den Zustand

P_0, in dem erneut das Eingangssignal abgefragt wird. Die Programmschleife wird so lange durchlaufen und es werden so lange Impulse Y ausgegeben, bis das Eingangssignal X verschwindet.

Das Schaltwerk zu diesem Programmablaufplan läßt sich ohne Herleitung direkt angeben (Bild 154). Das JK-Flipflop kippt so lange hin und her, als die Eingangsvariable X = 1 ist.

Für die Zustände P_0 und P_1 des Schaltwerks können die Schaltfunktionen $P_0 = \overline{A}$ und $P_1 = A$ angegeben werden. Die Schaltfunktion für das Ausgabesignal lautet $Y = P_1 = A$.

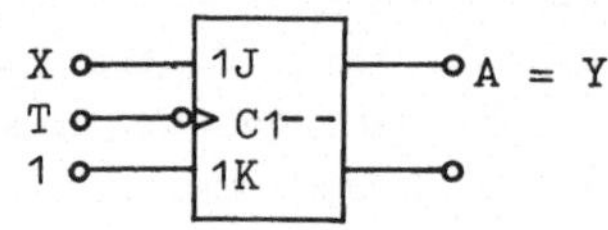

Bild 154 Schaltwerk zum Programmablaufplan Bild 153a

7.2. Ermittlung des Schaltwerks aus einem vorgegebenen Programmablaufplan

7.2.1. Beschreibung des Programmablaufplans

Gegeben ist der Programmablaufplan in Bild 155 mit den Eingabegrößen X_1, X_2, X_3 und den Ausgabegrößen Y_1, Y_2, Y_3. Den fünf Übergangsstellen P_0 bis P_4 entsprechen direkt fünf Zustände des synchronen Zählers im Schaltwerk, die daher ebenfalls mit P_0 bis P_4 bezeichnet werden.

Das Schaltwerk wartet im Zustand P_0 auf das Signal X_1, um dann in den Zustand P_1 zu wechseln, in dem das Signal Y_1 von der Dauer einer Taktperiode ausgegeben wird. Der nächste Taktimpuls schaltet das Schaltwerk in den Zustand P_2, in dem das Signal Y_2 ausgegeben wird. Im anschließenden Zustand P_3 bestimmt der Wert der binären Größe X_2, ob mit dem nächsten Taktimpuls der Zustand P_4 ($X_2 = 1$), der Zustand P_5 ($X_2 = 0$ und $X_3 = 1$) oder wieder P_1 ($X_2 = 0$ und $X_3 = 0$) erreicht wird. Die Schleife P_1, P_2, P_3 wird so lange durchlaufen, wie

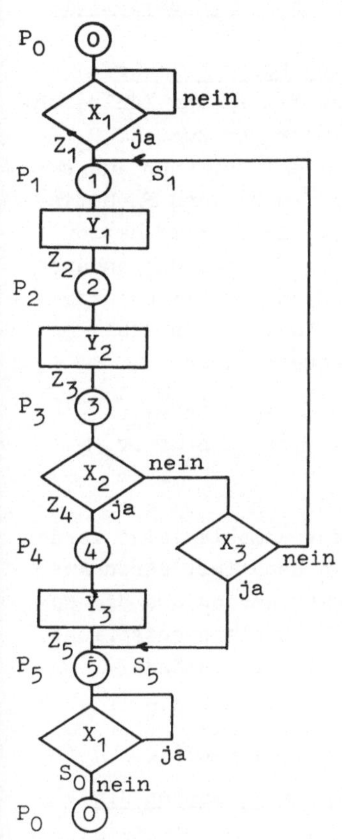

Bild 155 Programmablauf-
plan

die Eingabegrößen X_2 und X_3 nicht vorhanden sind ($X_2 = X_3 = 0$). Im Zustand P_5 wird die Eingabegröße X_1 erneut abgefragt. Erst wenn die Eingabegröße X_1 verschwunden ist, kehrt das Schaltwerk in den Warte-zustand P_0 zurück. Ohne diese Ab-frage von X_1 im Zustand P_5 würde der gesamte Programmzyklus so lan-ge durchlaufen, wie das Signal X_1 vorhanden ist.

Bei der Abfrage einer Vorbedingung (P_0, P_5) bleibt das Schaltwerk so lange in dem erreichten Zustand, bis die Vorbedingung erfüllt ist. In allen anderen Flällen geht der Zähler des Schaltwerks mit jedem Takt in einen anderen Zustand. Wir wollen die Anweisung, in welchen Zustand der Zähler geht, als **Befehl** bezeichnen. Bei den hier be-handelten Schaltwerken wird zwi-schen zwei Befehlsarten unter-schieden [21].

1. **Zählbefehle** Z liegen vor, wenn der synchrone Dualzähler in seiner natürlichen Folge um eins weiterzählt. Ein Beispiel für die Reihenfolge der Zähler-zustände bei Zählbefehlen ist P_0, P_1, P_2, P_3 usw.

2. **Sprungbefehle** S liegen vor, wenn der Dualzähler von der natürlichen Zählfolge abweicht. Beispiele für die Reihen-folge der Zählerzustände bei Sprungbefehlen sind P_5, P_0 oder P_3, P_5.

Alle Zähl- und Sprungbefehle sind in Bild 155 eingetragen.

7.2.2. Entwicklung des Schaltwerks aus dem Programmablaufplan

7.2.2.1. Schaltfunktionen für Zähl- und Sprungbefehle

Im Programmablaufplan nach Bild 155 soll z.B. der Zählbefehl Z_1 bewirken, daß der Zähler im Schaltwerk vom Zustand P_0 in den Zustand P_1 wechselt. Dieser Zählbefehl darf nur ausgeführt werden, wenn sich das Schaltwerk im Zustand P_0 befindet und die Eingabegröße X_1 erscheint. Die Schaltfunktion des Zählbefehls Z_1 lautet somit $Z_1 = P_0 \cdot X_1$. Für die anderen Befehle lassen sich nach Bild 155 ähnliche Funktionen angeben, wobei hervorzuheben ist, daß die Indizes von Zähl- und Sprungbefehlen mit der Zieladresse übereinstimmen.

$$Z_1 = P_0 \cdot X_1 \qquad Z_4 = P_3 \cdot X_2 \qquad S_0 = P_5 \cdot \overline{X}_1$$
$$Z_2 = P_1 \qquad Z_5 = P_4 \qquad S_1 = P_3 \cdot \overline{X}_2 \cdot \overline{X}_3$$
$$Z_3 = P_2 \qquad\qquad\qquad S_5 = P_3 \cdot \overline{X}_2 \cdot X_3$$

Aufgrund der 5 Übergangsstellen im Programmablaufplan werden zum Aufbau des Dualzählers 3 Flipflops benötigt, deren Ausgangsvariablen mit A, B und C bezeichnet werden. Da die Numerierung der Zustände dem Dualwert des Zählers entspricht, lauten die Schaltfunktionen für diese Zählerzustände

$$P_0 = \overline{A} \cdot \overline{B} \cdot \overline{C} \qquad P_2 = \overline{A} \cdot B \cdot \overline{C} \qquad P_4 = \overline{A} \cdot \overline{B} \cdot C$$
$$P_1 = A \cdot \overline{B} \cdot \overline{C} \qquad P_3 = A \cdot B \cdot \overline{C} \qquad P_5 = A \cdot \overline{B} \cdot C.$$

7.2.2.2. Schaltfunktionen für die Eingangsvariablen der Flipflops

Zur Herleitung der Schaltfunktionen für die Eingangsvariablen der Zählerflipflops werden Zähl- und Sprungbefehle getrennt betrachtet. Der Zähler soll mit JK-Flipflops aufgebaut werden. Bei drei Flipflops mit den Ausgängen A, B und C können maximal je acht Zähl- und Sprungbefehle auftreten. Es werden wegen der allgemeineren Verwendbarkeit der abzuleitenden Gleichungen alle möglichen Befehle berücksichtigt. Die in einem speziellen Beispiel nicht vorkommenden Befehle können einfach gestrichen werden.

Zähl-befehl	Zähler-zustand	A B C	J_A K_A	J_B K_B	J_C K_C
Z_1	P_0	0 0 0	1 X	0 X	0 X
Z_2	P_1	1 0 0	X 1	1 X	0 X
Z_3	P_2	0 1 0	1 X	X 0	0 X
Z_4	P_3	1 1 0	X 1	X 1	1 X
Z_5	P_4	0 0 1	1 X	0 X	X 0
Z_6	P_5	1 0 1	X 1	1 X	X 0
Z_7	P_6	0 1 1	1 X	X 0	X 0
Z_0	P_7	1 1 1	X 1	X 1	X 1

Bild 156 Funktionstabelle für die Eingangsvariablen von JK-Flipflops bei Zählbefehlen

Der Zusammenhang zwischen den Eingangsvariablen J_A bis K_C einerseits und den Zählbefehlen andererseits ist in einer Funktionstabelle in Bild 156 dargestellt. Der Zählbefehl Z_1 entsteht z.B.

im Zustand P_0 und bewirkt den Zustand P_1. Dazu muß Flipflop A von 0 nach 1 gehen, während die Fliflpps A und C ungesetzt (0) bleiben. Die Eintragungen unter J_A bis K_C ergeben sich aus der Funktionstabelle der JK-Flipflops in Bild 117 S.110. Die mit X gekennzeichneten frei wählbaren Terme werden hier 0 gesetzt, damit die Schaltfunktionen möglichst einfach werden, zumal eine Vereinfachung hier zunächst nicht möglich ist. Aus Bild 156 liest man die Schaltfunktionen für die Eingangsvariablen der JK-Flipflops ab.

$$J_A = Z_1 + Z_3 + Z_5 + Z_7, \quad J_B = Z_2 + Z_6 \qquad J_C = Z_4$$

$$K_A = Z_0 + Z_2 + Z_4 + Z_6, \quad K_B = Z_0 + Z_4 \text{ und } K_C = Z_0$$

Bei den Sprungbefehlen muß in jedem Fall die Zieladresse im Dualzähler eingestellt werden. Dadurch treten in der Funktionstabelle für die Eingangsvariablen der JK-Flipflops bei Sprungbefehlen in Bild 157 in den Spalten J,K nur die Wertekombinationen 0,1 oder 1,0 auf. So bedeutet z.B. der Sprungbefehl S_5 in Bild 157, daß die Flipflops A und C gesetzt (1) und Flipflop B gelöscht (0) werden müssen, wobei der vorherige Zustand der Flipflops hier als nicht bekannt vorausgesetzt wird.

Aus der Funktionstabelle in Bild 157 ergeben sich die Schaltfunktionen für die Eingangsvariablen der JK-Flipflops.

Sprungbefehl	Zählerzustand	A B C	J_A K_A	J_B K_B	J_C K_C
S_0	P_0	0 0 0	0 1	0 1	0 1
S_1	P_1	1 0 0	1 0	0 1	0 1
S_2	P_2	0 1 0	0 1	1 0	0 1
S_3	P_3	1 1 0	1 0	1 0	0 1
S_4	P_4	0 0 1	0 1	0 1	1 0
S_5	P_5	1 0 1	1 0	0 1	1 0
S_6	P_6	0 1 1	0 1	1 0	1 0
S_7	P_7	1 1 1	1 0	1 0	1 0

Bild 157 Funktionstabelle für die Eingangsvariablen bei Sprungbefehlen

$$J_A = S_1 + S_3 + S_5 + S_7 \qquad K_A = S_0 + S_2 + S_4 + S_6$$
$$J_B = S_2 + S_3 + S_6 + S_7 \qquad K_B = S_0 + S_1 + S_4 + S_5$$
$$J_C = S_4 + S_5 + S_6 + S_7 \qquad K_C = S_0 + S_1 + S_2 + S_3$$

Faßt man die Schaltfunktionen für die Eingangsvariablen der JK-Flipflops von Zähl- und Sprungbefehlen zusammen, so erhält man die allgemeinen Gleichungen

$$J_A = Z_1 + Z_3 + Z_5 + Z_7 + S_1 + S_3 + S_5 + S_7 \qquad (76)$$
$$K_A = Z_0 + Z_2 + Z_4 + Z_6 + S_0 + S_2 + S_4 + S_6 \qquad (77)$$
$$J_B = Z_2 + Z_6 + S_2 + S_3 + S_6 + S_7 \qquad (78)$$
$$K_B = Z_0 + Z_4 + S_0 + S_1 + S_4 + S_5 \qquad (79)$$
$$J_C = Z_4 + S_4 + S_5 + S_6 + S_7 \qquad (80)$$
$$K_C = Z_0 + S_0 + S_1 + S_2 + S_3 \qquad (81)$$

7.2.2.3. Vereinfachungen der Schaltfunktionen

Die allgemeinen Gl. (76) bis (81) können in mehreren Schritten weiter vereinfacht werden. Zunächst werden für das spezielle Beispiel in Bild 155 alle nicht vorkommenden Zähl- und Sprungbefehle gestrichen. Man erhält

$$J_A = Z_1 + Z_3 + Z_5 + S_1 + S_5, \qquad K_A = Z_2 + Z_4 + S_0,$$
$$J_B = Z_2, \qquad\qquad\qquad K_B = Z_4 + S_0 + S_1 + S_5$$
$$J_C = Z_4 + S_5 \qquad\qquad \text{und} \quad K_C = S_0 + S_1$$

Anschließend wird geprüft, welche Sprungbefehle bei den einzelnen Flipflopeingängen entfallen können. Man muß dazu im

Gegensatz zur Funktionstabelle in Bild 157 auch die jeweilige Absprungadresse mit angeben (Bild 144). Während z.B. in Bild 157 beim Sprungbefehl S_0 in der Spalte J_B, K_B das Wertepaar 0, 1 steht, kann hier' in Bild 158 die Kombination 0, X eingetragen werden, da das Flipflop B schon vorher im Zustand P_5 (Absprungadresse) 0 war.

S	P	A B C	J_A K_A	J_B K_B	J_C K_C
	P_5	1 0 1			
S_0	P_0	0 0 0	X 1	0 X	X 1
	P_3	1 1 0			
S_1	P_1	1 0 0	X 0	X 1	0 X
	P_3	1 1 0			
S_5	P_5	1 0 1	X 0	X 1	1 X

Bild 158 Funktionstabelle für die Eingangsvariablen der Flipflops bei Sprungbefehlen und Berücksichtigung der Absprungadresse

Es brauchen in den Gleichungen für J_A bis K_C nur noch die Sprungbefehle berücksichtigt zu werden, die nach Bild 158 unbedingt 1 sein müssen. Setzt man noch die Gleichungen aus Abschn. 7.2.2.1 ein, so erhält man

$$J_A = Z_1 + Z_3 + Z_5 = P_0 \cdot X_1 + P_2 + P_4 \tag{82}$$

$$K_A = Z_2 + Z_4 + S_0 = P_1 + P_3 \cdot X_2 + P_5 \cdot \overline{X}_1 \tag{83}$$

$$J_B = Z_2 = P_1 \tag{84}$$

$$K_B = Z_4 + S_1 + S_5 = P_3 \cdot X_2 + P_3 \cdot \overline{X}_2 \cdot \overline{X}_3 + P_3 \cdot \overline{X}_2 \cdot X_3$$
$$= P_3 \cdot X_2 + P_3 \cdot \overline{X}_2 (\overline{X}_3 + X_3) = P_3 \cdot X_2 + P_3 \cdot \overline{X}_2 = P_3 \tag{85}$$

$$J_C = Z_4 + S_5 = P_3 \cdot X_2 + P_3 \cdot \overline{X}_2 \cdot X_3 = P_3 (X_2 + X_3) \tag{86}$$

$$K_C = S_0 = P_5 \cdot \overline{X}_1 \tag{87}$$

Die in Abschn. 7.2.2.1 angegebenen Funktionen für die Variablen P_0 bis P_5 können mit der KV-Tafel in Bild 159 unter Berücksichtigung frei wählbarer Ausdrücke vereinfacht werden. Man findet die vereinfachten Schaltfunktionen

$$P_0 = \overline{A} \cdot \overline{B} \cdot \overline{C} \quad (88) \qquad P_1 = A \cdot \overline{B} \cdot \overline{C} \quad (89) \qquad P_2 = \overline{A} \cdot B \quad (90)$$

$$P_3 = A \cdot B \quad (91) \qquad P_4 = \overline{A} \cdot C \quad (92) \qquad P_5 = A \cdot C \quad (93)$$

Setzt man Gl. (88) bis (93) in Gl. (82) bis (87) ein, so läßt sich eine weitere Vereinfachung durchführen. Dies wird anhand von Gl. (83) für K_A gezeigt.

$$K_A = Z_2 + Z_4 + S_0 = P_1 + P_3 \cdot X_2 + P_5 \cdot \overline{X}_1$$

$$= A \cdot \overline{B} \cdot \overline{C} + A \cdot B \cdot X_2 + A \cdot C \cdot \overline{X}_1$$

Aus der Funktionstabelle für Zählbefehle in Bild 156 geht hervor, daß immer dann, wenn $K_A = 1$ ist, auch $A = 1$ ist. Ein Sprungbefehl tritt in der Gleichung für K_A nach der Vereinfachung von Bild 158 nur dann auf, wenn Flipflop A gesetzt ist und gelöscht werden soll. Man kann daher in der Gleichung für K_A noch $A = 1$ setzen. Man erhält so die Schaltfunktion $K_A = \overline{B} \cdot \overline{C} + B \cdot X_2 + C \cdot \overline{X}_1$.

Bei den übrigen Schaltfunktionen für die Eingangsvariablen der Zählerflipflops kann man entsprechend bei

$$J_A : \overline{A} = 1, \qquad J_B : \overline{B} = 1, \qquad J_C : \overline{C} = 1,$$

$$K_A : A = 1, \qquad K_B : B = 1 \quad \text{und} \quad K_C : C = 1$$

setzen.

Da die Ausgabegrößen des Schaltwerks

$$Y_1 = P_1 = A \cdot \overline{B} \cdot \overline{C}, \tag{94}$$

$$Y_2 = P_2 = \overline{A} \cdot B \quad \text{und} \tag{95}$$

$$Y_3 = P_4 = \overline{A} \cdot C \tag{96}$$

sowieso durch ein Schaltglied aufzubauen sind, können diese Zustände in Gl. (82) bis (87) berücksichtigt werden. Man findet so folgende Schaltfunktionen

$$J_A = P_0 \cdot X_1 + P_2 + P_4 = \overline{A} \cdot \overline{B} \cdot \overline{C} \cdot X_1 + \overline{A} \cdot B + \overline{A} \cdot C$$

$$= \overline{B} \cdot \overline{C} \cdot X_1 + B + C = X_1 + B + C \tag{97}$$

$$K_A = P_1 + P_3 \cdot X_2 + P_5 \cdot \overline{X}_1 = Y_1 + A \cdot B \cdot X_2 + A \cdot C \cdot \overline{X}_1$$

$$= Y_1 + B \cdot X_2 + C \cdot \overline{X}_1 \tag{98}$$

$$J_B = P_1 = Y_1 \tag{99}$$

$$K_B = P_3 = A \cdot B = A \tag{100}$$

Bild 159 KV-Tafel für P_0 bis P_5

$$J_C = P_3(X_2 + X_3) = A \cdot B(X_2 + X_3) \qquad (101)$$

$$K_C = P_5 \cdot \overline{X}_1 = A \cdot C \cdot \overline{X}_1 = A \cdot \overline{X}_1 \qquad (102)$$

7.2.2.4. Schaltplan

Aus Gl. (89), (90), (92) und (94) bis (99) ergibt sich der
Schaltplan des gesuchten Schaltwerks zum Programmablaufplan
in Bild 155. In Bild 160 sind Punkte mit gleicher Bezeichnung als miteinander verbunden zu denken.

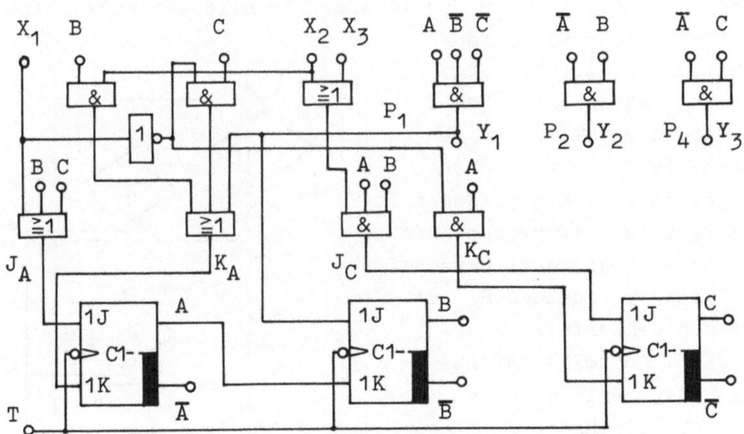

Bild 160 Schaltwerk zum Programmablaufplan in Bild 155

7.3. Beispiele für den Entwurf von Schaltwerken
7.3.1. Impulsfolgeüberwachung
7.3.1.1. Aufgabenstellung

Die in Bild 161 dargestellte Impulsfolge ist zu überwachen.
Der Impuls X_1 muß vor dem Im-
puls X_2 erscheinen und ver-
schwinden, während der Impuls
X_2 noch vorhanden ist. Bei
einer Abweichung von der vorgeschriebenen Impulsfolge ist
ein Fehlersignal Y zu geben.

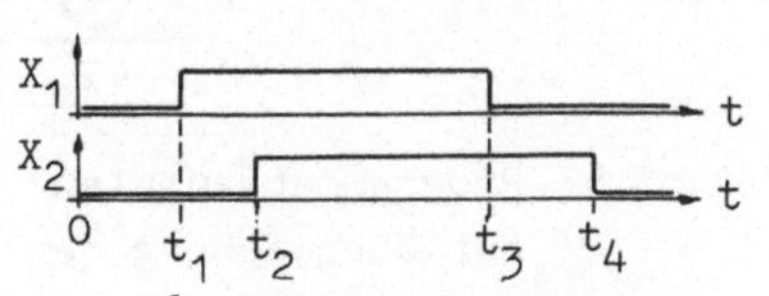

Bild 161 Zeitliniendiagramm
einer vorgeschrie-
benen Impulsfolge

Die Zeitabstände $t_1 - t_2$ und $t_3 - t_4$ sollen groß gegenüber der Periodendauer des Taktes sein, mit denen die Flipflops des Schaltwerks getriggert werden, damit in jedem Fall ein Fehler erkannt werden kann. Nach einem Fehler soll das Schaltwerk in einem Fehlerzustand verharren und danach nur über eine prellfreie Taste R zurückgesetzt werden.

7.3.1.2. Programmablaufplan

Das Zeitliniendiagramm der Impulsfolge Bild 161 untergliedert sich in vier Zeitabschnitte $0 - t_1$, $t_1 - t_2$, $t_2 - t_3$ und $t_3 - t_4$. Entsprechend erhält der Programmablaufplan vier Übergangsstellen 0 bis 3, denen die vier Schaltwerkszustände P_0 bis P_3 zugeordnet werden. Ein weiterer Zustand P_4 ist für den Fehlerfall erforderlich. Anstelle der Aussagen ja - nein sind an den Verzweigungen die binären Werte 1 - 0 angegeben.

Der Programmablaufplan ist so angelegt, daß nur bei richtiger Impulsfolge die Zustände des Schaltwerks in der Reihenfolge P_0, P_1, P_2, P_3 und P_0 durchlaufen werden. Jede Abweichung von der vorgeschriebenen Impulsfolge führt zu dem Fehlerzustand P_4. Eine Rückführung von P_4 nach P_0 ist nicht vorgesehen, da die

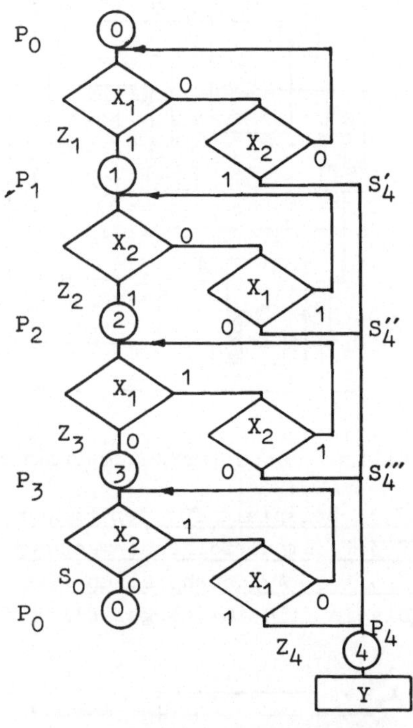

Bild 162 Programmablaufplan zur Überwachung der Impulsfolge in Bild 161

Rückstellung des Schaltwerks über die statischen Rücksetz-
eingänge erfolgen soll.

Der Zustand P_4 kann von vier Stellen aus erreicht werden.
Den Übergängen von P_0 nach P_4, P_1 nach P_4 und P_2 nach P_4
müssen jeweils eigene Sprungbefehle S_4', S_4'' und S_4''' zugeordnet werden. In den allgemeinen Gleichungen (76) bis (81) ist
für S_4 entsprechend

$$S_4 = S_4' + S_4'' + S_4''' \tag{103}$$

einzusetzen. Der Übergang von P_3 nach P_4 ist ein Zählbefehl
Z_4.

7.3.1.3. Verwirklichung im Schaltwerk

Aus Gl. (76) bis (81) ergibt sich mit Gl. (103) für das
Schaltwerk nach Bild 162

$$
\begin{aligned}
J_A &= Z_1 + Z_3 \\
K_A &= Z_2 + Z_4 + S_0 + S_4' + S_4'' + S_4''' \\
J_B &= Z_2 \\
K_B &= Z_4 + S_0 + S_4' + S_4'' + S_4''' \\
J_C &= Z_4 + S_4' + S_4'' + S_4''' \\
K_C &= S_0
\end{aligned}
$$

S	P	A B C	J_A K_A	J_B K_B	J_C K_C
S_0	P_3	1 1 0	X 1	X 1	0 X
	P_0	0 0 0			
S_4'	P_0	0 0 0	0 X	0 X	1 X
	P_4	0 0 1			
S_4''	P_1	1 0 0	X 1	0 X	1 X
	P_4	0 0 1			
S_4'''	P_2	0 1 0	0 X	X 1	1 X
	P_4	0 0 1			

Bild 163 Tabelle über den Einfluß
der Sprungbefehle

Dabei ist

$$
\begin{aligned}
Z_1 &= P_0 X_1 \\
Z_2 &= P_1 X_2 \\
Z_3 &= P_2 \overline{X}_1 \\
Z_4 &= P_3 X_1 X_2 \\
S_0 &= P_3 \overline{X}_2 \\
S_4' &= P_0 X_1 X_2 \\
S_4'' &= P_1 \overline{X}_1 \overline{X}_2 \\
S_4''' &= P_2 X_1 \overline{X}_2
\end{aligned}
$$

Von den Sprungbe-
fehlen sind je-
weils die zu be-

rücksichtigen, bei denen in der Tabelle Bild 163 eine 1
steht. Damit ergibt sich

$$J_A = Z_1 + Z_3 = P_0 X_1 + P_2 \overline{X}_1$$
$$K_A = Z_2 + Z_4 + S_0 + S_4'' $$
$$ = P_1 X_2 + P_3 X_1 X_2 + P_3 \overline{X}_2 + P_1 \overline{X}_1 \overline{X}_2$$

$$J_B = Z_2 = P_1 X_2$$
$$K_B = Z_4 + S_0 + S_4''' = P_3 X_1 X_2 + P_3 \overline{X}_2 + P_2 \overline{X}_1 \overline{X}_2$$

$$J_C = Z_4 + S_4' + S_4'' + S_4'''$$
$$ = P_3 X_1 X_2 + P_0 \overline{X}_1 X_2 + P_1 \overline{X}_1 \overline{X}_2 + P_2 X_1 \overline{X}_2$$
$$K_C = 0$$

Die vereinfachten Gleichungen für die Zustandsvariablen lauten

$$P_0 = \overline{A}\,\overline{B}\,\overline{C}; \quad P_1 = A\overline{B}; \quad P_2 = \overline{A}B; \quad P_3 = AB; \quad P_4 = C$$

Die Schaltfunktion für die Ausgangsvariable des Schaltwerks ist

$$Y = P_4 = C$$

Eine Vereinfachung der Gleichungen für J_A bis K_C führt nicht zu einem einfacheren Schaltnetz. Das Schaltwerk wird daher entsprechend Bild 164 realisiert.

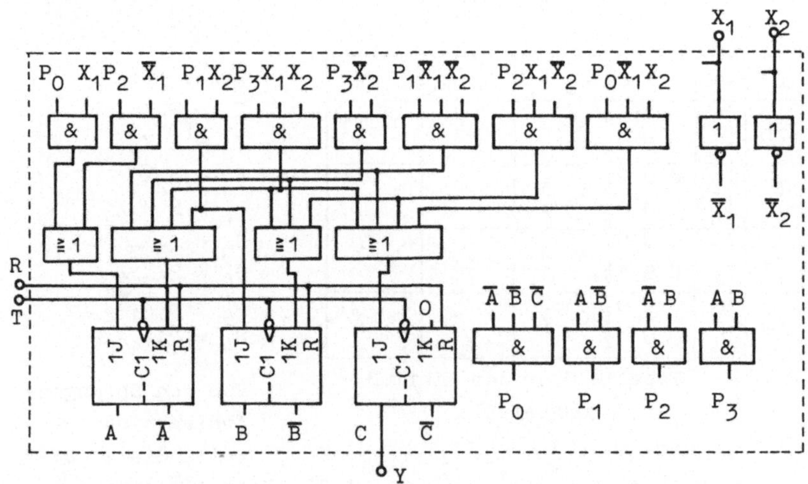

Bild 164 Schaltwerk für eine Impulsfolgeüberwachung

7.3.2. Einstellbare Ausgabezeiten

In diesem Beispiel soll gezeigt werden, wie ein Zähler (Binäruntersetzer) in die Entwicklung eines Schaltwerks einbe-
zogen werden kann. Der Zähler bildet ein Teilschaltwerk
innerhalb eines Gesamtschaltwerks. Die Signale, die zwischen
Teilschaltwerken ausgetauscht werden, müssen synchron sein.
Ebenso müssen diejenigen Eingabesignale synchronisiert werden, die sich zu einem Zeitpunkt ändern können, zu dem die
Taktflanke des Schaltwerks aktiv ist. Die Auswirkung eines
nicht synchronen Signals X ist in Bild 165a gezeigt.

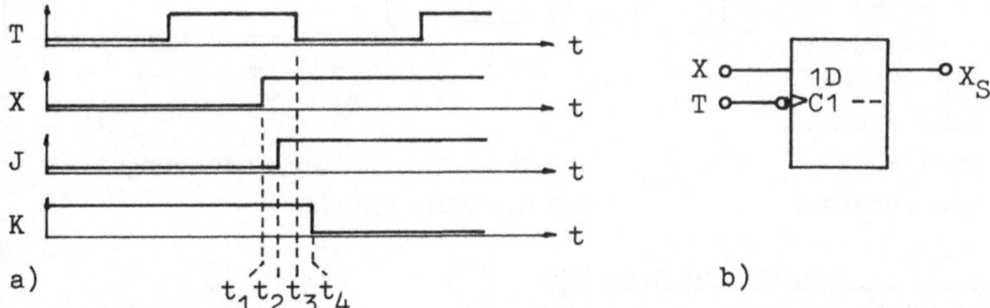

Bild 165 Auswirkung eines unsynchronisierten Eingabesignals
X (a) und Möglichkeit der Synchronisation (b)

Damit das Schaltwerk den gewünschten Zustand einnimmt, müssen z.B. bei $X = 1$ die Eingangsvariablen eines JK-Flipflops
$J = 1$ und $K = 0$ werden. Aufgrund unterschiedlicher Verzögerungszeiten im Schaltnetz ist tatsächlich zur Zeit der aktiven Taktflanke t_3 in Bild 165a $J = 1$ und $K = 1$.

Eingabesignale lassen sich durch taktflankengesteuerte D-
Flipflops nach Bild 165b synchronisieren. X_S ist das syn-
chronisierte Signal X.

7.3.2.1. Aufgabenstellung

Ein Schaltwerk soll nach Betätigen einer Starttaste (Variable X_{St}) je nach Stellung eines Wahlschalters W einen taktsynchronen Impuls Y_1 von 1,28s, 2,56s oder 5,12s Dauer liefern. Anschließend soll ein Impuls Y_2 von 0,64s Dauer ausge-

geben werden. Der Grundtakt beträgt f_T = 50 Hz. Zur Festlegung der exakten Zeiten steht ein Binäruntersetzer mit den

Ausgängen Q_0 bis Q_8 zur Verfügung (Bild 166). Der Binäruntersetzer besitzt einen Takteingang C1, einen Vorbereitungseingang 1T und einen statischen Rücksetzeingang R.

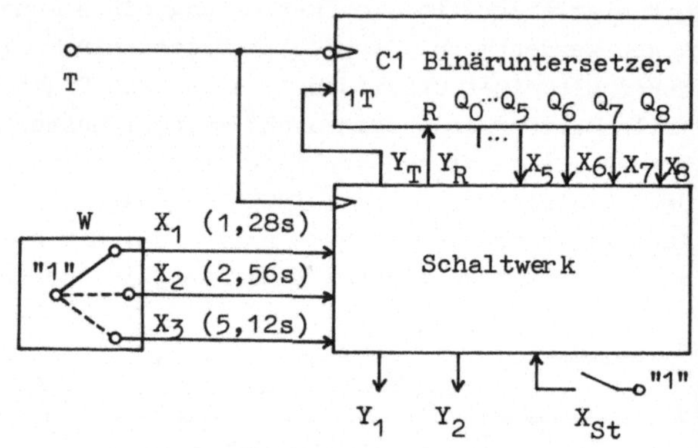

Bild 166 Blockschaltung zur Erzeugung taktsynchroner Impulse

7.3.2.2. Programmablaufplan

Nach Erkennen des Startsignals X_{St} werden im Zustand P_1 die Impulse Y_T und Y_1 ausgegeben. Das Signal Y_T gibt den Binäruntersetzer frei. Je nach Stellung des Wahlschalters verbleibt das Schaltwerk solange im Zustand P_1, bis nach Ablauf der eingestellten Zeit der entsprechende Ausgang Q des Binäruntersetzers erstmalig den Wert 1 annimmt. So wird z.B. der Ausgang Q_6 (Eingangsvariable X_6 für das Schaltwerk) bei der in der Aufgabenstellung angegebenen Taktfrequenz von f_T = 50 Hz (T = 20 ms) erst-

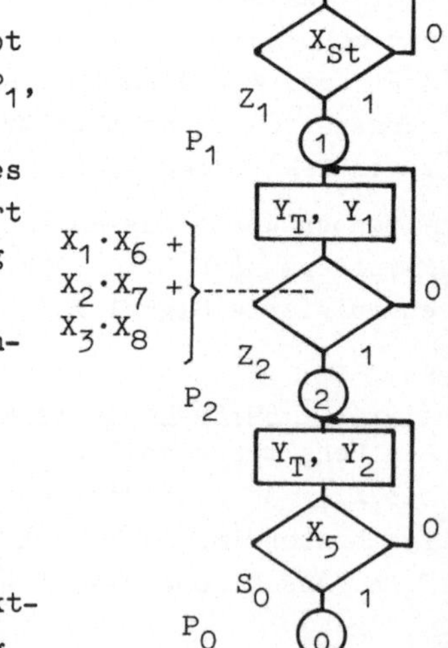

Bild 167 Programmablaufplan zur taktsynchronen Impulserzeugung

mals nach 1,28s gleich 1. Da der Zustand P_1 in allen drei möglichen Fällen dann verlassen wird, wenn die Ausgänge Q_0 bis Q_5 gleich O sind, kann das Schaltwerk im Zustand P_2 unmittelbar die Variable X_5 abfragen, die genau nach 0,64s gleich 1 wird. Durch die hier getroffene Wahl der Zeiten ist eine Dekodierung des Binäruntersetzers nicht erforderlich.

7.3.2.3. Verwirklichung im Schaltwerk

Die Schaltfunktionen für die Eingangsvariablen des synchronen Zählers lauten

$$J_A = Z_1 = P_0 \cdot X_{St} = \overline{A} \cdot \overline{B} \cdot X_{St} = \overline{B} \cdot X_{St},$$

$$K_A = Z_2 + S_0 = Z_2 = P_1 \cdot (X_1 \cdot X_6 + X_2 \cdot X_7 + X_3 \cdot X_8) = A \cdot (X_1 \cdot X_6 + X_2 \cdot X_7 + X_3 \cdot X_8),$$

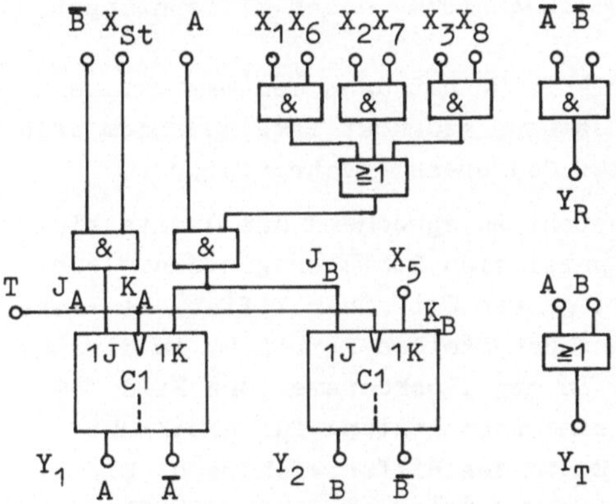

$$J_B = Z_2 = K_A \quad \text{und}$$

$$K_B = S_0 = P_2 \cdot X_5 = B \cdot X_5 = X_5.$$

Für die Ausgabevariablen erhält man

$$Y_R = P_0 = \overline{A} \cdot \overline{B},$$
$$Y_1 = P_1 = A,$$
$$Y_2 = P_2 = B \quad \text{und}$$
$$Y_T = P_1 + P_2 = A + B.$$

Bild 168 zeigt das Schaltwerk.

Bild 168 Schaltwerk zur taktsynchronen Impulserzeugung

7.3.3. Steuerung einer Zifferneingabe
7.3.3.1. Aufgabenstellung

Es ist ein Schaltwerk zu entwickeln, das die Eingabe von Ziffern in ein Eingaberegister E steuert. Es sind die in der Blockschaltung von Bild 169 dargestellten Funktionseinheiten Tastatur TA, Codierung CO, Eingaberegister E einschließlich

Hilfsspeicher H und ein Fehlerflipflop F gegeben.

Die Tastatur TA beinhaltet 10
Schalter für die Ziffern 0 bis 9,
die durch den Codierer CO in den
Exzeß-3-Code
umgesetzt wer-
den. Die Bits
der Ziffernte-
trade ZI und
das Signal NB
für die binäre
Null am Aus-
gang des Co-
dierers wer-
den als prell-
frei angenommen. Die Variable NB hat dann den Wert 1, wenn
keine Taste der Zifferntastatur gedrückt ist. Außerdem seien
alle Ausgangsvariablen des Codierers synchronisiert.

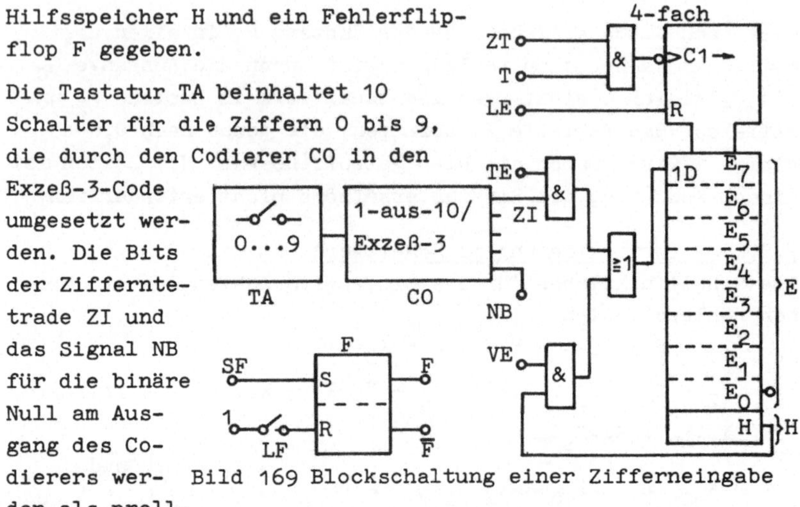

Bild 169 Blockschaltung einer Zifferneingabe

Das Eingaberegister E besteht entsprechend den 4 Bits einer
Zifferntetrade ZI aus 4 parallelen Schieberegistern. Jedes
Schieberegister speichert je ein Bit einer Ziffer. Es lassen
sich maximal 8 Ziffern auf den Stellen E_0 bis E_7 im Eingaberegister E unterbringen. In der Blockdarstellung Bild 169
bedeutet die Leitung LE eine Löschleitung für sämtliche
Flipflops des Registers E und des Hilfsspeichers H. Die
Taktleitung T wird über ein Und-Glied parallel den Flipflops
zugeführt. Der Ausgang des Oder-Gliedes in Bild 169 führt
auf den seriellen Eingang des Schieberegisters E.

Sobald eine Zifferntaste gedrückt wird, soll diese Ziffer ZI
an die Stelle E_7 des Eingaberegisters E gebracht werden. Dazu muß das Schaltwerk neben dem Signal TE (Tastatur-Eingabe)
das Signal ZE liefern, damit zunächst ein Taktimpuls auf

das Schieberegister E gelangt. Anschließend soll dazu die
zuletzt eingegebene Ziffer auf die Stelle E_0 geschoben werden, während gleichzeitig die schon vorher eingegebenen Ziffern auf den Plätzen E_0, E_1, E_2 usw. jeweils um eine Stelle
nach links rücken. Dies wird ermöglicht durch das Signal VE,
das den Hilfsspeicher H (ebenfalls 4 parallele Flipflops)
mit dem Eingaberegister E zu einem Ring zusammenschaltet.
Nach 7 weiteren Taktimpulsen auf der Taktleitung T und dem
Signal ZE aus dem Schaltwerk ist die eingegebene Ziffer in
der gewünschten Form abgespeichert, wie dies Bild 170 für
die Eingabe der Ziffer 3 der Zahl 713 zeigt.

	E_7	E_6	E_5	E_4	E_3	E_2	E_1	E_0	H
Inhalt von E vor Eingabe der Ziffer 3	0	0	0	0	0	0	7	1	0
Inhalt von E unmittelbar nach Eingabe der Ziffer 3	3	0	0	0	0	0	0	7	1
Inhalt von E nach 7 weiteren Taktimpulsen	0	0	0	0	0	7	1	3	0

Bild 170 Eingabe und Verschiebung im Eingaberegister

Bei einer Eingabe von mehr als 8 Stellen wird die Kapazität
des Eingaberegisters überschritten. In diesem Fall soll von
einem Signal SF aus dem Schaltwerk ein Fehlerflipflop F gesetzt werden. Das Schaltwerk soll so lange im erreichten Zustand verharren, bis das Fehlerflipflop über einen Schalter
LF von Hand zurückgesetzt wird. Danach soll das Schaltwerk
in seinen Ausgangszustand zurückkehren und das Eingaberegister gelöscht werden.

Die Eingabe ist beendet, sobald eine Funktionstaste FT (z.B.
die + Taste) gedrückt wird. Das Schaltwerk soll bei diesem
Beispiel in einen besonderen Schaltzustand übergehen. Bei
einem vollständigen Schaltwerk, z.B. dem eines Kleinrech-
ners, könnte von hier aus die weitere Verarbeitung der eingegebenen Zahl erfolgen. Dabei könnte die dazu notwendige
Steuerung von einem eigenen Schaltwerk übernommen werden,
das dieses hier in den Anfangszustand zurücksetzt.

7.3.3.2. Aufstellen des Programmablaufplans

Für die gegebene Aufgabenstellung gibt es mehrere Lösungen.
Bild 171 zeigt einen Programmablaufplan, bei dem die eigent-
liche Eingabe der Ziffer in das Eingaberegister und der Ver-
schiebeprozeß in einem Unterprogramm P_2 vorgenommen werden.
Unterprogramme sind stets dann zu wählen, wenn ein Teilprogramm an mehreren Stellen des Oberprogramms benötigt wird.
Dies ist zwar in diesem Beispiel nicht der Fall, doch kann
man sich das hier angegebene Programm als Ausschnitt eines
umfangreicheren Programms vorstellen. Um das Arbeiten in
mehreren Programmebenen kennenzulernen, wurde hier auf diese
Lösungsmöglichkeit eingegangen.

Bei der Beschriftung der Sinnbilder besteht das Problem, einerseits eine Darstellung zu wählen, bei der schon durch die
Beschriftung der funktionelle Programmablauf deutlich wird
(am besten durch Text), andererseits aber auch der Plan
nicht zu groß und eine schaltalgebraische Formulierung möglich wird. Es wird hier ein Kompromiß gewählt, bei dem die
von den vorigen Beispielen bekannten Bezeichnungen der Ein-
gangs- (X) und Ausgangsvariablen (Y) beibehalten werden.
Gleichzeitig werden diesen Symbolen Anweisungen zugeordnet,
die ihre Funktion erkennen lassen.

Da aus Platzgründen ein Kommentar der Befehle neben den
Sinnbildern im Programmablaufplan nicht möglich ist, werden
zunächst alle Ein- und Ausgabebefehle zusammenhängend kom-
mentiert.

X_1 : NB = 1?   Wird eine binäre Null gemeldet?

X_2 : M_1 = 1?   Ist das Merkerflipflop M_1 gesetzt?

X_3 : (SZ) = 9?   Ist der Inhalt des Stellenzählers SZ = 9?

X_4 : P_{28}?   Ist das Unterprogramm P_2 im Zustand P_{28}?

X_5 : F = 1?   Ist das Fehlerflipflop gesetzt?

X_6 : FT = 1?   Wurde eine Funktionstaste gedrückt?

X_7 : M_2 = 1?   Ist das Merkerflipflop M_2 gesetzt?

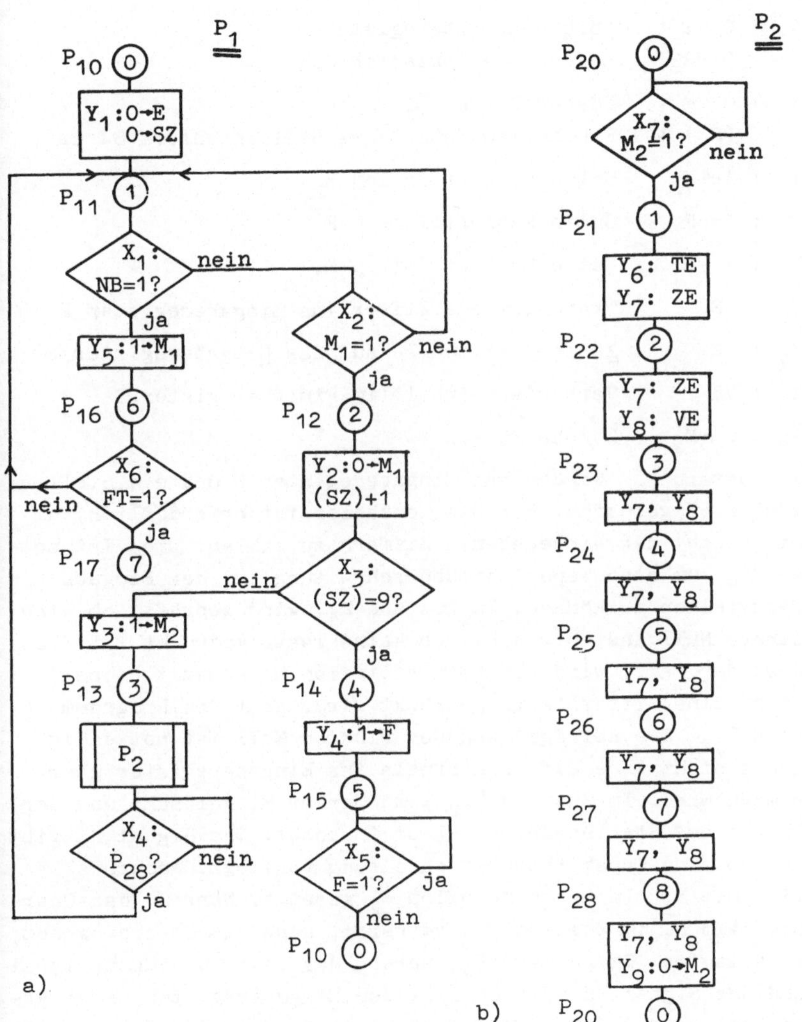

Bild 171 Programmablaufplan für das Oberprogramm Ziffereingabe (a) und das Unterprogramm Verschieben (b)

Y_1 : $0 \rightarrow E$ Lösche Eingaberegister E
      $0 \rightarrow SZ$ Lösche Stellenzähler SZ

Y_2 : $0 \rightarrow M_1$ Lösche Merker M_1
      (SZ) + 1 Erhöhe den Inhalt des Stellenzählers SZ um 1

Y_3 : $1 \rightarrow M_2$ Setze Merkerflipflop M_2

Y_4 : $1 \rightarrow F$ Setze Fehlerflipflop F

Y_5 : $1 \rightarrow M_1$ Setze Merkerflipflop M_1

Y_6 : TE   <u>T</u>ransportiere Ziffer ins <u>E</u>ingaberegister E

Y_7 : ZE   <u>Z</u>ähle Taktimpulse auf das <u>E</u>ingaberegister E

Y_8 : VE   <u>V</u>erschiebe Inhalt im <u>E</u>ingaberegister E

Y_9 : $0 \rightarrow M_2$ Lösche Merker M_2

Im Zustand P_{10} werden das Eingaberegister E und ein Stellenzähler SZ gelöscht. Der Stellenzähler ist erforderlich, um
die Anzahl der eingegebenen Ziffern zu zählen. Dies ist notwendig, um eine Kapazitätsüberschreitung bei der Eingabe
feststellen zu können. Im Zustand P_{11} wird geprüft, ob eine
binäre Null ansteht, d.h., ob keine Taste gedrückt ist. Ist
dies der Fall, wird ein Merkerflipflop M_1 gesetzt. Sobald
jetzt eine Zifferntaste gedrückt wird, geht das Programm
nach P_{12}. Die Abfrage nach der binären Null ist notwendig,
damit nicht eine Ziffer mehrmals ins Eingaberegister übernommen wird. Im Zustand P_{12} wird Merker M_1 gelöscht und der
Inhalt des Stellenzählers SZ um 1 erhöht. Das Signal X_3 gibt
an, ob eine Kapazitätsüberschreitung vorliegt. Andernfalls
wird mit Y_3 ein Merkerflipflop M_2 gesetzt. Während das Oberprogramm P_1 im Zustand P_{13} verharrt, kann das Unterprogramm
P_2 anlaufen. Im Zustand P_{21} werden das Tastatureingabesignal
und das Signal ZE für den Takt zum Eingaberegister bereitgestellt, so daß die Ziffer nach Platz E_7 des Eingaberegisters
gelangt (s.Bild 169). In den Zuständen P_{22} bis P_{28} wird der
Inhalt des Eingaberegisters im Ring über Hilfsspeicher H
verschoben und so in der gewünschten Form abgespeichert. Im
Zustand P_{28} wird außerdem Merker M_2 gelöscht, damit das Un-

terprogramm im Zustand P_{20} so lange verharrt, bis es erneut vom Oberprogramm aufgerufen wird. Sobald das Oberprogramm erkennt, daß das Unterprogramm im Zustand P_{28} ist, springt es in den Wartezustand P_{11}. Ist hier keine Zifferntaste gedrückt, geht das Programm nach P_{16}. Ist jetzt eine Funktionstaste FT betätigt, wird das Eingabeprogramm über den Zustand P_{17} verlassen.

Wird im Zustand P_{12} eine Kapazitätsüberschreitung festgestellt, wird das Fehlerflipflop F im Zustand P_{14} gesetzt. Das Programm wartet so lange in P_{15}, bis das Fehlerflipflop gelöscht wird. Anschließend werden im Zustand P_{10} Eingaberegister E und Stellenzähler SZ wieder gelöscht.

7.3.3.3. Schaltung des Schaltwerks zur Steuerung der Zifferneingabe

Als Stellenzähler SZ wird ein Dualzähler genommen. Bild 172a zeigt das Schaltzeichen des Zählers. Das "+"-Symbol im Steuerblock kennzeichnet die Vorwärts-Zählrichtung (Gegensatz "-" für Rückwärtszählen). Die Variablen fürs Zählen P_{12} und Rücksetzen Y_1 werden im Schaltwerk Bild 174 erzeugt. Da der Zähler nur bis 9 zählt, erhält man für das Signal X_3 im Programmablaufplan Bild 171 die vereinfachte Schaltfunktion

$$X_3 = A_3 \cdot \overline{B}_3 \cdot \overline{C}_3 \cdot D_3 = A_3 \cdot D_3 \quad \text{(Bild 172b)}.$$

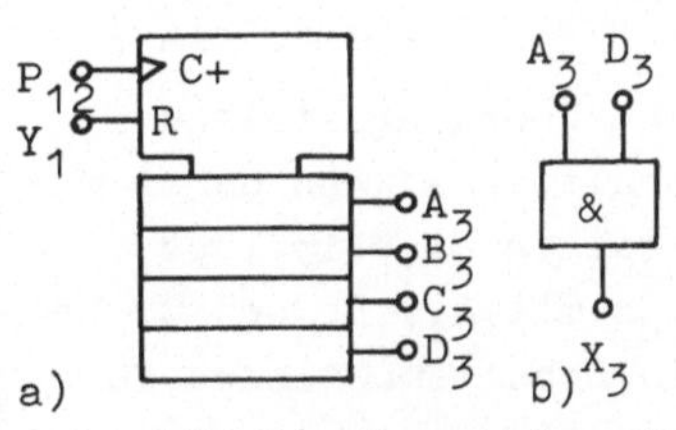

Bild 172 Stellenzähler SZ
(a) mit Decodierung für X_3(b)

Das Schaltwerk für das Unterprogramm Verschieben P_2 wird als Modulo-9-Zähler aufgebaut. Der Zähler kann nach der in Abschn. 5.2.3 gezeigten Methode entwickelt werden. Es wird hier nur in die Zuleitung zum Vorbereitungseingang J_A des ersten Flipflops eine Konjunktion mit X_7 (d.h. Merker M_2 gesetzt) eingeführt, damit das Schaltwerk des Unterprogramms P_2 erst dann fortgeschaltet werden kann, wenn der Merker M_2 vom

Schaltwerk des Oberprogramms P_1 gesetzt wurde. Bild 173
zeigt den Zähler (a) und die binären Verknüpfungsglieder (b)
für die mit frei wählbaren Termen vereinfachten Schaltfunktionen

$$Y_6 = P_{21} = A_2 \cdot \overline{B}_2 \cdot \overline{C}_2 \cdot \overline{D}_2 = A_2 \cdot \overline{B}_2 \cdot \overline{C}_2$$

$$Y_7 = P_{21} + P_{22} + P_{23} + P_{24} + P_{25} + P_{26} + P_{27} + P_{28}$$

$$= A_2 + B_2 + C_2 + D_2$$

$$Y_8 = B_2 + C_2 + D_2$$

$$Y_9 = D_2$$

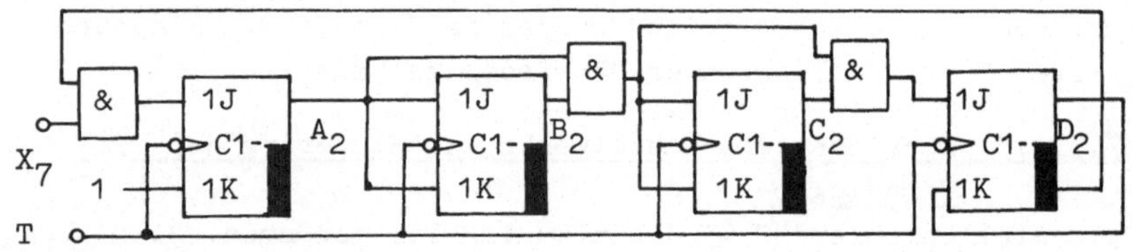

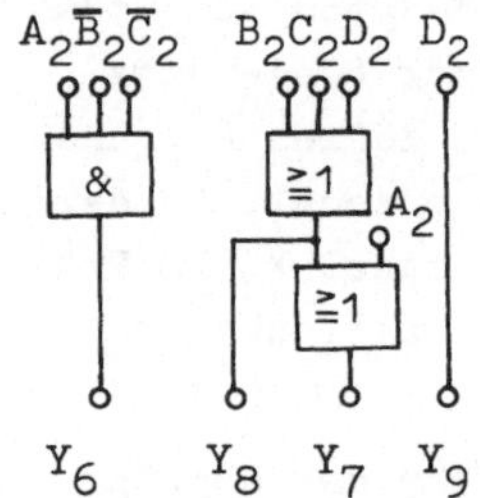

Bild 173 Zähler (a) und Decodierung (b)
des Schaltwerks für das Unterprogramm P_2 in Bild 171b

Das Oberprogramm in Bild 171a hat acht Übergangsstellen P_{10}
bis P_{17}. Der synchrone Zähler des Schaltwerks kann daher mit
drei Flipflops aufgebaut werden. Es sollen JK-Flipflops verwendet werden, deren Ausgangsvariablen mit A_1, B_1 und C_1 bezeichnet sind. Hiermit erhält man die Schaltfunktionen für
die Zustände des Zählers

$$P_{10} = \overline{A}_1 \cdot \overline{B}_1 \cdot \overline{C}_1, \qquad P_{11} = A_1 \cdot \overline{B}_1 \cdot \overline{C}_1, \qquad P_{12} = \overline{A}_1 \cdot B_1 \cdot \overline{C}_1,$$

$$P_{13} = A_1 \cdot B_1 \cdot \overline{C}_1 \qquad P_{14} = \overline{A}_1 \cdot \overline{B}_1 \cdot C_1, \qquad P_{15} = A_1 \cdot \overline{B}_1 \cdot C_1,$$

$$P_{16} = \overline{A}_1 \cdot B_1 \cdot C_1 \quad \text{und} \quad P_{17} = A_1 \cdot B_1 \cdot C_1.$$

Es treten die Zählbefehle

$Z_1 = P_{10}$, $Z_2 = P_{11} \cdot \overline{X}_1 \cdot X_2$, $Z_3 = P_{12} \cdot \overline{X}_3$, $Z_5 = P_{14}$, $Z_7 = P_{16} \cdot X_6$

und die Sprungbefehle

$S_0 = P_{15} \cdot \overline{X}_5$, $S_1 = S_1' + S_1'' = P_{16} \cdot \overline{X}_6 + P_{13} \cdot X_4$, $S_4 = P_{12} \cdot X_3$

und $S_6 = P_{11} \cdot X_1$ auf.

Somit erhält man mit Gl. (76) bis Gl. (81) die Schaltfunktionen für die Vorbereitungseingänge der Flipflops

$J_{A1} = Z_1 + Z_3 + Z_5 + Z_7 + S_1' + (S_1'')$, $\quad K_{A1} = Z_2 + S_0 + (S_4) + S_6$,

$J_{B1} = Z_2 + Z_6$, $\qquad\qquad\qquad\qquad K_{B1} = (S_0) + S_1 + S_4$,

$J_{C1} = S_4 + S_6$ und $\qquad\qquad\qquad K_{C1} = S_0 + S_1' + (S_1'')$.

Es sind die folgenden Verknüpfungen für Ausgabesignale des Schaltwerks P_1 zu bilden

$Y_1 = P_{10}$, $Y_2 = P_{12}$, $Y_3 = P_{12} \cdot \overline{X}_3$, $Y_4 = P_{14}$ und $Y_5 = P_{11} \cdot X_1$.

Da bei dem Zähler alle 8 Zustände ausgenutzt werden, ist eine Vereinfachung der Schaltfunktionen der Zählerzustände P_{10} bis P_{17} nicht möglich. Da von diesen wiederum 5 in den Ausgabefunktionen Y_1 bis Y_5 benötigt werden, die somit durch eine Schaltung aufgebaut werden müssen, wird hier auf eine Vereinfachung der Schaltfunktionen für die Eingangsvariablen J_{A1} bis K_{C1} verzichtet. Die oben eingeklammerten Sprungbefehle entfallen bei Berücksichtigung der Absprungadresse.

Bild 174 zeigt das vollständige Schaltwerk für das Oberprogramm Zifferneingabe nach Bild 171a. Die beiden Merkerflipflops M_1 und M_2 sind statische SR-Flipflops. Ihre Eingänge werden von Signalen angesteuert, die im Programmablaufplan als Ausgabevariable mit Y bezeichnet wurden. Entsprechend sind die Ausgänge der Merkerflipflops mit X bezeichnet, da sie für den Programmablaufplan eine Eingangsgröße darstellen. Die Flipflopeingänge, die das Schaltwerk in die gekennzeichnete Grundstellung bringen, sind aus Gründen der Übersicht nicht eingezeichnet. Die Gesamtanordnung zur Steuerung einer Zifferneingabe besteht aus den Schaltungen Bild 169, Bild 172, Bild 173 und Bild 174.

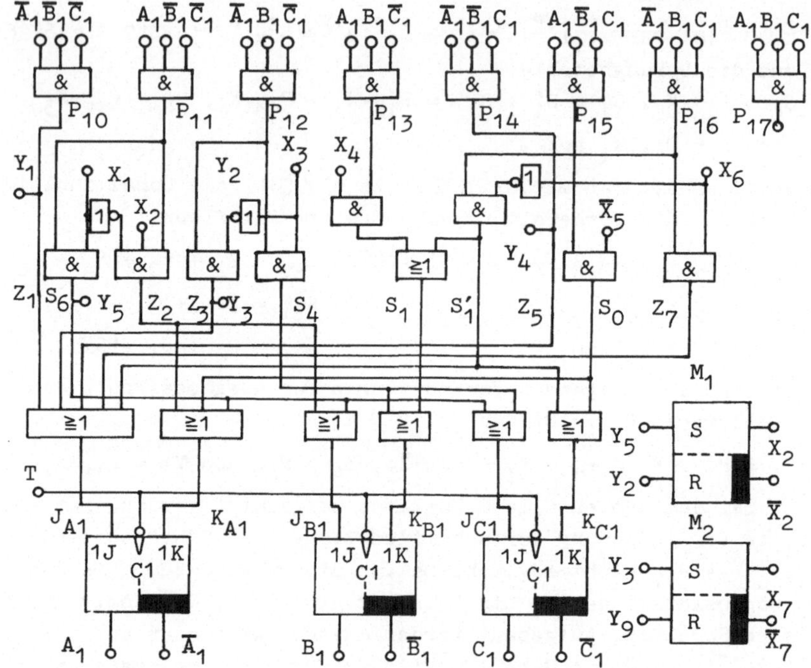

Bild 174 Schaltwerk für das Oberprogramm Zifferneingabe nach
dem Programmablaufplan in Bild 171a

<u>Übungsaufgaben zu Abschn. 7</u> (Lösungen im Anhang):

<u>Beispiel 86:</u> Der Programmablaufplan in Bild 175 soll durch
ein Schaltwerk realisiert werden, dessen synchroner Dualzähler mit JK-Flipflops aufzubauen ist. Es sind
a) Anzahl n der erforderlichen Flipflops,
b) sämtliche Zähl- und Sprungbefehle als Funktion der Flip-
   flop-Ausgangsvariablen A, B usw.,
c) vereinfachte Schaltfunktionen für die Ausgabevariablen
   Y_1 bis Y_3 und
d) vereinfachte Schaltfunktionen für die Eingangsvariablen
   der Flipflops als Funktion von A, B usw. anzugeben.

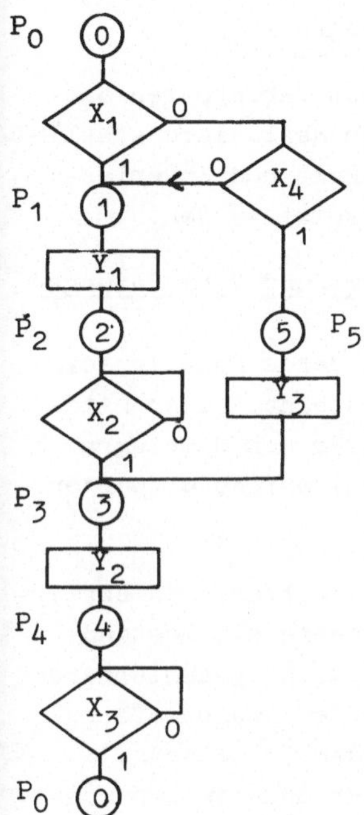

Bild 175 Programmablaufplan zu Beispiel 86

Beispiel 87: Beim Auftreten eines beliebigen Signals X soll ein Impuls Y erzeugt werden, dessen Dauer genau eine Taktperiode beträgt. Die Dauer des Signals X sei groß gegenüber der Taktperiode. Es sind
a) Programmablaufplan und
b) Schaltplan anzugeben.

Beispiel 88: Ein Zähler umfaßt die fünf Zustände P_0 bis P_4. Ein taktsynchrones Signal X bestimmt, ob der Zähler vor- oder rückwärts zählt. Das Signal X kann in jedem Zustand erscheinen. Bei X = 1 soll der Zähler vorwärts zählen. Programmablaufplan und die Eingangsgleichungen der JK-Flipflops des synchronen Dualzählers sind anzugeben.

Beispiel 89: Ein Verpackungsautomat besteht aus einem Greifarm für die Packungen GP, einem Greifer für das Stückgut GS und einer Verklebeeinrichtung KL. Er wird durch eine Ein-Taste ET in Betrieb genommen. Zuerst wird der Greifarm GP aktiviert. Ein Kontakt X_{GP} meldet, daß der Greifarm GP die Packung in die richtige Position gebracht hat. Dann wird der Greifer GS aktiviert. Ein Kontakt X_{GS} meldet das Ende eines Ablegevorgangs. Insgesamt sollen 10 Stücke abgelegt werden. Danach ist ein Signal Y_{KL} an die Verklebeeinrichtung zu geben. Ein Kontakt X_{KL} meldet das Ende des Klebevorganges. Bevor ein neuer Zyklus beginnt, soll ein Zeit t_1 abgewartet werden. Der Verpackungsvorgang soll nur durch die Ein-Taste ET unterbrochen werden können, wobei ein begonnener Zyklus jeweils zu Ende zu führen ist. Programmablaufplan und Schaltung sind anzugeben.

8. Schaltwerke mit MSI- und LSI-Schaltungen

Der Entwurf von Schaltwerken wird von den verfügbaren Bausteinen mitbestimmt. Bei der technischen Realisierung sollten u.a. aus Gründen der Wirtschaftlichkeit und Zuverlässigkeit möglichst wenig Bausteine eingesetzt werden.

8.1. Schaltwerke mit getrennten Speicher- und Verknüpfungseinheiten

Dieser Abschnitt behandelt Schaltwerke, deren Funktionseinheiten nach Bild 152 mit getrennten Bausteinen einer mittleren (MSI: Middle Scale Integration) oder hohen Integrationsstufe (LSI: Large Scale Integration) aufgebaut werden.

8.1.1. Allgemeine Schaltwerksstruktur

An die Stelle der JK-Flipflops in Bild 152 treten integrierte Register mit D-Flipflops. Die Schaltnetze als Bestandteile der Schaltwerke können mit Decodern, programmierbaren Festwertspeichern (PROMs) oder vom Anwender programmierbaren Schaltnetzen (FPLAs) realisiert werden (s. Abschn. 4.6.2. und 4.6.3.). Die Verwendung dieser Schaltungen reduziert die Zahl der erforderlichen Bausteine. Bild 176 zeigt die allgemeine Struktur eines solchen Schaltwerks. Die 4 Flipflops des Registers erlauben maximal 16 Schaltwerkszustände.

Die Eingangsvariablen X_1 bis X_m müssen synchron zum Takt T sein. Andernfalls können sich aufgrund unterschiedlicher Verzögerungszeiten im Schaltnetz zur Zeit der aktiven Taktflanke ungewollte Werte an den Eingängen der D-Flipflops einstellen, die zu fehlerhaften Zuständen führen (s. Bild 165 in Abschn. 7.3.2.).

Eine Synchronisation der Eingangswerte läßt sich am einfachsten dadurch erreichen, daß man die Variablen X_1 bis X_m auch noch auf je ein D-Flipflop des Registers legt und dessen Ausgang zum Schaltnetz führt.

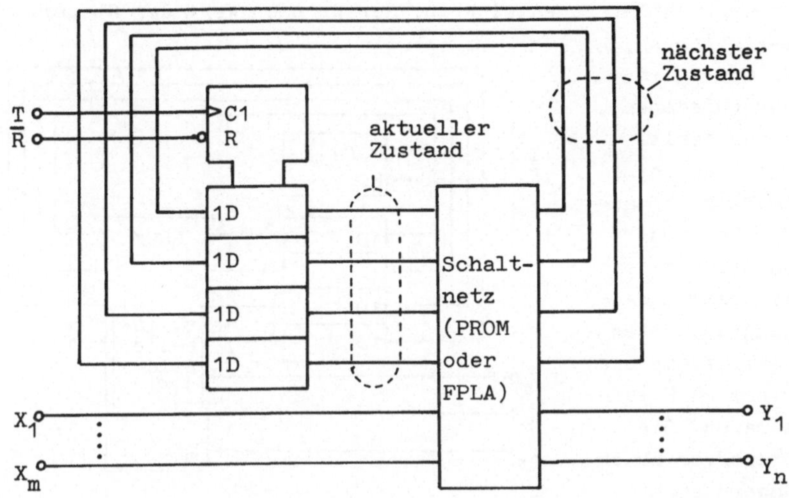

Bild 176 Struktur eines Schaltwerks mit höher integrierten
Schaltungen

Das Schaltsymbol des Registers besagt, daß vier unabhängige
taktflankengesteuerte D-Flipflops über gemeinsame T- bzw.
$\overline{R}$-Eingänge getriggert bzw. rückgesetzt werden.

8.1.2. Steuerbarer Zähler

Als Beispiel für ein Schaltwerk nach Bild 176 ist ein steu-

X_0	X_1	X_2	Zählerart (4-Bit-Code)
0	0	0	Reiner Dualcode vorwärts
1	0	0	" " rückwärts
0	1	0	8-4-2-1-Code vorwärts
1	1	0	" " rückwärts
0	0	1	Gray-Code vorwärts
1	0	1	" " rückwärts
0	1	1	Aiken-Code vorwärts
1	1	1	" " rückwärts

Bild 177 Zählerarten
als Funktion
von Steuer-
variablen

erbarer Zähler zu entwickeln, der je nach Wert der Steuer-
variablen X_0, X_1 und X_2 in verschiedenen Codes zählt. Die Codes sind in Bild 177 angegeben. Das Schaltwerk ist mit taktflankengesteuerten D-Flipflops und einem PROM aufzubauen. Die Steuervariablen ändern sich taktsynchron.

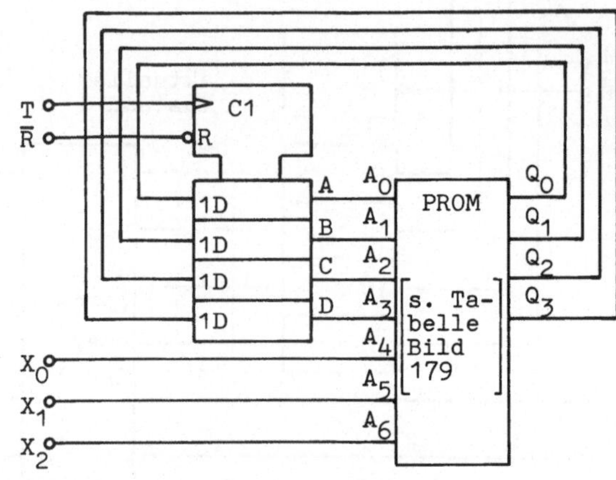

Bild 178 Steuerbarer Zähler

Die Grundstellung aller Zähler sei O.

Das Schaltbild des Zählers läßt sich mit Bild 178 unmittelbar angeben. Die Grundstellung wird über den Rücksetzeingang $\bar{R}$ erzielt. A, B, C und D sind die Ausgänge des Zählers. Sie bestimmen zusammen mit den Steuereingängen X_0 bis X_2 über die Ausgänge Q_0 bis Q_3 des PROMs den folgenden Zählerzustand. Dieser erscheint

	A	B	C	D	X_0	X_1	X_2				
	A_0	A_1	A_2	A_3	A_4	A_5	A_6	Q_0	Q_1	Q_2	Q_3
Dualcode vorwärts	0	0	0	0	0	0	0	1	0	0	0
	1	0	0	0	0	0	0	0	1	0	0
	0	1	0	0	0	0	0	1	1	0	0
	1	1	0	0	0	0	0	0	0	1	0
	⋮					⋮				⋮	
	1	1	1	1	0	0	0	0	0	0	0
Dualc. rückw.	0	0	0	0	1	0	0	1	1	1	1
	1	1	1	1	1	0	0	0	1	1	1
	⋮					⋮				⋮	
	0	1	0	0	1	0	0	1	0	0	0
	1	0	0	0	1	0	0	0	0	0	0
usw.	⋮					⋮				⋮	
Aiken-C. rückw.	0	0	0	0	1	1	1	1	1	1	1
	1	1	1	1	1	1	1	0	1	1	1
	⋮					⋮				⋮	
	0	1	0	0	1	1	1	1	0	0	0
	1	0	0	0	1	1	1	0	0	0	0

Bild 179 PROM-Tabelle zu Bild 178

mit der nächsten aktiven Taktflanke.

In der unvollständigen Tabelle Bild 179 ist der Inhalt des PROMs angegeben. Die erste Zeile z.B. besagt, daß sich der Zähler im Zustand 0000 befindet und danach in den Zustand 1000 geht.

In dem Beispiel ist bei allen Zählerarten 0000 als Grundstellung vorgesehen. Sie läßt sich einfach über den Rücksetzeingang $\bar{R}$ erreichen. Verschiedene Grundstellungen lassen sich über den PROM programmieren, wenn auf einen Eingang das taktsynchrone Rücksetzsignal gelegt wird.

Der PROM verfügt über eine Kapazität von $2^7 = 128$ Worte. Genutzt werden davon $6 \cdot 10 + 2 \cdot 16 = 92$ Worte. Das Schaltwerk Bild 178 hat keine mit Eingangsvariablen verknüpfte Ausgangsvariablen im Sinne von Bild 176.

8.1.3. Schaltwerk nach vorgegebenem Programmablaufplan

Die Funktion eines zu entwickelnden Schaltwerks ist durch den Programmablaufplan Bild 180a gegeben. Bild 180b zeigt zum Vergleich dieselbe Funktion als Zustandsdiagramm. Das Schaltwerk ist mit taktflankengesteuerten D-Flipflops und einem FPLA zu realisieren. Es steht ein FPLA mit 16 Eingängen und 8 Ausgängen zur Verfügung.

Die Darstellung des Zustandsdiagramms soll den Leser mit dieser alternativen Beschreibung eines Schaltwerks vertraut machen, wenn im Gegensatz zum einfachen Zähler Eingangsvariablen X_i und Ausgangsvariablen Y_j vorhanden sind.

An die Übergangspfeile des Zustandsdiagramms werden die Eingabevariablen angeschrieben, die das Schaltwerk vom aktuellen Zustand $P(t_n) = P^n$ in den folgenden Zustand $P(t_{n+1}) = P^{n+1}$ überführen. Bei fehlenden Eingabevariablen am Pfeil geht das Schaltwerk automatisch mit dem nächsten Taktimpuls in den Folgezustand.

$$P^{n+1} = f(X^n, P^n) \tag{104}$$

Die Werte der Ausgabevariablen Y werden laut Programmablaufplan jeweils in einem gegenüber der Eingabevariablen X nachfolgenden Zustand ausgegeben. Die Ausgabevariablen sind nur eine Funktion der Zustandsvariablen P.

$$Y^n = g(P^{n+1}) \quad (105)$$

Die Gl. (104) und (105) beschreiben einen <u>Moore-Automaten</u> [12, 16]. Bei den entsprechenden Zustandsdiagrammen werden die Ausgabevariablen in die Zustandskreise eingetragen (Bild 180b).

Für die 5 Zustände des Schaltwerks nach Bild 180 werden drei D-Flipflops benötigt. Damit ergibt sich der Schaltplan Bild 181.

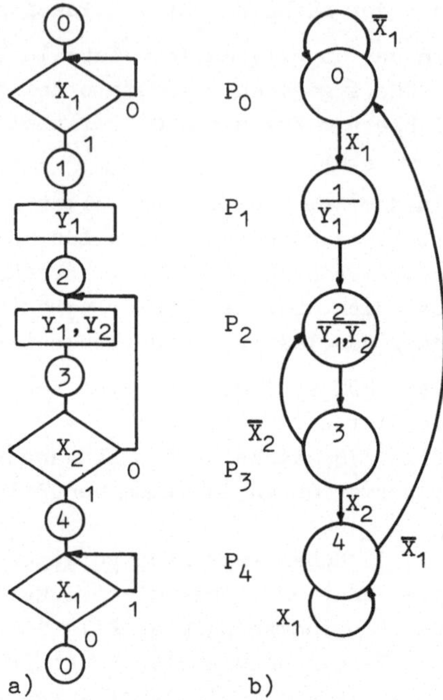

Bild 180 Programmablaufplan (a) und äquivalentes Zustandsdiagramm nach Moore (b)

Die weitere Entwicklung besteht darin, die Schaltfunktionen für die Eingangsvariablen D_A bis D_C der Flipflops und für die Ausgabevariablen Y_1 und Y_2 des Schaltwerks zu finden. Dazu stellt man die in dem Programmablaufplan bzw. dem Zustandsdiagramm Bild 180 enthaltene Information in einer Funktionstabelle dar (Bild 182).

Die Funktionstabelle ist so angelegt, daß sich aus ihr die Schaltfunktionen für den FPLA bestimmen lassen. Sie kann aber auch als Zustandstabelle interpretiert werden, da aus ihr die Zustandsfolge eindeutig hervorgeht. Befindet sich

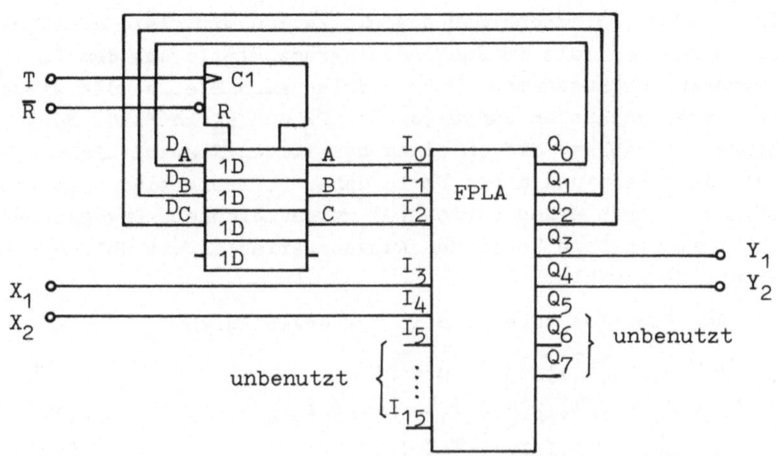

Bild 181 Schaltwerk zu Bild 180

z.B. das Schaltwerk zur Zeit t_n im Zustand P_0 ($A = I_0 = 0$, $B = I_1 = 0$, $C = I_2 = 0$) und ist unmittelbar vor der aktiven Taktflanke $X_1 = 0$, so bleibt das Schaltwerk auch in der folgenden Taktperiode im Zustand P_0. Ist dagegen $X_1 = 1$, so wird mit der aktiven Taktflanke der Zustand P_1 ($A = 1$, $B = 0$, $C = 0$) eingenommen. Die Werte der Ausgabevariablen Y_1 und Y_2 beziehen sich auf den aktuellen Zustand.

aktueller Zustand			X_1 X_2		unbe-nutzt	nächster Zustand			Y_1 Y_2		unbe-nutzt
P_i	I_0	I_1 I_2	I_3	I_4	$I_5 \ldots I_{15}$	Q_0	Q_1 Q_2	Q_3	Q_4	$Q_5 \ldots Q_7$	
P_0	0	0	0	0	–	–	0	0	0	0 0	X
P_0	0	0	0	1	–	–	1	0	0	0 0	X
P_1	1	0	0	–	–	–	0	1	0	1 0	X
P_2	0	1	0	–	–	–	1	1	0	1 1	X
P_3	1	1	0	–	0	–	0	1	0	0 0	X
P_3	1	1	0	–	1	–	0	0	1	0 0	X
P_4	0	0	1	0	–	–	0	0	0	0 0	X
P_4	0	0	1	1	–	–	0	0	1	0 0	X

Bild 182 Funktionstabelle zu Bild 181

In der Tabelle erscheinen soviele Zeilen mit gleichem aktuellen Zustand, als im Zustandsdiagramm Pfeile aus dem Zu-
standsknoten austreten. Dabei zählen auch Pfeile, die wieder
in demselben Knoten enden (s. bei P_0 und P_4 in Bild 180b).
Eingabevariablen, die in einem bestimmten Zustand nicht abgefragt werden und deren Werte daher beliebig sind, sind in
Bild 182 durch einen Strich (-) gekennzeichnet. Dagegen ist
für frei wählbare Werte der Ausgabevariablen wie üblich ein
Kreuz (X) gewählt.

Aus der Funktionstabelle Bild 182 ergibt sich

$$D_A = Q_0 = \overline{I}_0\overline{I}_1\overline{I}_2I_3 + \overline{I}_0I_1\overline{I}_2 \qquad (106)$$

$$D_B = Q_1 = \overline{I}_0\overline{I}_1\overline{I}_2 + \overline{I}_0I_1\overline{I}_2 + I_0\overline{I}_1\overline{I}_2\overline{I}_4 \qquad (107)$$

$$D_C = Q_2 = I_0\overline{I}_1\overline{I}_2I_4 + \overline{I}_0\overline{I}_1I_2I_3 \qquad (108)$$

$$Y_1 = Q_3 = \overline{I}_0\overline{I}_1\overline{I}_2 + \overline{I}_0I_1\overline{I}_2 \qquad (109)$$

$$Y_2 = Q_4 = \overline{I}_0I_1\overline{I}_2 \qquad (110)$$

Diese Schaltfunktionen sind für die Realisierung mit FPLAs
nicht weiter zu vereinfachen. Eingangsvariable, deren Werte
frei wählbar sind, erscheinen nicht in den konjunktiven Termen der Schaltfunktionen. Beide Sicherungen der entsprechenden Eingänge zu den Und-Gliedern (s. Bild 92) müssen beim
Programmieren des FPLAs durchgeschmolzen werden, damit sie
sich wie eine binäre 1 verhalten. Die Gl. (106) bis (110)
enthalten sechs verschiedene konjunktive Terme. Dies entspricht den sechs Zeilen von Bild 182, in denen wenigstens
eine der Ausgangsvariablen Q_0 bis Q_4 1 ist. Es werden so
sechs Und-Glieder des FPLAs benutzt.

8.2. Freiprogrammierbare Folgeschaltungen (FPLSs)

Das in Abschnitt 8.1.3. behandelte Schaltwerk besteht aus
den getrennten Funktionseinheiten Zustandsregister und
Schaltnetz. Faßt man beide Einheiten in einem Baustein
zusammen, erhält man eine programmierbare Folgeschaltung
(FPLS = Field Programmable Logic Sequencer). Die Program-

mierung erfolgt im Prinzip wie beim FPLA durch das Durch-
brennen von Sicherungen im Schaltnetz. Dazu benötigt der
Anwender spezielle Programmiergeräte. Bild 183 zeigt die
Grundstruktur eines FPLSs.

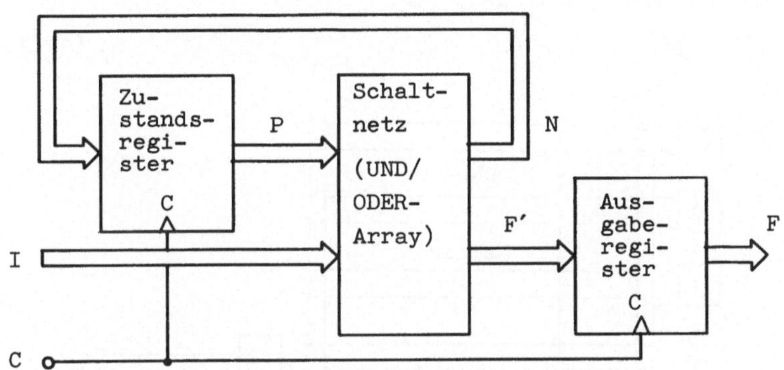

Bild 183 Blockschaltbild eines FPLSs

Die Besonderheit der angegebenen Schaltung besteht in dem
zusätzlichen Ausgaberegister. Dadurch wird die Ausgabe unabhängig von der Zustandsfolge. Eine Zustandsänderung hat
nicht automatisch eine Änderung des Ausgabewortes zur Folge. Die Werte einzelner Ausgabevariablen können über mehrere Zustände unverändert bleiben. Dadurch ergeben sich i.
allg. einfachere Schaltfunktionen für das Schaltnetz in Bild
183.

Die breiten Pfeile in Bild 183 bedeuten ein Bündel von Leitungen bzw. die Zusammenfassung mehrerer Variablen zu einem
Vektor. Z.B. bedeutet $X = X_1 X_2 X_3$, daß ein Schaltwerk die
drei unabhängigen Eingabevariablen X_1, X_2 und X_3 hat. Die
Bezeichnungen in Bild 183 sind bausteinspezifisch. Dabei
steht I für die Eingabe, P für den aktuellen Zustand, N für
den Folgezustand und F' für die Ausgabe im aktuellen Zustand,
die mit der folgenden aktiven Taktflanke am Ausgang F erscheint. Der Folgezustand wird durch die Gleichung

$$N^n = P^{n+1} = f(I^n, P^n) = f(I, P)^n \tag{111}$$

beschrieben. Sie entspricht Gl. (104). Bei käuflichen FPLSs wird die vorbereitende Ausgabevariable F' (Bild 183) durch eine Verknüpfung der Zustandsvariablen P und der Eingabevariablen I zur Zeit t_n gewonnen.

$$F'^n = g(I, P)^n \tag{112}$$

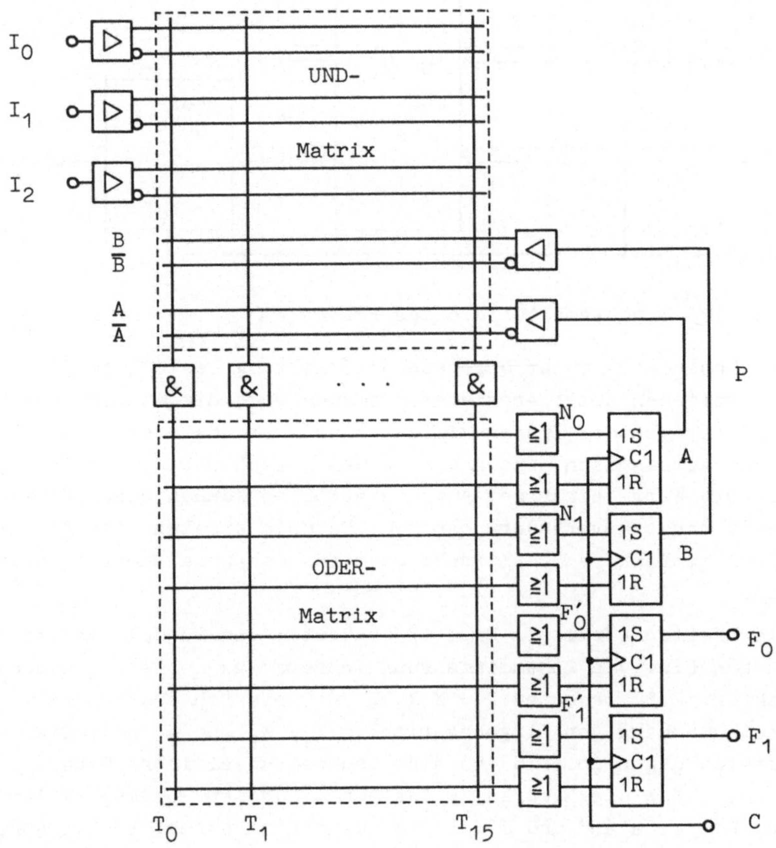

Bild 184 Vereinfachte Struktur eines FPLSs

Die Gl. (112) charakterisiert einen <u>Mealy-Automaten</u>. Aufgrund des in Bild 183 angegebenen taktflankengesteuerten Ausgaberegisters erfolgt die Ausgabe von F erst eine diskrete Zeiteinheit später.

$$F^{n+1} = F'^n \tag{113}$$

Für I = 0 ergibt sich aus Gl. (112) eine häufig verwendete Form eines Schaltwerks, das durch die Gleichung

$$F'^n = g(P)^n \tag{114}$$

beschrieben und als Sonderfall eines Mealy-Automaten angesehen werden kann.

Bild 184 zeigt den inneren Aufbau eines FPLAs, der hier mit nur drei Eingängen I_0 bis I_2 dargestellt ist. Das Zustandsregister (Ausgänge A, B) besteht ebenso wie das Ausgaberegister (Ausgänge F_0, F_1) aus zwei SR-Flipflops. Mit dieser bewußt einfachen Schaltung lassen sich Schaltwerke mit bis zu vier Zuständen und zwei Ausgabevariablen realisieren. Gegenüber der Anordnung in Bild 184 verfügen käufliche FPLAs z.B. über 16 Eingänge, je 4 Zustands- und Ausgabeflipflops und zusätzliche Funktionen wie die Rückführung invertierter Und-Terme T_i auf die Eingänge der Und-Glieder oder eine programmierbare Output-Enable-Funktion. Die Flipflops sind als RS- oder JK-Flipflops aufgebaut und z.T. in D-Flipflops umprogrammierbar.

<u>Beispiel 90</u>: Die geforderte Reaktion eines Schaltwerks wird durch das Zustandsdiagramm in Bild 185a beschrieben. Dieses <u>Mealy-Diagramm</u> unterscheidet sich von einem Moore-Diagramm entsprechend Bild 180b durch die Darstellung der Ausgabevariablen Y am Übergangspfeil anstelle der Darstellung innerhalb des Zustandsknotens. Bild 185b verdeutlicht das Verhalten zusätzlich anhand eines Zeitliniendiagramms. In ihm sind die Zustände P_0 bis P_3 eingetragen. Die Beschriftung am Pfeil zwischen den Zuständen P_0 und P_1 besagt, daß bei X = 1 der Zustand P_1 eingenommen und Y ausgegeben werden soll. Laut Zeitliniendiagramm erfolgt die Ausgabe taktsynchron.

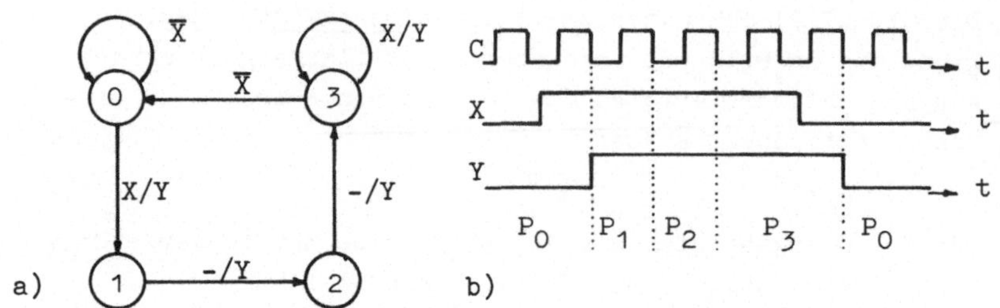

Bild 185 Zustandsdiagramm (a) und Zeitliniendiagramm zu
Beispiel 90 (b)

Zur Lösung soll ein FPLS nach Bild 184 verwendet werden.
Funktionstabelle und Schaltfunktionen für die Eingangsvariablen S_A, R_A, S_B, R_B (Zustandsflipflops), S_Y, R_Y (Ausgabeflipflop) sowie die programmierten Koppelpunkte der Und/
Oder-Matrix sind anzugeben.

Aus dem Zustandsdiagramm Bild 185a läßt sich die Funktionstabelle Bild 186 aufstellen.

Aktuelle Werte (t_n)										Nächste Werte (t_{n+1})			
P^n	A^n	B^n	X^n	$S_A{}^n$	$R_A{}^n$	$S_B{}^n$	$R_B{}^n$	$S_Y{}^n$	$R_Y{}^n$	P^{n+1}	A^{n+1}	B^{n+1}	Y^{n+1}
P_0	0	0	0	0	X	0	X	0	X	P_0	0	0	0
	0	0	1	1	0	0	X	1	0	P_1	1	0	1
P_1	1	0	–	0	1	1	0	X	0	P_2	0	1	1
P_2	0	1	–	1	0	X	0	X	0	P_3	1	1	1
P_3	1	1	1	X	0	X	0	X	0	P_3	1	1	1
	1	1	0	0	1	0	1	0	1	P_0	0	0	0

Bild 186 Funktionstabelle zum Zustandsdiagramm Bild 185a

Es ist hier angenommen, daß das Schaltwerk beim Einschalten durch ein hier nicht dargestelltes Signal, z.B. ein
statisches Rücksetzsignal, in den Grundzustand P_0 gebracht
wurde. Der Vergleich der Spalten $S_Y{}^n$, $R_Y{}^n$ und Y^{n+1} in Bild
186 zeigt, daß die Ausgabevariable Y^{n+1} in vier Zeilen den
Wert 1, die Variablen $S_Y{}^n$ und $R_Y{}^n$ in nur je einer Zeile den

Wert 1 haben. Das Ausgabeflipflop spart in diesem Fall zwei
Konjunktionen der Und-Matrix ein. Aus Bild 186 erhält man
die Schaltfunktionen

$$S_A = \overline{A} \cdot \overline{B} \cdot X + \overline{A} \cdot B \qquad S_B = A \cdot \overline{B} \qquad S_Y = \overline{A} \cdot \overline{B} \cdot X$$

$$R_A = A \cdot B \cdot \overline{X} + A \cdot \overline{B} \qquad R_B = A \cdot B \cdot \overline{X} \qquad R_Y = A \cdot B \cdot \overline{X}$$

Mit diesen Gleichungen läßt sich die Programmierung der Und-
Oder-Matrix angeben. Das Schaltbild des programmierten FPLS
ist in Bild 187 angegeben. Vorhandene Verbindungen sind
durch Punkte gekennzeichnet.

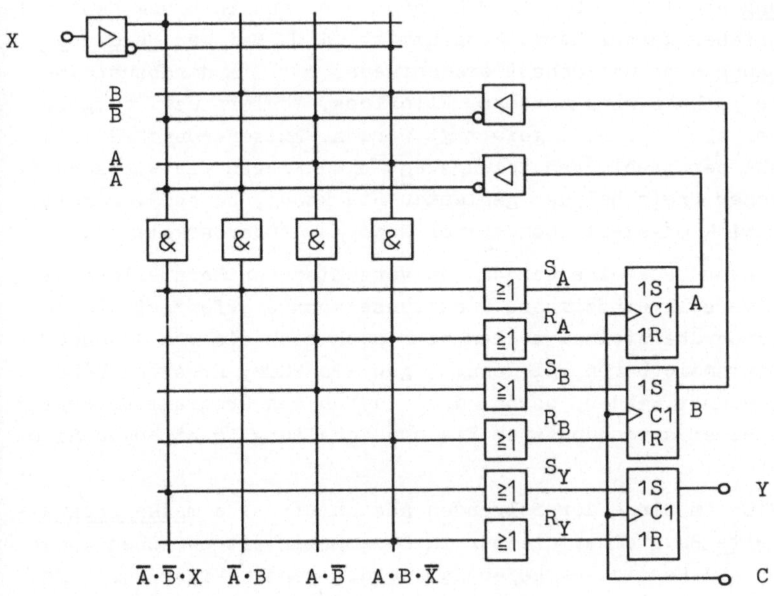

Bild 187 Programmierter FPLS entsprechend dem in Bild 185
       spezifizierten Funktionsablauf

8.3. Anwendungsspezifische Schaltungen (ASICs)

Die moderne Mikroelektronik ermöglicht die wirtschaftliche
Herstellung anwendungsspezifischer integrierter Schaltungen. Die Entwicklung dieser ASICs (Application Specific In-
tegrated Circuits) erfordert den Einsatz leistungsfähiger
CAD-Werkzeuge (Computer Aided Design) und eine enge Zusammenarbeit zwischen Schaltungsentwickler und IC-Hersteller.

8.3.1. Abgrenzung zu Schaltwerken mit Standardbausteinen

Ausgangspunkt einer Schaltwerksentwicklung ist die spezifi-
zierte Funktion, die sich aus der Aufgabenstellung heraus
ergibt. Eine bestimmte Funktion läßt sich grundsätzlich in
Hardware oder in Software realisieren. Bei der Softwarelö-
sung arbeitet z.B. ein Mikroprozessor das in einem Festwertspeicher gespeicherte Programm ab [15]. Bei der Hardware-
lösung kann das Schaltwerk entweder mit Standardbausteinen
wie Verknüpfungsgliedern, Flipflops, Zählern usw. aufgebaut
oder aber als ASIC gefertigt werden. Entscheidend für die
Wahl des jeweiligen Lösungswegs sind Fragen wie wirtschaft-
licher Preis bei der geplanten Stückzahl, Zuverlässigkeit,
Entwicklungszeit, Schutz vor Nachbau, Änderbarkeit usw.

Standardbausteine werden von verschiedenen Herstellern als
universell einsetzbare Funktionselemente gefertigt. Zu den
Standardbausteinen sollen hier auch noch die vom Anwender
programmierbaren LSI-Schaltungen wie PROM, FPLA und FPLS
gerechnet werden, obwohl diese durch den Programmiervorgang
zu einer anwendungsspezifischen Schaltung im strengen Sinne
werden.

ASICs im Sinne der folgenden Abschnitte sind maskenprogram-
mierte Bausteine, die nur in Zusammenarbeit zwischen Anwender und Hersteller gefertigt werden können. Ihre Vorteile
sind geringere Kosten bei größeren Stückzahlen, weniger
Platzbedarf, höhere Zuverlässigkeit und Kopierschutz. Im
Gegensatz zu Schaltwerken mit Standardbausteinen lassen sich
ASICs nur mit Computerunterstützung entwickeln und testen.

8.3.2. Varianten anwendungsspezifischer Schaltungen

Anwendungsspezifische Schaltungen lassen sich nach Bild 188 in **halbkundenspezifische** (semi-custom) und **vollkundenspezifische Schaltungen** (full-custom IC) unterteilen. Die halbkundenspezifischen Schaltungen sind zum größeren Teil vorgefertigt (Gate Arrays) oder werden aus

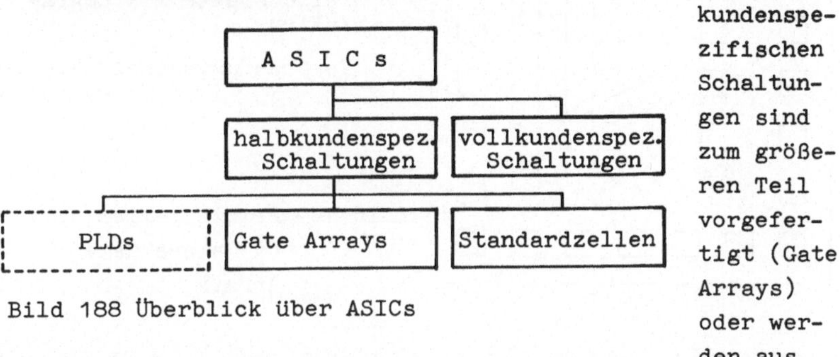

Bild 188 Überblick über ASICs

vorhandenen Zellen zusammengesetzt (Standardzellen). Bei den vollkundenspezifischen Schaltungen erfolgt keine Vorfertigung. Alle Herstellungsmasken sind kundenspezifisch. Unter PLDs (**P**rogrammable **L**ogic **D**evices) sind hier alle anwenderprogrammierbaren Bausteine wie PROMs, FPLAs u.ä. zusammengefaßt.

8.3.2.1. Gate Arrays

Gate Arrays sind vorgefertigte Bausteine. Nur die letzten ein bis drei von insgesamt etwa 12 Fertigungsschritten werden vom Hersteller anwendungsspezifisch ausgeführt. Durch die Verdrahtung fester **Zellen** entsteht die Kundenschaltung. Bild 189 zeigt den prinzipiellen Aufbau eines Gate Arrays mit spaltenweiser Zellenanordnung. Zwischen den Zellenspalten liegen Verdrahtungskanäle. Am äußeren Rand befinden sich Ein-Ausgabezellen. An den Ecken wird die Betriebsspannung zugeführt [1].

Jede Logikzelle besteht aus z.B. 8 zunächst nicht miteinander verbundenen Transistoren. Aus den Transistoren einer oder mehrerer Zellen lassen sich Verknüpfungsglieder, Flipflops, Zähler usw. konfigurieren (Bild 190). Die dazu not-

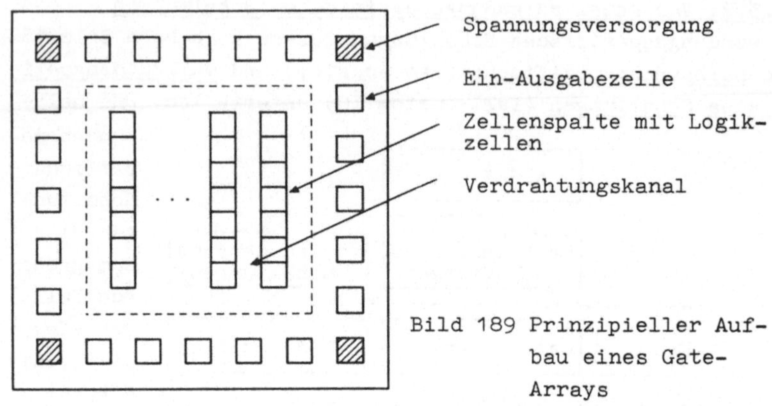

Bild 189 Prinzipieller Aufbau eines Gate-
Arrays

wendigen Verbindungen sind durch __Hardware-Makros__ festgelegt.
Sie sind die Grundelemente semikundenspezifischer Schaltungen und in der __Zellenbiblio-__
__thek__ des CAD-Systems verfügbar. Die Zellenbibliothek
entspricht etwa dem Datenbuch konventioneller digitaler Schaltkreise. Jeder
Makro ist logisch und elek-
trisch spezifiziert und mit
Angaben zur Logiksimulation
versehen. Zu den Hardware-
Makros lassen sich weitere
__Software-Makros__ definieren,
bei denen komplexere Funktionen aus Hardware-Makros
aufgebaut und weiterverwen-

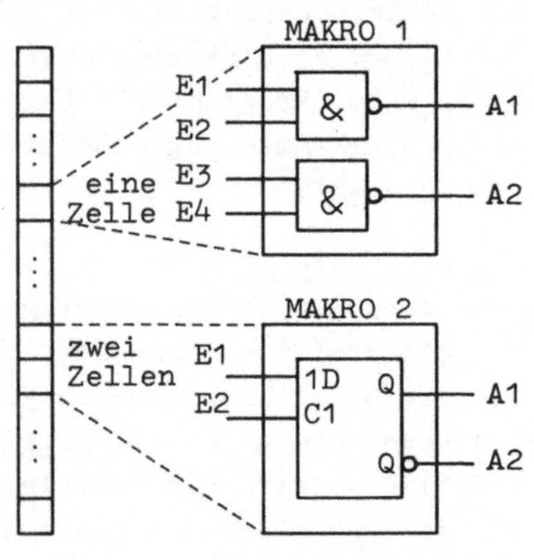

Bild 190 Hardware-Makros

det werden können. Die am Rande angeordneten Ein-Ausgabezellen lassen sich über entsprechende Makros als Eingangspuf-
fer, Ausgangstreiber oder bidirektionale Anschlüsse konfigurieren.

Gate Arrays ermöglichen eine schnelle Umsetzung des logi-

schen Entwurfs in den Halbleiterbaustein. Die feste Zellenstruktur führt jedoch zu einer nicht optimalen Chipausnut-
zung.

8.3.2.2. Standardzellenschaltungen

Im Gegensatz zu Schaltungen mit Gate Arrays basieren Schaltungen mit Standardzellen auf nicht vorgefertigten Chips.
Vielmehr werden alle Fertigungsschritte kundenspezifisch
ausgeführt. Dadurch enthalten Standardzellen-ICs keine un-
genutzten Gatter bzw. Chipflächen. Die Schaltungen werden
aber wie bei Gate Arrays aus Elementen einer Zellenbibliothek aufgebaut. Der Entwurf besteht aus der Plazierung und
Verdrahtung der Zellen unter Verwendung automatischer Pla-
zierungs- und Verdrahtungsprogramme eines CAD-Systems (IC-
Design-System). Die Anordnung der Zellen erfolgt entweder
nach dem Linear- oder Manhattenschema (Bild 191) [7].

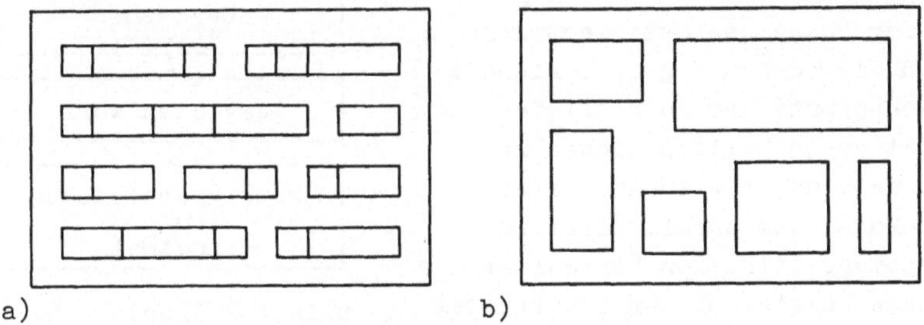

a)   b)

Bild 191 Linear- (a) und Manhattenanordnung von Zellenma-
kros bei Standardzellen-ICs (b)

Gegenüber Gate Arrays können bei Standardzellen auch analoge Komponenten wie Operationsverstärker und AD/DA-Umsetzer
sowie Soderfunktionen wie Schreib-Lesespeicher (RAMs), Festwertspeicher (ROMs), Addierwerke oder sogar ganze Mikroprozessoren integriert werden.

8.3.2.3. Vollkundenspezifische Schaltungen

Bei vollkundenspezifischen Schaltungen wird jedes Detail

einschl. der inneren Zellenstruktur individuell entworfen.
Der Entwickler benötigt detaillierte Kenntnisse über die
Halbleitertechnologie. Der Entwurf erfolgt auf Transistor-
ebene. Der Einsatz vollkundenspezifischer Schaltungen bleibt
Einsatzgebieten mit extremen Anforderungen, z.B. an die Geschwindigkeit, vorbehalten. Die lange Entwicklungszeit und
der entsprechend hohe Aufwand führt nur bei hohen Produk-
tionsstückzahlen zu wirtschaftlichen Kosten.

8.3.3. Entwurfsverfahren

Der Entwurf von ASICs erfolgt nach dem in Bild 192 grob
skizzierten Phasenmodell. Die Schnittstelle zwischen Anwender und IC-Hersteller bei der Durchführung des Entwurfs
hängt ab von den jeweils verfügbaren
Hilfsmitteln, die von CAD-Systemen
auf PC-Basis über Workstations bis
hin zu IC-Designsystemen reichen.

In der Phase des Systementwurfs
wird die zunächst grob umrissene
Beschreibung der zu realisierenden
Funktion in Teilfunktionen zer-
gliedert und als funktionales
Blockdiagramm spezifiziert. Die
Systemspezifikation beinhaltet die
exakte Festlegung der Schnittstel-
lensignale zwischen den Funktionsblöcken und den Zeitablauf an
den Ein- Ausgabeklemmen.

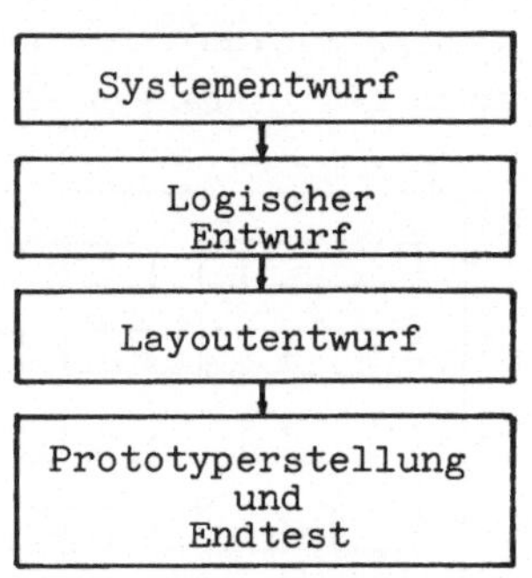

Bild 192 Grobes Pha-
senmodell
eines ASIC-
Entwurfs

Im Idealfall kann der Entwickler
das Blockschaltbild mit Hilfe eines grafischen Editors in
sein CAD-System eingeben. Die dann folgenden Phasenschritte
werden automatisch unter Zugriff auf die Zellenbibliothek
ausgeführt. Dies ist das Prinzip eines "Silicon Compilers",
der eine in geeigneter Form oder Sprache formulierte Aufgabe vollautomatisch in einen Halbleiterchip umsetzt. In
der Phase des logischen Entwurfs werden die in der Zellen-

bibliothek enthaltenen logischen Symbole aufgerufen und zum
Logikplan miteinander verbunden. Der Layoutentwurf, d.h. die
zum Fabrikationsprozeß notwendige Festlegung der Zellenanordnung und Leiterführung, wird vorwiegend vom Hersteller
durchgeführt.

8.3.4. Logiksimulation

Bevor ein ASIC gefertigt wird, wird das fehlerfreie Funktionsverhalten sichergestellt. In jeder der in Bild 192 angegebenen Phasen können Fehler eingeschleppt werden. Logikfehler liegen dann vor, wenn die Schaltung nicht die spezi-
fizierte Funktion ausführt. Fehler im Zeitverhalten beruhen
auf Toleranzen der Signallaufzeiten. Sie können nach außen
hin wie Logikfehler in Erscheinung treten.

Das korrekte Verhalten wird durch ein Programm im CAD-Ent-
wurfssystem, dem Logiksimulator, überprüft (Bild 193).

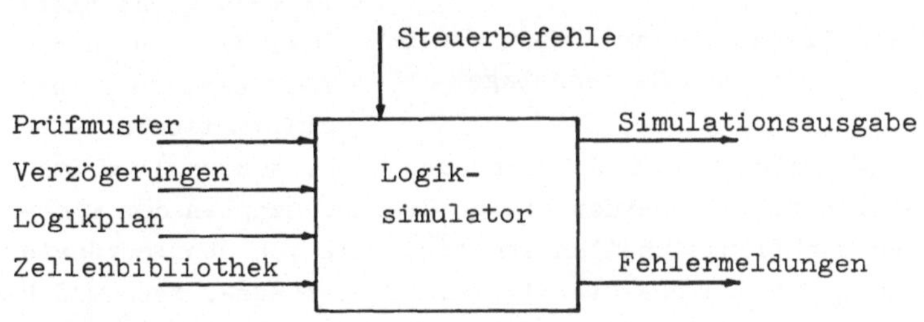

Bild 193 Funktionsblock eines Logiksimulators

Der Logiksimulator verarbeitet die im Entwurfssystem abge-
speicherten Schaltwerksinformationen (Logikplan) unter Be-
achtung der Daten der Zellenbibliothek. Er legt an die Eingänge der zu prüfenden Schaltung Prüfmuster (Stimuli) und
vergleicht die Ausgangswerte mit dem zu erwartenden Ergebnis. Das zeitlich korrekte Verhalten wird dadurch ermittelt,
daß jedem Schaltelement maximale und minimale Verzögerungszeiten zugeordnet werden. Das Verhalten der Ausgangssignale
wird dann unter Worst-Case Bedingungen überprüft.

9. Funktionseinheiten digitaler Rechenanlagen

Die Zentraleinheit digitaler elektronischer Rechenanlagen
besteht aus den Funktionseinheiten <u>Speicherwerk</u>, <u>Rechenwerk</u>,
<u>Eingabe</u>, <u>Ausgabe</u> und <u>Leitwerk</u> (Bild 194). Das Leitwerk bil-
det den Teil einer
Rechenanlage, der die
vom Programm erteil-
ten Befehle interpre-
tiert und deren Aus-
führung steuert. Im
Rechenwerk werden.
arithmetische Opera-
tionen und logische
Entscheidungen durch-
geführt. Im Speicher-
werk werden Daten und
Befehle gespeichert.
Über die Ein- und
Ausgabeeinheit werden
Informationen zwi-

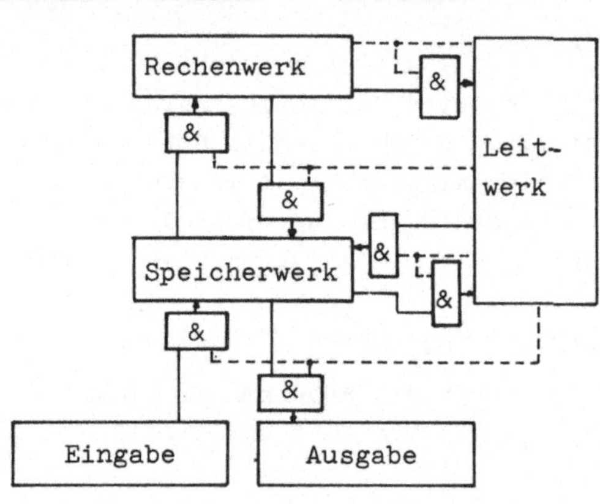

Bild 194 Prinzipieller Aufbau einer
digitalen Rechenanlage

schen Zentraleinheit und peripheren (d.h. äußeren) Geräten
ausgetauscht. Hier werden einige Grundprinzipien der wichtigsten Funktionseinheiten erörtert, die von übergeordneter
Bedeutung für die gesamte digitale Steuerungs-, Meß- und Rechentechnik sind. Die technischen Realisierungen können der
Literatur entnommen werden [5, 17].

9.1. Speicherwerke
9.1.1. Schreib-Lese-Speicher mit wahlfreiem Zugriff
Speicherwerke von Datenverarbeitungsanlagen müssen in der
Lage sein, große Datenmengen zu speichern. Ein schneller Zugriff zu den Daten muß möglich sein. Man verwendete früher
vorwiegend <u>Magnetkernspeicher</u>, bei denen die Binärinformation in der Magnetisierungsrichtung eines Magnetkerns
steckt. Durch die integrierte Schaltkreistechnik haben solche Speicher eine große Bedeutung erlangt, bei denen ein

Flipflop die Speicherstelle für ein Bit ist.

Der <u>Schreib-Lese-Speicher</u> als zentraler Arbeitsspeicher digitaler Datenverarbeitungsanlagen ermöglicht sowohl das <u>Einschreiben</u> einer Binärinformation in eine beliebige Speicherstelle als auch das <u>Lesen</u> aus einer Speicherstelle durch einen entsprechenden Aufrufbefehl, der die <u>Adresse</u> eben dieser Speicherstelle enthalten muß. Unter der Adresse ist dabei eine laufende Nummer in codierter Darstellung zu verstehen, deren Decodierung die adressierte Speicherstelle auswählt. Der Aufruf einer Speicherstelle erfolgt im Gegensatz zu seriellen Speichern (z.B. Magnetband) direkt. Die Zugriffszeit zu allen Speicherstellen ist gleich groß. Man nennt solche Speicher mit <u>wahlfreiem Zugriff</u> auch <u>RAM-Speicher</u> (engl. <u>R</u>andom <u>A</u>ccess <u>M</u>emory). Schreib-Lese-Speicher mit wahlfreiem Zugriff sind stets matrizenförmig angeordnet, da sich so ein günstiger Decodierungsaufwand für die Adressen ergibt. Bild 195a zeigt das Prinzip einer Speichermatrix mit 4 Speicherstellen in Flipflopdarstellung, während in Bild 195b eine neutrale Darstellung angegeben ist.

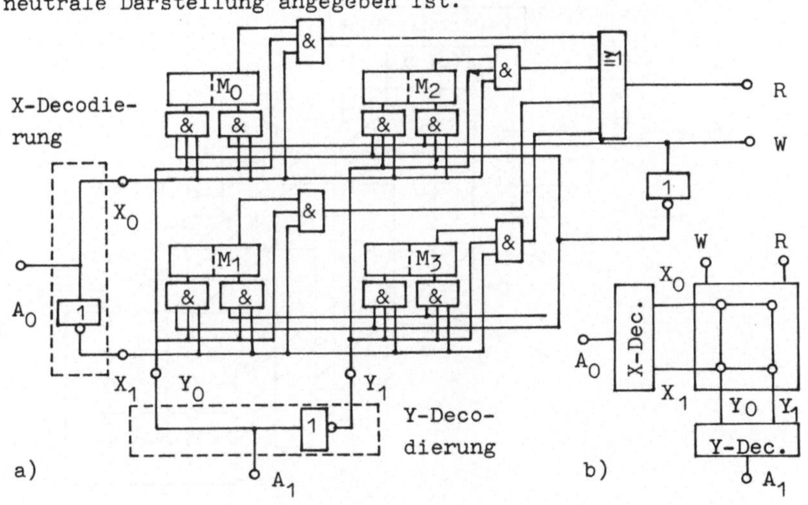

Bild 195 Speichermatrix eines RAM-Speichers in Flipflopdarstellung (a) und vereinfachter Darstellung (b)

Die Adressenbits A_0 und A_1 werden decodiert auf die <u>Zeilen-adressen</u> X_0, X_1 und die <u>Spaltenadressen</u> Y_0, Y_1. Es wird jeweils die Speicherstelle angesprochen, die sich am Kreuzungspunkt der adressierten Zeilen- und Spaltenleitung befindet. Das Einschreiben einer 1 bzw. 0 erfolgt über die Schreibleitung W. Am Leseausgang R erscheint der Inhalt der adressierten Speicherstelle.

In einer elektronischen Datenverarbeitungsanlage werden Worte, d.h. eine Gruppe von Bits, parallel verarbeitet. Es genügt daher die Adressierung einer <u>Speicherzelle</u>, die den Speicherplatz für ein Wort darstellt. Es werden daher gemäß Bild 196 mehrere Speichermatrizen zu einem <u>Speicherblock</u> zusammengefaßt. Die Decodierschaltung der Adressenbits ist allen Matrizen gemeinsam. Eine Speicherzelle des Speichers in Bild 196 besteht aus den 8 Speicherstellen der 8 Matrizen mit gleicher Adresse. Die Kapazität des dargestellten Speichers beträgt 16 Wörter zu 8 Bits.

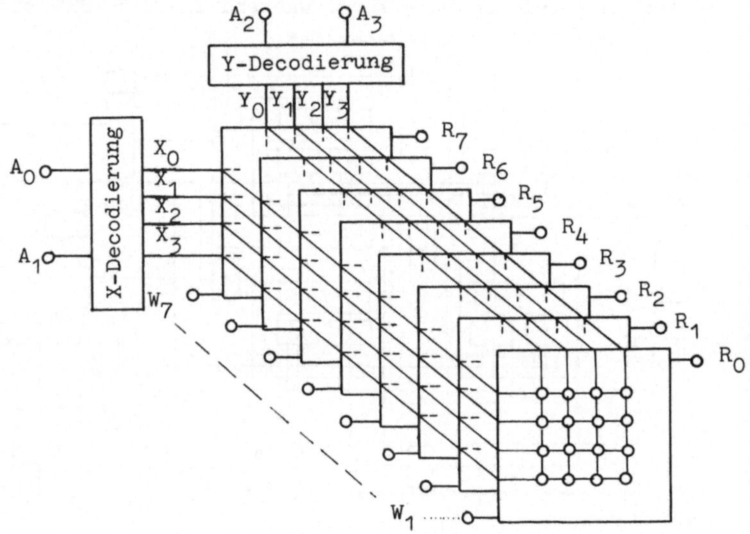

Bild 196 Speicherblock mit 8 Matrizen und 16 Speicherzellen

9.1.2. Festwertspeicher

Im Gegensatz zum Schreib-Lese-Speicher wird der Speicherinhalt des Festwertspeichers durch den Herstellungsprozeß i. allg. unveränderbar festgelegt. Da Speicherinhalte nur gelesen werden können, bezeichnet man solche Festwertspeicher auch als Nur-Lese-Speicher bzw. ROMs (engl. Read Only Memory). Ihre Anwendung reicht vom Aufbau von Zeichengeneratoren bis hin zur Mikroprogrammierung von Rechnern (s.Abschn. 9.2). Der technische Aufbau kann mit magnetischen Ringkernen, kapazitiven Koppelelementen oder binären Schaltgliedern mit Dioden und Transistoren erfolgen.

Bild 197a zeigt den prinzipiellen Aufbau eines Festwertspeichers mit drei Adresseneingängen A_0 bis A_2 und vier Ausgängen R_0 bis R_3. Wenn bei integriert aufgebauten Festwertspeichern die Adressendecodierung im Baustein enthalten ist, kann man die vereinfachte Blockdarstellung Bild 197b wählen.

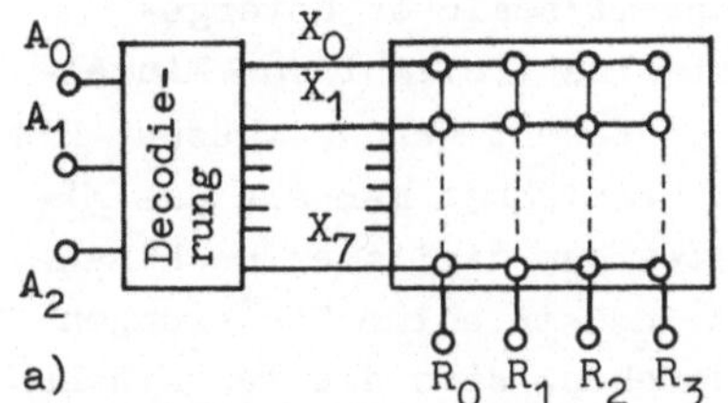
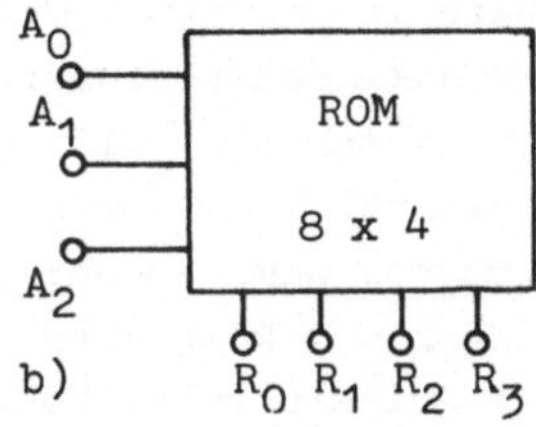

Bild 197 Prinzipieller Aufbau (a) und vereinfachte Darstellung (b) eines Festwertspeichers

In Bild 198 ist die Belegungstabelle eines Festwertspeichers nach Bild 197 für einen π-Generator dargestellt. Werden die Adresseneingänge A_0, A_1 und A_2 von einem Dualzähler angesteuert, so entstehen an den Ausgängen R_0 bis R_3 sukzessive die ersten acht Dezimalstellen der Zahl π im 8-4-2-1-Code. Die Funktionstabelle in Bild 198 läßt erkennen, daß der innere Aufbau des Festwertspeichers nach dem in Abschn. 4.3 behandelten Entwurfsverfahren für Codeumsetzer entwickelt werden kann.

	A_0	A_1	A_2	R_0	R_1	R_2	R_3	π
0	0	0	0	1	1	0	0	3
1	1	0	0	1	0	0	0	1
2	0	1	0	0	0	1	0	4
3	1	1	0	1	0	0	0	1
4	0	0	1	1	0	1	0	5
5	1	0	1	1	0	0	1	9
6	0	1	1	0	1	0	0	2
7	1	1	1	0	1	1	0	6

Bild 198 Belegung eines als π-Generator dienenden Festwertspeichers

9.2. Leitwerke

9.2.1. Aufgaben von Leitwerken

In DIN 44 300 ist das Leitwerk der Teil einer digitalen Rechenanlage, der die Reihenfolge steuert, in der die Befehle
des Programms ausgeführt werden, der die Befehle entschlüs-
selt und dabei gegebenenfalls modifiziert und der die für
ihre Ausführung erforderlichen digitalen Signale abgibt. Das
Makroprogramm als Folge der vom Programmierer geschriebenen
Befehle ist neben den Daten im Arbeitsspeicher unterge-
bracht. Jeder dieser Befehle löst eine Vielzahl von Einzel-
schritten aus, die vom Leitwerk gesteuert werden müssen. Die
Gesamtheit dieser Einzelschritte bezeichnet man als das Mikroprogramm. Obwohl zwischen Leitwerken digitaler Rechenanlagen und komplexen Steuerwerken industrieller Steuerungen
im Prinzip keine Unterschiede bestehen, sind die technischen
Ausführungen doch unterschiedlich, weil Rechner einerseits
wesentlich höhere Taktfrequenzen und andererseits eine viel
größere Anzahl von Befehlsschritten haben, die zur Ausführung eines Programms notwendig sind. Leitwerke von Datenverarbeitungsanlagen enthalten Festwertspeicher als Mikroprogrammspeicher.

9.2.2. Leitwerke mit Festwertspeichern

Wir wollen in diesem Skriptum keine kompletten Leitwerke beschreiben. Sie unterscheiden sich außerdem von Anlage zu Anlage. Ihr Aufbau hängt von der Struktur der Makrobefehle und
auch davon ab, ob die Steuerung synchron, asynchron oder

teils synchron teils asynchron arbeitet. Es sollen hier lediglich an einer einfachen Ausführungsform die Grundprinzipien der Wirkungsweise herausgestellt werden.

Beim Entwurf eines Leitwerks ist für die Mikrobefehle eine Befehlsliste aufzustellen. Die Befehlsliste enthält alle benötigten Befehlstypen wie z.B. Transportbefehle, Sprungbefehle usw. (s.Abschn. 9.2.3). Die Struktur der Mikrobefehle ist an die der Makrobefehle anzupassen.

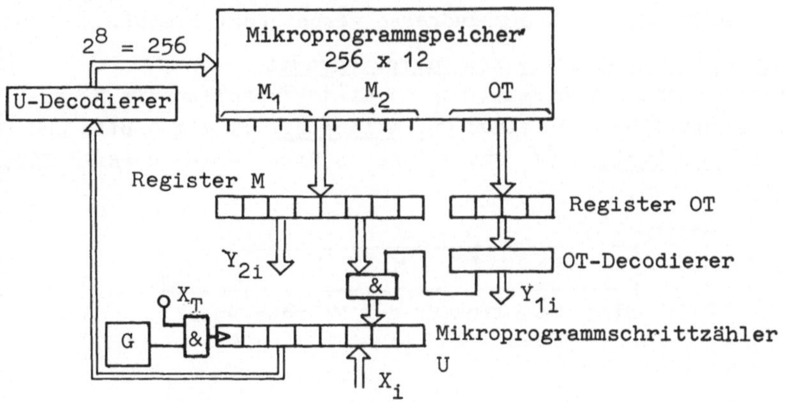

Bild 199 Leitwerk mit Mikroprogrammspeicher

Bild 199 zeigt einen Teil eines einfachen Leitwerks mit Mikroprogrammspeicher. Die Ausführung eines Makrobefehls beginnt damit, daß die Anfangsadresse des zugehörigen Mikroprogramms über die Eingänge X_i parallel in den Mikroprogrammschrittzähler U gebracht wird. Die breiten Pfeile kennzeichnen mehrere parallele Bit-Leitungen. Über den U-Decodierer wird einer von 256 Mikrobefehlen aufgerufen. Jeder Mikrobefehl besteht aus einem Operationsteil OT und einem Adreßteil M_1, M_2. Der Operationsteil gelangt in das Operationsregister OT, wird decodiert und liefert die Steuersignale Y_{1i} an die Funktionseinheiten des Rechners. Der Adreßteil gelangt in das Adreßregister M. Der Inhalt des Adreßregisters M bestimmt über die Ausgänge Y_{2i}, welches spezielle

Register oder welche Speicherzelle des Rechners angesprochen wird. Bei Sprungbefehlen innerhalb des Mikrogrogramms steht im Register M die Zieladresse, die in den Programmschrittzähler U übertragen wird. Der Inhalt des Programmschrittzählers U erhöht sich bei Zählbefehlen mit jedem Impuls des Taktgenerators G um eins, wenn $X_T = 1$ ist.

Unterprogramme sind bei dem in Bild 199 dargestellten Modell nicht vorgesehen. Hierzu benötigt man ein weiteres Register U', in dem die Rücksprungadresse gespeichert bleibt.

8.2.3. Befehlsliste eines Mikroprogramms

Entsprechend der Darstellung in Bild 199 sollen die Mikroprogrammbefehle aus einem <u>Operationsteil</u> OT mit 4 Bits und einem <u>Adreßteil</u> M (M_1 und M_2) aus 8 Bits bestehen (Bild 200).

OT	M_1	M_2

Bild 200 Struktur der Mikrobefehle

Über Struktur und Auswahl der Befehlstypen in der Befehlsliste lassen sich keine allgemeinen Richtlinien angeben. Die Befehlsliste in Tafel 9 enthält eine weitgehend willkürliche Zusammenstellung von Befehlstypen.

Im rechten Teil der Spalte "Bezeichnung" in Tafel 9 wird die Bezeichnung

> R für Register
> M für Speicher (Memory)

und die Symbolik

> runde Klammer ( ) für "Inhalt von"
> eckige Klammer ⟨ ⟩ für die in M_1 bzw. M_2 stehende Codierung und
> Pfeil ⟶ für die Transportrichtung benutzt.

Tafel 9 Befehlsliste für die Mikroprogrammierung

OT-Code		Bezeichnung		Erläuterung
01	0001	TSR	$(M\langle M_1\rangle) \rightarrow R\langle M_2\rangle$	Transportiere Inhalt aus Speicher $\langle M_1\rangle$ nach Register $\langle M_2\rangle$
02	0010	TRS	$(R\langle M_1\rangle) \rightarrow M\langle M_2\rangle$	Transportiere von Register $\langle M_1\rangle$ in den Speicher $\langle M_2\rangle$
03	0011	TDR	$(M_1) \rightarrow R\langle M_2\rangle$	Transportiere direkt den Inhalt von M_1 in das Register $\langle M_2\rangle$
04	0100	TRR	$(R\langle M_1\rangle) \rightarrow R\langle M_2\rangle$	Transportiere von Register $\langle M_1\rangle$ nach Register $\langle M_2\rangle$
05	0101	TKR	$\overline{(R\langle M_1\rangle)} \rightarrow R\langle M_2\rangle$	Transportiere das Komplement des Registerinhalts $\langle M_1\rangle$ nach Register $\langle M_2\rangle$
06	0110	TK	$(K\langle M_1'\rangle) \rightarrow R\langle M_2\rangle$	Transportiere den Inhalt der Kontaktgruppe $\langle M_1\rangle$ in das Register $\langle M_2\rangle$
07	0111	AMR	$(M_1) + (R\langle M_2\rangle) \rightarrow C$	Addiere Inhalt von M_1 zum Inhalt des Registers $\langle M_2\rangle$ und bringe Ergebnis nach C
08	1000	ARR	$(R\langle M_1\rangle) + (R\langle M_2\rangle) \rightarrow C$	Addiere Inhalt von Register $\langle M_1\rangle$ zum Inhalt des Registers $\langle M_2\rangle$. Ergebnis nach C
09	1001	ERE	$(R\langle M_1\rangle) + 1$	Erhöhe Registerinhalt $\langle M_1\rangle$ um Eins
10	1010	MZ	$1 \rightarrow Z$	Setze Merker Z entsprechend der Bedingung in Bild 203
11	1011	SD	$(M) \rightarrow U$	Springe direkt auf die in M_1, M_2 angegebene Adresse
12	1100	SZ	$(M) \rightarrow U$	Springe, wenn Merker Z gesetzt ist
13	1101	SA	$(M) \rightarrow U$	Springe, wenn $(A) \neq 0$ dezimal
14	1110	SG	$(M) \rightarrow U$	Springe, wenn $(D) = (B)$

So ist z.B. der Befehl $(M\langle M_1\rangle)\rightarrow R\langle M_2\rangle$ wie folgt zu lesen:
Transportiere den Inhalt des Speichers, dessen Adresse in M_1
steht, in das durch M_2 adressierte Register.

Die 4 Bits der Adreßteile M_1 und M_2 gestatten die Adressierung von maximal 2^4 = 16 Speichern oder Registern. Enthält
ein Rechner nur die 4 Register A, B, C und D, so ist eine
Decodierung nach Bild 201 optimal, da der Aufwand an Schaltgliedern entfällt.

Beim Tastaturabfragebefehl TK kann durch M_1
eine von mehreren Kontaktgruppen angesteuert werden. Bild 202 zeigt eine mögliche Codierung bei drei Kontaktgruppen.

R	M			
A	0	0	0	1
B	0	0	1	0
C	0	1	0	0
D	1	0	0	0

Bild 201 Codierung der Register

Die Bedingungen, unter denen ein Merkerflipflop Z
gesetzt werden soll, können
ebenfalls durch eine Codierung von M_1 und M_2 festgelegt werden. Bild 203 zeigt
hierzu einige Möglichkeiten.

Tastaturgruppe	M_1
Zifferntastatur ZT	0 0 0 1
Funktionstastatur FT	0 0 1 0
Kommalinie KL	0 1 0 0

Bild 202 Codierung der Kontakt-
abfrage

Im allgemeinen sind
mehrere Merker und
somit auch Merker-
setzbefehle erfor-
derlich.

Man sieht, daß der
Adreßteil des Be-
fehls M_1, M_2 je
nach Art des Ope-
rationsteils OT

M_2	Bedingung
0 0 0 1	Setze Merker ohne Bedingung
0 0 1 0	Lösche Merker ohne Bedingung
0 1 0 0	$(R\langle M_1\rangle)$ = 0 dez.
1 0 0 0	$(R\langle M_1\rangle)$ = 9 dez.

Bild 203 Bedingungen zum Setzen des
Merkers Z

unterschiedliche Aufgaben erfüllen kann. Es soll angenommen
werden, daß die Schaltglieder so aufgebaut sind, daß jeder
Mikrobefehl in einer Taktperiode ausgeführt werden kann.

9.2.4. Mikroprogramm Nullenunterdrückung

An einem umfangreichen Beispiel soll die Anwendung der Mikrobefehle aufgezeigt werden.

9.2.4.1. Aufgabenstellung

In einem druckenden elektronischen Tischrechner ist eine 16-stellige Zahl in einem Hauptspeicher h gespeichert. Die Ziffern seien im Exzeß-3-Code codiert. Ein Wahlschalter KL (Kommalinie) legt fest, an welcher Position das Komma abgedruckt wird. Es bedeutet z.B. KL = 6, daß stets 6 Stellen hinter dem Komma und somit 10 Stellen vor dem Komma möglich sind. Die auszugebende Zahl soll bereits kommarichtig im Speicher h stehen.

Bei der Druckausgabe sind Vornullen und Nachnullen zu unterdrücken. Vornullen sind alle Nullen vor der ersten von Null verschiedenen Ziffer bis zur Null vor dem Komma. Nachnullen sind alle Nullen, die hinter dem Komma und hinter der letzten von Null verschiedenen Ziffer stehen.

Die Unterdrückung von Vor- und Nachnullen soll dadurch erfolgen, daß die Ziffern vom Hauptspeicher h in den Ausgabespeicher a umgespeichert werden, wobei für die zu unterdrückenden Nullen eine binäre Null anstelle der Null des Exzeß-3-Codes eingeschrieben wird. Bild 204 zeigt drei typische Fälle für die Abspeicherung im Hauptspeicher h und Ausgabespeicher a bei einer Kommalinie KL = 6.

Der Programmablaufplan ist aufzustellen. Von den 4 Registern A, B, C und D dient letzteres als Stel-

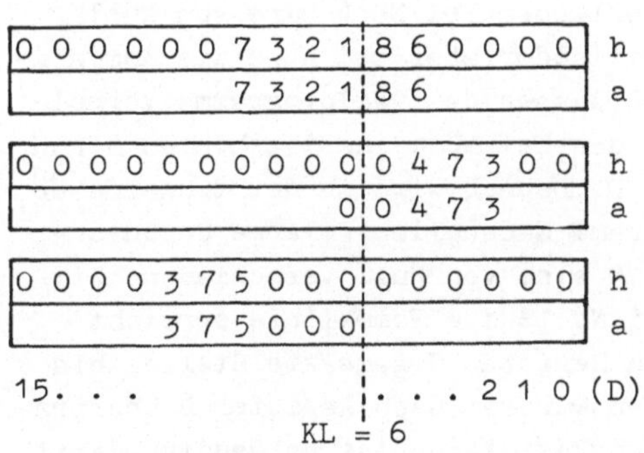

Bild 204 Zahlendarstellung im Hauptspeicher h und Ausgabespeicher a

	M_1		(M_2)	
h	0	0	0	1
a	0	0	1	0

Bild 205 Speichercodierung

lenadreßregister, d.h. es beinhaltet die Adresse der Stelle
des ausgewählten Speichers. Die Codierung der Speicher h und
a ist durch Bild 205 festgelegt. Aus dem Programmablaufplan
ist das Programm in codierter Form aufzulisten, wie es dem
Inhalt des Festwertspeichers entspricht.

9.2.4.2. Programmablaufplan

Der Programmablaufplan Bild 206 enthält für jeden Mikrobefehl ein Symbol, in dem die jeweilige Operation beschrieben
wird. Außerdem steht in dem Kreis die relative Adresse des
Mikrobefehls. Im Gegensatz zur absoluten Adresse beginnt die
relative Adressierung bei jedem Teilprogramm mit Null.

Der Mikrobefehl auf Adresse NÜ 0 speichert die Kommalinie
nach Register B. Der nächste Befehl bringt eine binäre 0
nach Register C, dessen Komplement, d.h. die binäre 15 anschließend nach Register D übertragen wird. Die Programmschleife von NÜ 2 bis NÜ 99 fragt die Vornullen ab. Da man
hierzu mit der höchsten Stelle beginnen muß, das Stellen-
adreßregister aber nicht rückwärts zählen kann, ist der Um-
weg über die Komplementierung bei NÜ 2 erforderlich. Bei
NÜ 9 ist der direkte Sprungbefehl nach NÜ 2 als Operation
dargestellt, da auch er wie alle übrigen Befehle ein Wort
im Mikroprogrammspeicher darstellt. Das Teilprogramm Vornullen wird verlassen, wenn entweder bei NÜ 4 eine von Null
verschiedene Ziffer auftritt oder aber bei NÜ 5 die Kommalinie erreicht wird. Nach Verlassen des Teilprogramms Vornullen merkt sich Register C den bei NÜ 11 um 1 erhöhten Stand
des Stellenadreßregisters D. Danach wird in der Schleife NÜ
13 bis NÜ 19 das Teilprogramm Nachnullen solange durchlaufen, bis entweder bei NÜ 14 eine von Null verschiedene Ziffer auftritt oder aber bei NÜ 18 die Kommalinie erreicht
ist. Bei NÜ 20 wird die in Register C gemerkte Stelle, bis
zu der Vornullen ausgegeben wurden, nach Register B übertragen. Die Umspeicherung nach Register B ist notwendig, damit
bei NÜ 24 der Befehl SG der Befehlsliste benutzt werden
kann. In der Schleife von NÜ 21 bis NÜ 25 werden die ver-
bleibenden auszugebenden Ziffern nach Speicher a gebracht.

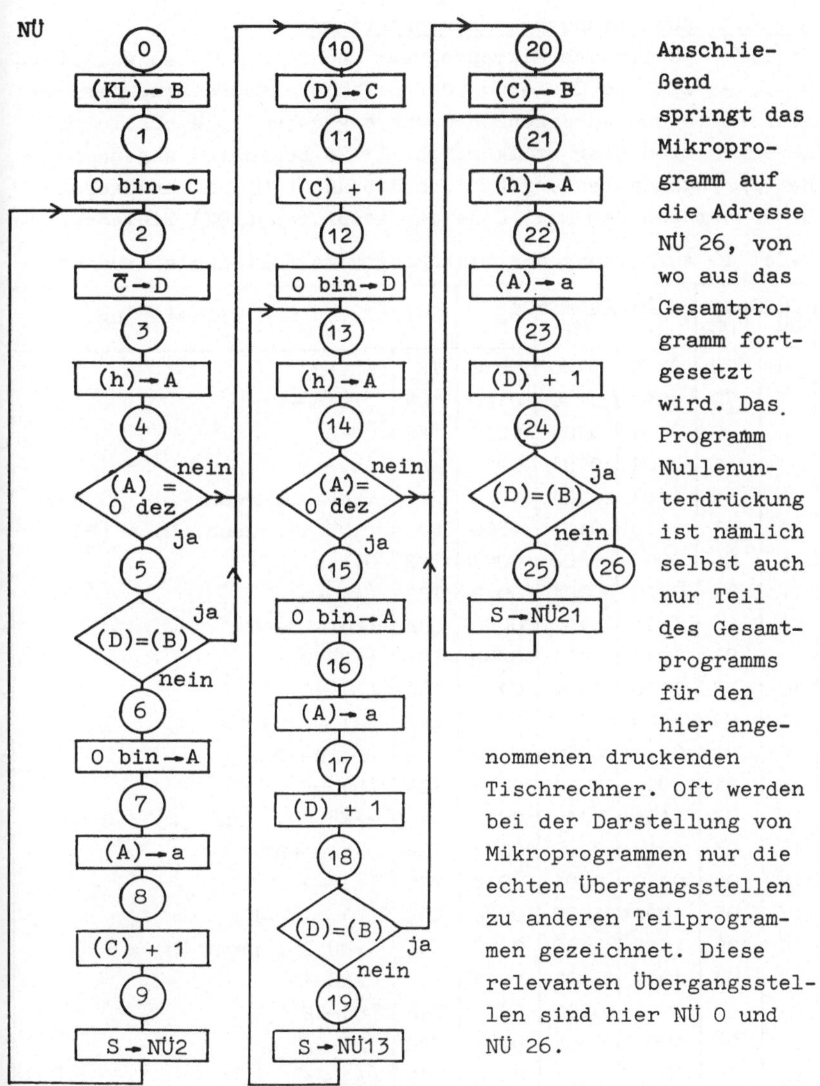

Anschließend springt das Mikroprogramm auf die Adresse NÜ 26, von wo aus das Gesamtprogramm fortgesetzt wird. Das Programm Nullenunterdrückung ist nämlich selbst auch nur Teil des Gesamtprogramms für den hier angenommenen druckenden Tischrechner. Oft werden bei der Darstellung von Mikroprogrammen nur die echten Übergangsstellen zu anderen Teilprogrammen gezeichnet. Diese relevanten Übergangsstellen sind hier NÜ 0 und NÜ 26.

Bild 206 Programmablaufplan
         Nullenunterdrückung NÜ

9.2.4.3. Auflistung des Mikroprogramms

In Tafel 10 ist das Mikroprogramm nach Bild 206 aufgelistet,
d.h., es ist die Codierung der Befehle entsprechend der Be-
fehlsliste und Adressenzuordnung angegeben. Die absoluten
Adressen sind hier willkürlich mit 78 beginnend angenommen.
Bei Sprungbefehlen ergibt sich das unter M_1, M_2 angegebene
Binärwort aus dem Dual-Code der absoluten (ROM) Zieladresse.

Tafel 10 Auflistung des Mikroprogramms Nullenunterdrückung

Adresse		Mikrobefehl			Befehlstyp und Erläuterung	
NÜ	ROM	OT	M_1	M_2		
0	78	0110	0100	0010	TK	KL→B
1	79	0011	0000	0100	TDR	0 bin→C
2	80	0101	0100	1000	TKR	$\overline{C}$→D
3	81	0001	0001	0001	TSR	(h)→A
4	82	1101	0101	1000	SA	→NÜ 10, wenn (A) ≠ 0 dez
5	83	1110	0101	1000	SG	NÜ 10, wenn (D) = (B)
6	84	0011	0000	0001	TDR	0 bin→A
7	85	0010	0001	0010	TRS	(A)→a
8	86	1001	0100	0000	ERE	(C) + 1→C
9	87	1011	0101	0000	SD	→NÜ 2
10	88	0100	1000	0100	TRR	(D)→C
11	89	1001	0100	0000	ERE	(C) + 1→C
12	90	0011	0000	1000	TDR	0 bin→D
13	91	0001	0001	0001	TSR	(h)→A
14	92	1101	0110	0010	SA	→NÜ 20, wenn (A) ≠ 0 dez
15	93	0011	0000	0001	TDR	0 bin→A
16	94	0010	0001	0010	TRS	(A)→a
17	95	1001	1000	0000	ERE	(D) + 1→D
18	96	1110	0110	0010	SG	→NÜ 20, wenn (D) = (B)
19	97	1011	0101	1011	SD	→NÜ 13
20	98	0100	0100	0010	TRR	(C)→B
21	99	0001	0001	0001	TSR	(h)→A
22	100	0010	0001	0010	TRS	(A)→a
23	101	1001	1000	0000	ERE	(D) + 1→D
24	102	1110	0110	1000	SG	→NÜ 26, wenn (D) = (B)
25	103	1011	0110	0011	SD	→NÜ 21

9.3. Rechenwerke

Das Rechenwerk ist der Teil einer digitalen Datenverarbeitungsanlage, in der arithmetische Operationen wie Addition
und Multiplikation und gegebenenfalls Vergleiche ausgeführt
werden. Rechenwerke enthalten Register zum Speichern der
Operanden (Zahlenworte und andere zu verknüpfende Informationen) und Schaltnetze wie Addierer und Vergleicher. Die
Steuersignale werden vom Leitwerk geliefert. Bei paralleler
Verarbeitung der Bits eines Zahlenwortes spricht man von
einem <u>Parallel-Rechenwerk</u>. Im Gegensatz hierzu werden bei
einem <u>Serien-Rechenwerk</u> die Bits seriell verarbeitet. Der
Vorteil des Parallel-Rechenwerkes liegt in der hohen Rechen-
geschwindigkeit, während sich das Serien-Rechenwerk durch
den geringen Aufwand auszeichnet.

9.3.1. Halbaddierer

Das Schaltnetz, das die Addition zweier Dualziffern A und B
durchführt, bezeichnet man als <u>Halbaddierer</u>. Bild 207a zeigt
die Funktionstabelle mit der Summe S und dem Übertrag Ü zur
nächsthöheren Stelle. Aus ihr findet man die Schaltfunktionen $S = A \cdot \overline{B} + \overline{A} \cdot B = A \equiv B$ und

$$Ü = A \cdot B$$

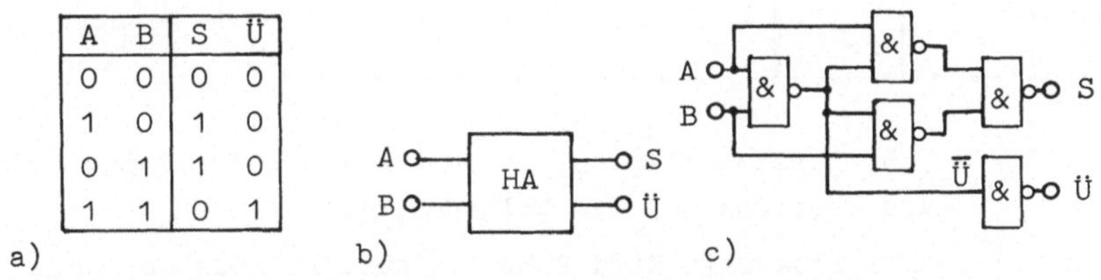

Bild 207 Funktionstabelle (a), Blocksymbol (b) und Schalt-
       netz mit Nand-Gliedern (c) eines Halbaddierers

In Bild 207b ist die Blockschaltung für den Halbaddierer angegeben. Mit Gl. (14) und (25) kann man die Schaltfunktion
für die Summe $S = A \cdot (\overline{A} + \overline{B}) + B \cdot (\overline{A} + \overline{B})$ schreiben. Hieraus
ergibt sich mit dem in Abschn. 2.3.3 gezeigten Verfahren
das Schaltnetz Bild 207c.

9.3.2. Volladdierer

Bei der Addition mehrstelliger Dualzahlen muß ein eventueller Übertrag von der nächst niedrigeren Stelle verrechnet werden. Es sind somit pro Stelle die Dualziffern A_i, B_i und $Ü_{i-1}$ zu addieren. Der Index i kennzeichnet die Stelle innerhalb der Dualzahl. Bild 208a zeigt die entsprechende Funktionstabelle, aus der sich mit den KV-Tafeln Bild 208c und d die Schaltfunktionen

$$S_i = A_i \cdot \overline{B}_i \cdot \overline{Ü}_{i-1} + \overline{A}_i \cdot B_i \cdot \overline{Ü}_{i-1} + \overline{A}_i \cdot \overline{B}_i \cdot Ü_{i-1} + A_i \cdot B_i \cdot Ü_{i-1} \text{ und}$$

$$Ü_i = A_i \cdot Ü_{i-1} + B_i \cdot Ü_{i-1} + A_i \cdot B_i$$

ergeben. Geht man davon aus, daß zur Realisierung dieser Funktionen nur nicht negierte Variable zur Verfügung stehen, benötigt man insgesamt 12 Nand-Glieder.

A_i	B_i	$Ü_{i-1}$	S_i	$Ü_i$
0	0	0	0	0
1	0	0	1	0
0	1	0	1	0
1	1	0	0	1
0	0	1	1	0
1	0	1	0	1
0	1	1	0	1
1	1	1	1	1

a)

A_i	B_i	S'_i	$Ü'_i$	$Ü_{i-1}$	S_i	$Ü_i$
0	0	0	0	0	0	0
1	0	1	0	0	1	0
0	1	1	0	0	1	0
1	1	0	1	0	0	1
0	0	0	0	1	1	0
1	0	1	0	1	0	1
0	1	1	0	1	0	1
1	1	0	1	1	1	1

b)

c) S_i

d) $Ü_i$

Bild 208 Funktionstabellen (a,b) und KV-Tafeln für Summe (c) und Übertrag (d) des Volladdierers

In der Funktionstabelle Bild 208b ist zunächst aus der Addition der Dualziffern A_i und B_i ein Zwischenergebnis S'_i und $Ü'_i$ gebildet. Die Zwischensumme S'_i wird dann mit dem Übertrag $Ü_{i-1}$ zur Summe S_i addiert. Übernimmt man die Werte in der Spalte für den Übertrag $Ü_i$ aus Bild 208a, so findet man, daß ein Übertrag stets dann auftritt, wenn entweder ein Übertrag $Ü'_i$ vorhanden ist, oder die Dualaddition von S'_i und $Ü_{i-1}$ einen Übertrag liefert. Man erhält so die in Bild 209a angegebene Darstellung eines Volladdierers aus zwei Halbaddierern. Bild 209b zeigt die Blockschaltung des Volladdierers.

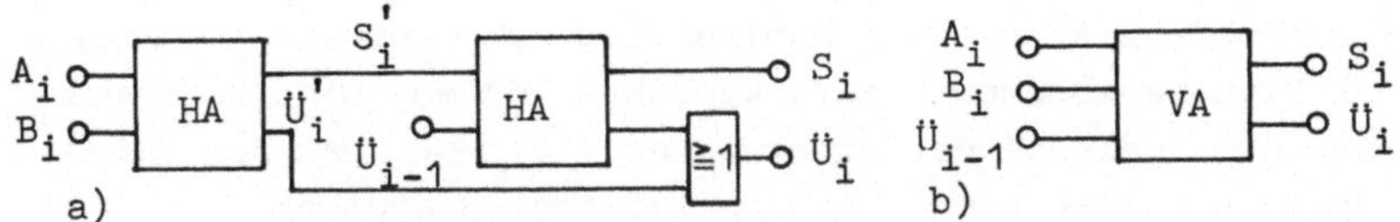

Bild 209 Zusammenschaltung von zwei Halbaddierern zu einem
          Volladdierer (a) und Blocksymbol des Volladdierers
          (b)

9.3.3. Dezimaladdierer für den Exzeß-3-Code

Unter einem Dezimaladdierer versteht man ein Schaltnetz ,das
die Addition zweier binär codierter Dezimalziffern durchführt. Addiert man die Bits einer Tetrade nach den Gesetzen
der Dualarithmetik (Bild 207a bzw. Bild 208a) so können
sowohl Pseudotetraden (Bild 210a) als auch falsche Ergebnisse (Bild 210b) entstehen, die durch einen weiteren Additi-
onsschritt korrigiert werden müssen. Die Art der Korrektur
hängt beim Exzeß-3-Code davon ab, ob bei der ersten Addition
der Tetraden ein Übertrag zur nächst höheren Dezimalstelle
(Tetrade) auftritt oder nicht.

Dezimal-ziffer	Exzeß-3-Code	Dual-wert
3	0 1 1 0	6
+ 4	+ 0 1 1 1	+ 7
	1 1 0 1	1 3
	+ 1 1 0 1	- 3
7	✗ 1 0 1 0	1 0

Dezimal-ziffer	Exzeß-3-Code	Dual-wert
6	1 0 0 1	9
+ 7	1 0 1 0	+ 1 0
	1 0 0 1 1	3
	+ 0 0 1 1	+ 3
1 3	0 1 1 0	6

a)   ←— Kor-rek-tur —→   b)

Bild 210 Addition zweier im Exzeß-3-Code codierter Dezimal-
          ziffern ohne (a) und mit (b) Dezimalübertrag

Bild 210a zeigt die Addition der Dezimalziffern 3 und 4. Es
tritt kein Dezimalübertrag auf. Da beim Exzeß-3-Code der
Dualwert einer Ziffer, d.h. die dem Binärwort im reinen Dualcode entsprechende Ziffer, stets um 3 höher ist als die
Dezimalziffer, die Addition jedoch in diesem Fall zu einem

Dualwert 13 (1101) führt, der um 3 zu hoch liegt, muß eine
Korrektur vorgenommen werden. Zur Korrektur ist eine duale
3 zu subtrahieren. Eine Subtraktion kann auf die Addition
des Neunerkomplements zurückgeführt werden. Dies bedeutet
hier die Addition des Binärwortes 1101 [4]. Der bei dieser
Addition auftretende Übertrag ist ohne Bedeutung.

In Bild 210b ist ein Beispiel gewählt, bei dem ein Dezimalübertrag auftritt. Der Dualwert der Ergebnistetrade ohne
Übertragsbit zeigt, daß das Ergebnis um eine duale 3 zu
niedrig ist. Es ist somit eine 3, d.h. das Binärwort 0011,
zu addieren.

Die oben gezeigte Gesetzmäßigkeit gilt generell bei der Ad-
dition von im Exzeß-3-Code dargestellten Ziffern. Tritt ein
Dezimalübertrag auf, so entsteht auch ein Binärübertrag.
Dieser ist in der nächst höheren Dezimalstelle zu berück-
sichtigen. Zur Korrektur ist das Binärwort 0011 zu addieren.
Tritt dagegen kein Übertrag auf, so ist zur Korrektur das
Binärwort 1101 zu addieren. Der dabei auftretende Übertrag
ist ohne weitere Bedeutung.

Das Schaltnetz Bild 211 führt die Addition zweier Tetraden
durch. Die in der ersten Zeile angeordnete Volladdierer
bilden zunächst die Zwischensumme $S_3'\,S_2'\,S_1'\,S_0'$. Der Übertrag

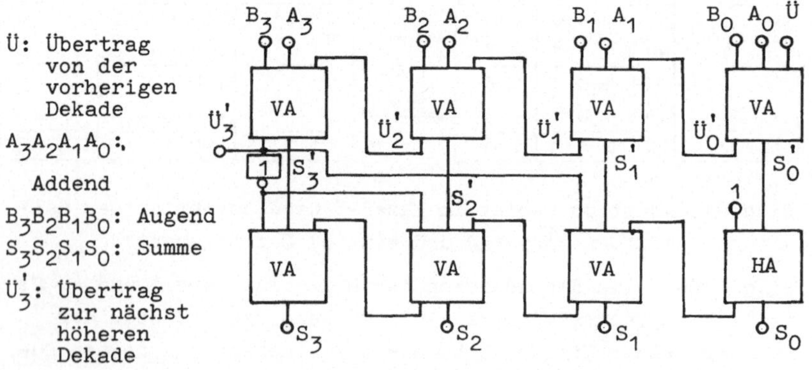

Bild 211 Dezimaladdierer für den Exzeß-3-Code

U_3' bestimmt, ob auf die Eingänge der Addierer in der zweiten Zeile das Binärwort 0011 (bei $U_3' = 1$) oder 1101 (bei $U_3' = 0$) geschaltet wird.

9.3.4. Dualaddierer

Dualaddierer führen die Addition von reinen <u>Dualzahlen</u> durch. Im Gegensatz zum Dezimaladdierer ist keine ergebnisabhängige Korrektur erforderlich.

9.3.4.1. Paralleladdierer mit durchlaufendem Übertrag

Die Addition von Dualzahlen erfolgt in Schaltnetzen, in denen die Stellen parallel verarbeitet werden. Bei dem in Bild 212 dargestellten Paralleladdierer läuft ein in der niederwertigsten Stelle entstehender Übertrag u.U. durch alle höherwertigen Stellen hindurch (Ripple Carry Adder).

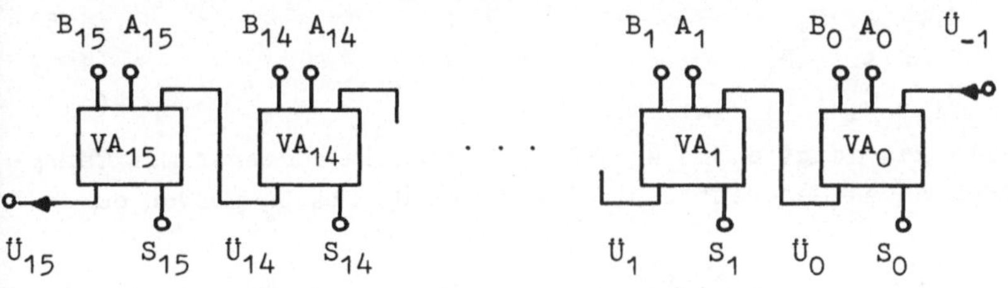

Bild 212 Dualaddierer mit durchlaufendem Übertrag

Die maximale Durchlaufzeit des Übertragsbits beträgt bei einem n-stelligen Paralleladdierer das n-fache der Verzögerungszeit t_{pd} durch einen Volladdierer VA. Dadurch wird die Geschwindigkeit eines Rechenwerks in vielen Fällen unzulässig stark eingeschränkt.

9.3.4.2. Paralleladdierer mit Carry-Look-Ahead-Generator

Bei Paralleladdierern mit schneller Übertragsverarbeitung wird der Übertrag durch ein besonderes Schaltnetz (Carry-Look-Ahead-Generator) vorrangig berechnet. Dazu müssen die Volladdierer VA_i entsprechend Bild 213a zwei Hilfsvariablen G_i und P_i liefern. G_i ist 1, wenn die Stufe i des Addierers

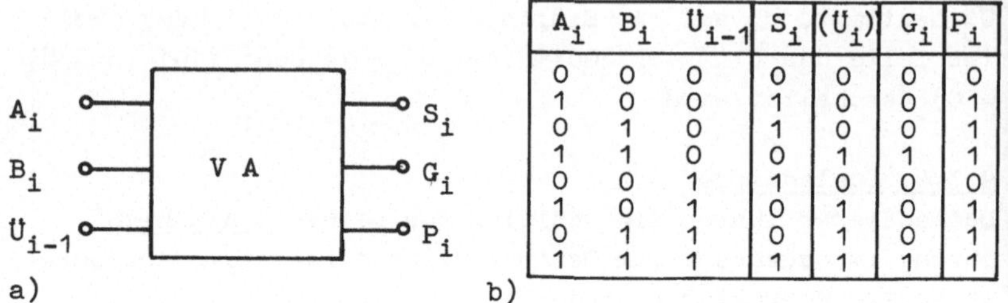

A_i	B_i	$\ddot{U}_{i-1}$	S_i	$(\ddot{U}_i)$	G_i	P_i
0	0	0	0	0	0	0
1	0	0	1	0	0	1
0	1	0	1	0	0	1
1	1	0	0	1	1	1
0	0	1	1	0	0	0
1	0	1	0	1	0	1
0	1	1	0	1	0	1
1	1	1	1	1	1	1

a) b)

Bild 213 Blockschaltbild (a) und Funktionstabelle eines Volladdierers für Carry-Look-Ahead-Generatoren (b)

unabhängig von einem Eingangsübertrag $\ddot{U}_{i-1}$ einen Übertrag erzeugt (Carry $\underline{G}$enerate). P_i ist 1, wenn die Stufe i einen Eingangsübertrag an die folgende Stufe weitergibt (Carry $\underline{P}$ropagate).

$$G_i = A_i \cdot B_i \tag{115}$$
$$P_i = A_i + B_i \tag{116}$$
$$\ddot{U}_i = G_i + P_i \cdot \ddot{U}_{i-1} \tag{117}$$

Bild 214 zeigt einen 4-stelligen Paralleladdierer mit Carry-Look-Ahead-Generator. Die Überträge $\ddot{U}_0$ bis $\ddot{U}_2$ werden durch

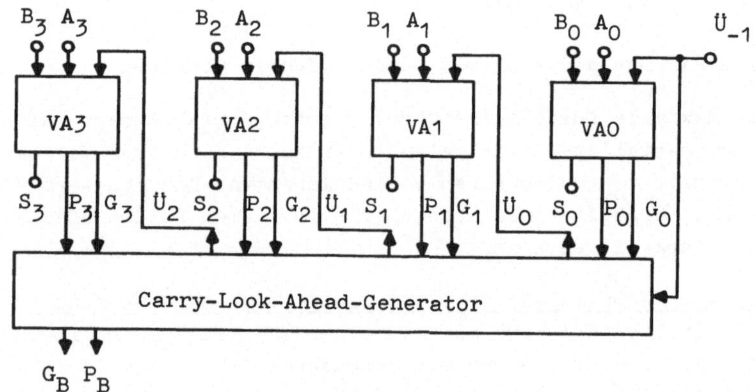

Bild 214 Addierer mit Carry-Look-Ahead-Generator

den Carry-Look-Ahead-Generator nach den Schaltfunktionen
Gl. (118) bis (120) entsprechend Gl. (117) erzeugt.

$$\ddot{U}_0 = G_0 + P_0 \cdot \ddot{U}_{-1} \tag{118}$$

$$\begin{aligned}
\ddot{U}_1 &= G_1 + P_1 \cdot \ddot{U}_0 \\
&= G_1 + P_1 \cdot G_0 + P_1 \cdot P_0 \cdot \ddot{U}_{-1}
\end{aligned} \tag{119}$$

$$\begin{aligned}
\ddot{U}_2 &= G_2 + P_2 \cdot \ddot{U}_1 \\
&= G_2 + P_2 \cdot G_1 + P_2 \cdot P_1 \cdot G_0 + P_2 \cdot P_1 \cdot P_0 \cdot \ddot{U}_{-1}
\end{aligned} \tag{120}$$

Alle Überträge werden aufgrund dieser Gleichungen unmittelbar durch direktes Verknüpfen der Eingangsvariablen des
Schaltnetzes gebildet. Die Überträge $\ddot{U}_0$ bis $\ddot{U}_2$ entstehen so
gleichzeitig. Die Laufzeit ist jeweils die Summe der Lauf-
zeiten eines Und- und eines Oder-Gliedes.

Die vier Volladdierer in Bild 214 lassen sich zu einem Block
zusammenfassen. Aus z.B. vier derartigen Blöcken läßt sich
ein 16-stelliger Paralleladdierer aufbauen. Damit auch in
diesem Fall ein schneller Übertragsdurchlauf erfolgt, liefert der Carry-Look-Ahead-Generator nach Bild 214 die Block-
ausgangsvariablen G_B (Block Carry Generate) und P_B (Block
Carry Propagate). Diese werden dann einem weiteren Carry-
Look-Ahead-Generator zugeführt. Der Blockübertrag $\ddot{U}_B$ ist
der Übertrag von VA_3 in Bild 214. Er ist dort nicht eingezeichnet, weil er direkt nicht benötigt wird. Analog zu den
Gl. (118) bis (120) läßt sich schreiben

$$\begin{aligned}
\ddot{U}_3 &= \ddot{U}_B \\
&= G_3 + P_3 \cdot U_2 \\
&= G_3 + P_3 \cdot G_2 + P_3 \cdot P_2 \cdot G_1 + P_3 \cdot P_2 \cdot P_1 \cdot G_0 + P_3 \cdot P_2 \cdot P_1 \cdot P_0 \ddot{U}_{-1}
\end{aligned}$$
$$\tag{121}$$

Durch Vergleich mit der Form Gl. (122)

$$\ddot{U}_B = G_B + P_B \cdot \ddot{U}_{B(-1)} \tag{122}$$

ergibt sich die Realisierung der Schaltnetze für P_B und G_B
nach Gl. (123) und (124). Dabei ist $\ddot{U}_{B(-1)}$ der Blockübertrag des nächst niederwertigen Blocks.

$$P_B = P_3 \cdot P_2 \cdot P_1 \cdot P_0 \tag{123}$$

$$G_B = G_3 + P_3 \cdot G_2 + P_3 \cdot P_2 \cdot G_1 + P_3 \cdot P_2 \cdot P_1 \cdot G_0 \tag{124}$$

9.3.5. Arithmetisch-logische Einheit

Die in Bild 214 beschriebene Schaltung ist nur in der Lage,
Dualzahlen zu addieren. Mit einer Arithmetisch-logischen
Einheit (__ALU__ = __A__rithmetic __L__ogic __U__nit) lassen sich binäre
Eingangsworte z.B. auch subtrahieren, bitweise logisch ver-
knüpfen, vergleichen usw. Bild 215a zeigt ein allgemeines
Blockschaltbild einer ALU mit den in Bild 216 beschriebenen
Funktionen. Die jeweilige Funktion wird durch die Steuer-
eingänge S_0 bis S_2 bestimmt.

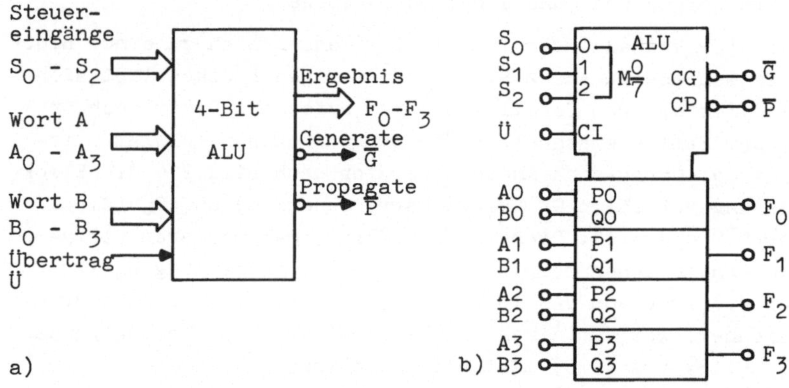

Bild 215 Allgemeines Blockschaltbild einer ALU (a) und Symbol nach DIN 40 900 (b)

In der in Bild 215b gezeigten Darstellung nach DIN 40 900
Teil 12 bedeuten die festgelegten inneren Bezeichnungen
M = Modus (Mode-Abhängigkeit), CI = Eingangsübertrag (Carry
Input), CG = Carry Generate, CP = Carry Propagate (s. Ab-
schn. 9.3.4.2.). Die Buchstaben P und Q kennzeichnen Ope-
randeneingänge. Die Ausgänge $\overline{G}$ und $\overline{P}$ (äußere, nicht genormte
Bezeichnungen) sind abgesehen von der Negation identisch

mit den Ausgängen G_B und P_B in Bild 214. Die Schaltung Bild 215 enthält einen Carry-Look-Ahead-Generator zur schnellen Übertragsbestimmung. Mit Hilfe der Propagate- und Generate-Ausgänge $\overline{P}$ und $\overline{G}$ läßt sich bei kaskadierten ALUs die Durchlaufzeit des Übertrags verkürzen. Bild 217 zeigt eine 16-Bit-ALU, die aus vier 4-Bit-ALUs entsprechend Bild 215 aufgebaut ist.

S_2	S_1	S_0	Operation
0	0	0	Alle Ausgänge 0
0	0	1	B minus A
0	1	0	A minus B
0	1	1	A plus B
1	0	0	A exklusiv oder B
1	0	1	A oder B
1	1	0	A und B
1	1	1	Alle Ausgänge 1

Bild 216 Beispiel für ALU-Operationen

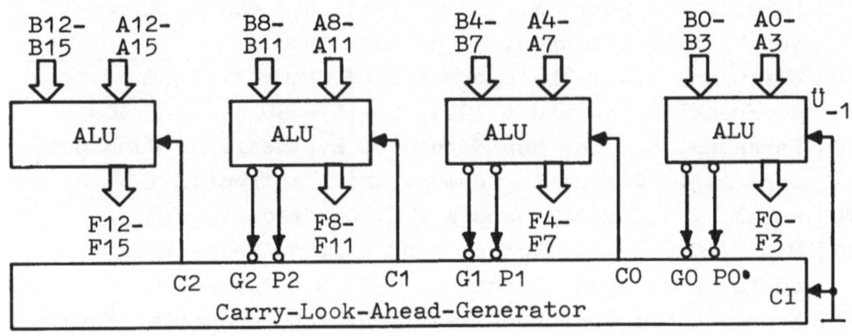

Bild 217 Aufbau einer 16-stelligen ALU aus 4-Bit-ALUs

Arithmetisch-logische Einheiten, die in der Lage sind, ausser arithmetischen Operationen und logischen Verknüpfungen auch eine Parallelverschiebung von Worten durchzuführen, enthalten die dazu notwendigen Schieberegister.

Anhang

Weiterführende Literatur

[1] Amon, P.: Gate Arrays. Heidelberg 1986

[2] Blakeslee, T.R.: Design with Standard MSI and LSI. New York 1979

[3] Caldwell, S.H.: Der logische Entwurf von Schaltkreisen. München 1964

[4] Dokter, F.; Steinhauer, J.: Digitale Elektronik, Band 1. Eindhoven 1971

[5] Dokter, F.; Steinhauer, J.: Digitale Elektronik, Band 2. Eindhoven 1970

[6] Haack, O.: Einführung in die Digitaltechnik. Stuttgart 1984

[7] Hörbst, E.; Nett, M.; Schwärtzel, H.: VENUS. Entwurf von VLSI-Schaltungen. Heidelberg 1986

[8] Huffmann, D.A.: The Synthesis of Sequential Circuits. J. Franklin Institute 1954, S. 161-190 und 175-303

[9] Karnaugh, M.: The Map Method of Synthesis of Combinational Logic Circuits. Commun. and Electronics 1953 S. 593

[10] Kussl, V.: Digitaltechnik III. Düsseldorf 1973

[11] Mealy, G.H.: A Method of Synthesizing Sequential Circuits. Bell Syst. Techn. J. 1955 S. 1045 - 1080

[12] Moore, E.F.: Gedanken-Experiments on Sequential Machines. Automata Studies, Princetown Univ. 1956

[13] Peatman, J.B.: Digital Hardware Design. New York, 1980

[14] Schaller, G.; Nüchel, W.: Nachrichtenverarbeitung 1, Digitale Schaltkreise. Stuttgart 1987

[15] Schaller, G.; Nüchel, W.: Nachrichtenverarbeitung 3, Entwurf von Schaltwerken mit Mikroprozessoren, Stuttgart 1984

[16] Seifart, M.: Digitale Schaltungen und Schaltkreise. Heidelberg 1982

[17] Steinbuch, K.; Weber, W.: Taschenbuch der Informatik. Berlin 1974

[18] VALVO: Integrierte programmierbare Logikschaltungen. Datenbuch, Hamburg 1983

[19]Veitch, E.W.: A Chart Method of Simplifying Truth Functions. Proc. Ass. for Computing Machinery 1952
[20]Weyh, U.: Elemente der Schaltungsalgebra. München 1972
[21]Wolfgarten, W.: Binäre Schaltkreise. Heidelberg 1972
[22]Zissos, D.: Logic Design Algorithms. Oxford 1972

Lösungen zu den Übungsaufgaben

__Zu Beispiel 14:__ $Y_6 = \overline{A} \cdot B + A \cdot \overline{B}$, $Y_9 = \overline{A} \cdot \overline{B} + A \cdot B$.

$\overline{Y}_6 = \overline{\overline{A} \cdot B + A \cdot \overline{B}} = \overline{\overline{A} \cdot B} \cdot \overline{A \cdot \overline{B}} = (A + \overline{B}) \cdot (\overline{A} + B) = A \cdot \overline{A} + A \cdot B + \overline{A} \cdot \overline{B} + B \cdot \overline{B} = A \cdot B + \overline{A} \cdot \overline{B} = Y_9$

__Zu Beispiel 15:__ $A + A \cdot B = A \cdot (1 + B) = A \cdot 1 = A$

$A \cdot (A + B) = A \cdot A + A \cdot B = A + A \cdot B = A \cdot (1 + B) = A \cdot 1 = A$

__Zu Beispiel 16:__

a)

B	A	$\overline{A}+B$	$A(\overline{A}+B)$	AB
0	0	1	0	0
0	1	0	0	0
1	0	1	0	0
1	1	1	1	1

b)

B	A	$\overline{A}B$	$A+\overline{A}B$	$A+B$
0	0	0	0	0
0	1	0	1	1
1	0	1	1	1
1	1	0	1	1

c)

C	B	A	A+B	A+C	Y_1	BC	Y_2
0	0	0	0	0	0	0	0
0	0	1	1	1	1	0	1
0	1	0	1	0	0	0	0
0	1	1	1	1	1	0	1
1	0	0	0	1	0	0	0
1	0	1	1	1	1	0	1
1	1	0	1	1	1	1	1
1	1	1	1	1	1	1	1

$$Y_1 = (A+B)(A+C) \qquad Y_2 = A+BC$$

Bild 218 Funktionstabellen zu Beispiel 16

__Zu Beispiel 17:__ Unter Anwendung des Shannonschen Theorems Gl. 30 erhält man die Komplemente

a) $\overline{Y} = [\overline{A} + (\overline{B} + C) \cdot (\overline{D} + \overline{E} + \overline{F})] \cdot [\overline{C} + F]$

b) $\overline{Y} = [\overline{A} \cdot (\overline{B} + \overline{C} + D)] + [(A + \overline{D}) \cdot (\overline{F} + \{\overline{B} + C\} \cdot \overline{E})]$

__Zu Beispiel 18:__ $Y = A \cdot \overline{B} \cdot C \cdot D + A \cdot B \cdot \overline{C} \cdot D + \overline{A} \cdot B \cdot \overline{C} \cdot D + \overline{A} \cdot \overline{B} \cdot C \cdot D = A \cdot \overline{B} \cdot C \cdot D + \overline{A} \cdot \overline{B} \cdot C \cdot D + A \cdot B \cdot \overline{C} \cdot D + \overline{A} \cdot B \cdot \overline{C} \cdot D = (A + \overline{A}) \cdot \overline{B} \cdot C \cdot D +$

$(A + \overline{A}) \cdot B \cdot \overline{C} \cdot D = \overline{B} \cdot C \cdot D + B \cdot \overline{C} \cdot D = (\overline{B} \cdot C + B \cdot \overline{C}) \cdot D$

<u>Zu Beispiel 19:</u> a) $Y_1 = \overline{A} \cdot \overline{B} \cdot \overline{C} + \overline{A} \cdot B \cdot \overline{C} + A \cdot B \cdot \overline{C} + \overline{A} \cdot B \cdot C$

$\qquad\qquad\qquad Y_2 = \overline{A} \cdot B \cdot \overline{C} + A \cdot B \cdot \overline{C} + \overline{A} \cdot \overline{B} \cdot C + A \cdot B \cdot C$

b) $Y_1 = (\overline{A} + B + C) \cdot (A + B + \overline{C}) \cdot (\overline{A} + B + \overline{C}) \cdot (\overline{A} + \overline{B} + \overline{C})$

$\quad Y_2 = (A + B + C) \cdot (\overline{A} + B + C) \cdot (\overline{A} + B + \overline{C}) \cdot (A + \overline{B} + \overline{C})$

<u>Zu Beispiel 20:</u> Die Konjunktionen der Funktion $Y = A \cdot B + \overline{B} \cdot \overline{D}$
+ $B \cdot C \cdot D$ werden in die KV-Tafel Bild 219
eingetragen. Jedes mit einer 1 belegte
Feld entspricht einem Minterm, jedes un-
belegte Feld einem Maxterm.

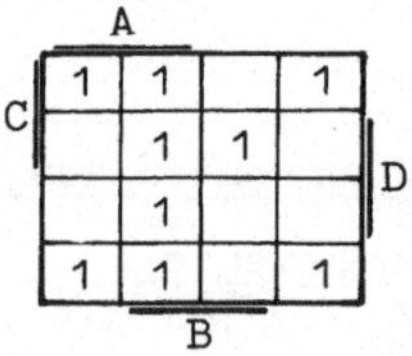

a) $Y = A \cdot \overline{B} \cdot C \cdot \overline{D} + A \cdot B \cdot C \cdot \overline{D} + \overline{A} \cdot \overline{B} \cdot C \cdot \overline{D} +$

$\qquad A \cdot B \cdot C \cdot D + \overline{A} \cdot B \cdot C \cdot D + A \cdot B \cdot \overline{C} \cdot D +$

$\qquad A \cdot \overline{B} \cdot \overline{C} \cdot \overline{D} + A \cdot B \cdot \overline{C} \cdot \overline{D} + \overline{A} \cdot \overline{B} \cdot \overline{C} \cdot \overline{D}$

b) $Y = (A + \overline{B} + \overline{C} + D) \cdot (\overline{A} + B + \overline{C} + \overline{D}) \cdot$

$\qquad (A + B + \overline{C} + \overline{D}) \cdot (\overline{A} + B + C + \overline{D}) \cdot$

$\qquad (A + \overline{B} + C + \overline{D})\ (A + B + C + \overline{D}) \cdot (A + \overline{B} + C + D)$

Bild 219 KV-Tafel zu Bei-spiel 20

<u>Zu Beispiel 21:</u> a) $Y = \overline{B} \cdot \overline{D} + \overline{A} \cdot \overline{D} + \overline{A} \cdot B \cdot C$

b) $Y = A \cdot C + C \cdot D + \overline{A} \cdot \overline{B}$

c) $Y = (\overline{A} + C) \cdot (\overline{B} + C) \cdot (A + \overline{B} + D)$

Da in Bild 19c gerade die Felder mit 0 belegt sind, die in
Bild 19b frei sind, müssen beide Funktionen gleich sein, wie
dies auch durch Anwenden der schaltalgebraischen Rechenregeln gezeigt werden kann.

$Y = \underline{(\overline{A} + C) \cdot (\overline{B} + C) \cdot (A + \overline{B} + D)} = (C + \overline{A} \cdot \overline{B}) \cdot (A + \overline{B} + D) =$

$\qquad A \cdot C + \overline{B} \cdot C + C \cdot D + A \cdot \overline{A} \cdot B + \overline{A} \cdot \overline{B} + \overline{A} \cdot \overline{B} \cdot D = A \cdot C + \overline{B} \cdot C + C \cdot D$

$\qquad + \overline{A} \cdot \overline{B} = A \cdot C + \overline{B} \cdot C \cdot (A + \overline{A}) + C \cdot D + \overline{A} \cdot \overline{B} = A \cdot C + A \cdot \overline{B} \cdot C +$

$\qquad \overline{A} \cdot \overline{B} \cdot C + C \cdot D + \overline{A} \cdot \overline{B} = A \cdot C \cdot (1 + \overline{B}) + \overline{A} \cdot \overline{B} \cdot (1 + C) + C \cdot D =$

$\qquad \underline{A \cdot C + C \cdot D + \overline{A} \cdot \overline{B}}$

<u>Zu Beispiel 22:</u> a) $Y = B \cdot C \cdot D + B \cdot \overline{C} \cdot \overline{D} + \overline{A} \cdot B \cdot D$ bzw. $Y = B \cdot C \cdot D$
+ $B \cdot \overline{C} \cdot \overline{D} + \overline{A} \cdot B \cdot \overline{C}$

b) $Y = \overline{C} \cdot D + B \cdot D + A \cdot B \cdot C$

c) $Y = (\overline{A} + \overline{C} + \overline{D}) \cdot (B + C + D) \cdot (\overline{A} + B + C)$ bzw.

$\qquad Y = (\overline{A} + \overline{C} + \overline{D}) \cdot (B + C + D) \cdot (\overline{A} + B + \overline{D})$

d) $Y = A \cdot \overline{D} + \overline{B} \cdot C + \overline{C} \cdot D$

<u>Zu Beispiel 23:</u> a) $Y = A \cdot \overline{B} \cdot \overline{C} + A \cdot B \cdot \overline{C} + A \cdot \overline{B} \cdot C$

b) $Y = (A + \overline{B} + C) \cdot (A + B + \overline{C})$

c) Unter Berücksichtigung der drei frei wählbaren Terme
$\overline{A} \cdot \overline{B} \cdot \overline{C}$, $\overline{A} \cdot B \cdot C$ und $A \cdot B \cdot C$ findet man mit der KV-Tafel $Y = A$.

d) $Y = A$

<u>Zu Beispiel 32:</u> $Y = (\overline{A} \cdot B + A \cdot \overline{B}) \cdot \overline{C} + \overline{(\overline{A} \cdot B + A \cdot \overline{B})} \cdot C$

<u>Zu Beispiel 33:</u> $Y = (A + B + \overline{C}) \cdot (\overline{D} + \overline{A}\ \overline{B}\ \overline{C})$

<u>Zu Beispiel 34:</u>

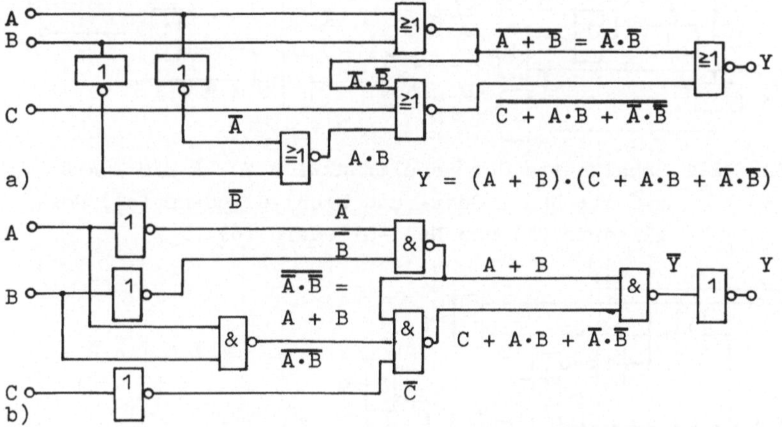

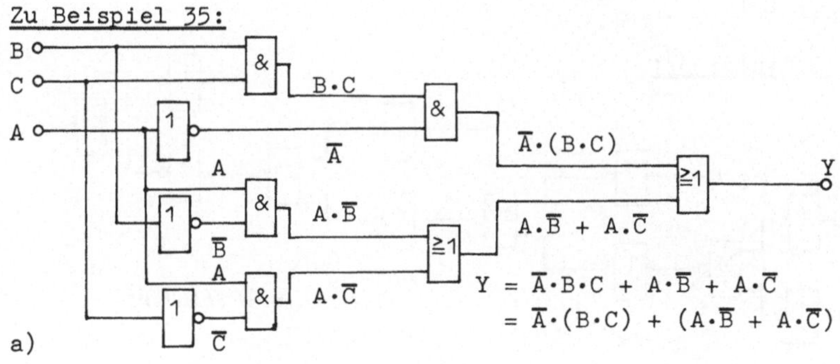

Bild 220 Schaltnetze zu der Schaltfunktion $Y = (A + B) \cdot$
$(C + A \cdot B + \overline{A} \cdot \overline{B})$ mit Nor- (a) und Nand-Gliedern (b)

<u>Zu Beispiel 35:</u>

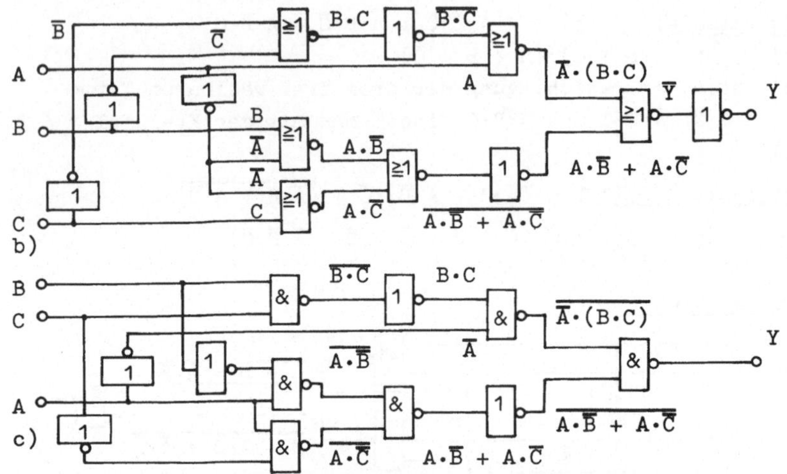

b)

c)

Bild 221 Schaltnetze der Schaltfunktion $Y = \overline{A} \cdot B \cdot C + A \cdot \overline{B} + A \cdot \overline{C}$ mit Und-, Oder- und Nicht-Gliedern (a), Nor-gliedern (b) und Nand-Gliedern (c)

Zu Beispiel 36:

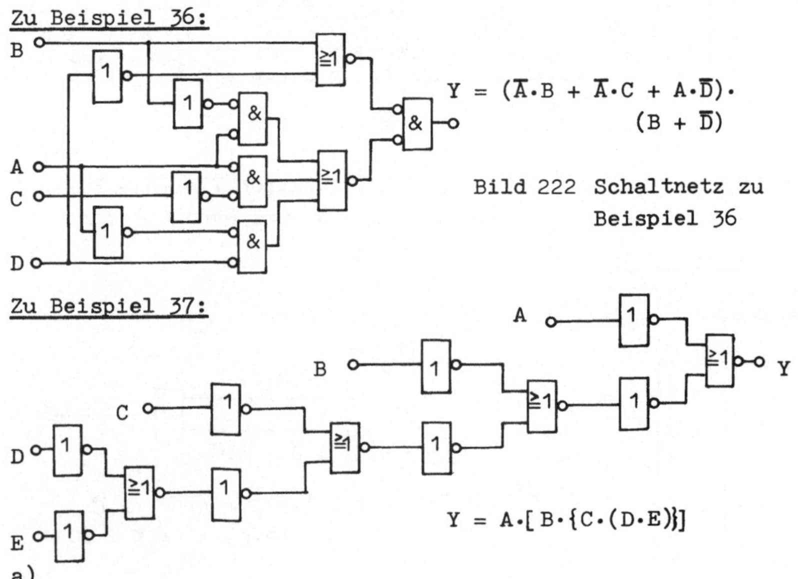

$$Y = (\overline{A} \cdot B + \overline{A} \cdot C + A \cdot \overline{D}) \cdot (B + \overline{D})$$

Bild 222 Schaltnetz zu Beispiel 36

Zu Beispiel 37:

$$Y = A \cdot [B \cdot \{C \cdot (D \cdot E)\}]$$

a)

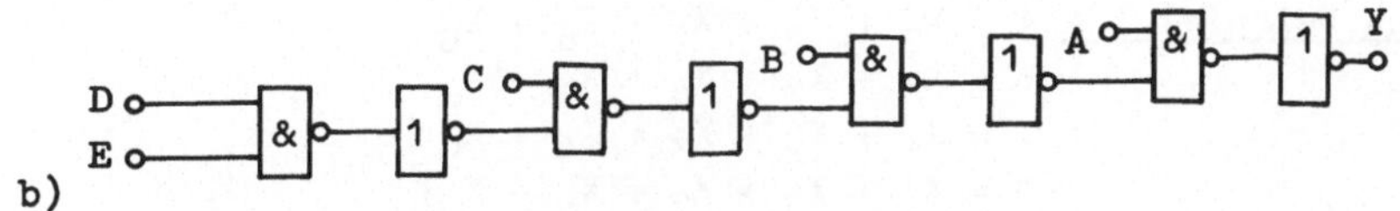

b)

Bild 223 Schaltnetze zu der Schaltfunktion Y = A·B·C·D·E
mit Nor- (a) und Nand-Gliedern (b)

<u>Zu Beispiel 38:</u> Mit den in Abschn. 1.1.3 und 1.1.4 getroffe-
nen Festlegungen über Ruhekontakte, Arbeitskontakte, Parallel- und Reihenschaltung von Kontakten erhält man aus Bild 35 die Schaltfunktion

$$Y = A \cdot \overline{B} \cdot (C + D) + \overline{A} \cdot B \cdot \overline{D} + D \cdot (\overline{B} + A \cdot \overline{C}).$$

Daraus ergibt sich das Schaltnetz in Bild 224

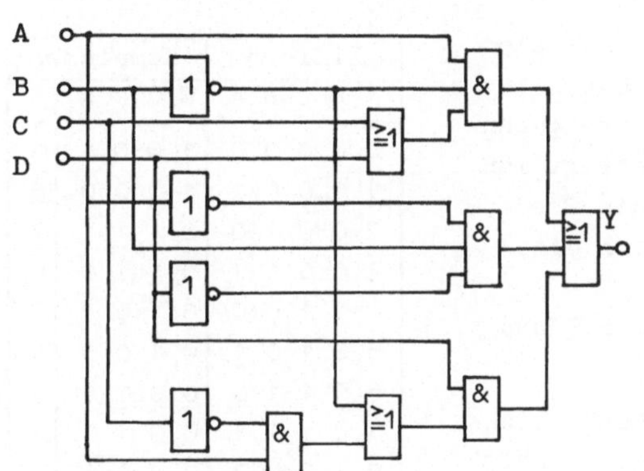

Bild 224 Schaltnetz zu Bild 35

<u>Zu Beispiel 39:</u> Die Analyse von Bild 36 führt zu der Schalt-
funktion $Y = (A + B + \overline{C}) \cdot (\overline{D} + \overline{A} \cdot \overline{B} \cdot \overline{C})$. Durch das Setzen von
Klammern wird die Funktion der auf n = 2 begrenzten Ein-
gangsauffächerung angepaßt. $Y = [(A + B) + \overline{C}] \cdot [\overline{D} + (\overline{A} \cdot \overline{B}) \cdot \overline{C}]$

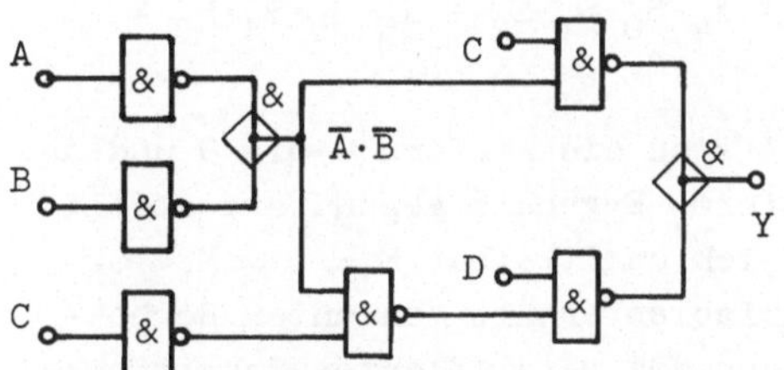

Bild 225 Schaltnetz mit Nand-Gliedern zur Schaltfunktion
$Y = (A + B + \overline{C}) \cdot (\overline{D} + \overline{A} \cdot \overline{B} \cdot \overline{C})$ in Beispiel 39

$\underline{\text{Zu Beispiel 57:}}$ $A = X_0 + X_2 + X_4 + X_6 + X_8$
$B = X_0 + X_3 + X_4 + X_7 + X_8$
$C = X_1 + X_2 + X_3 + X_4 + X_9$
$D = X_5 + X_6 + X_7 + X_8 + X_9$

$\underline{\text{Zu Beispiel 58:}}$ $Y_0 = \overline{C}\cdot\overline{D}$, $Y_1 = \overline{A}\cdot\overline{B}\cdot\overline{D}$, $Y_2 = A\cdot\overline{B}\cdot C$ bzw. $Y_2 = A\cdot\overline{B}\cdot\overline{D}$, $Y_3 = \overline{A}\cdot B\cdot C$ bzw. $Y_3 = \overline{A}\cdot B\cdot\overline{D}$, $Y_4 = A\cdot B\cdot C$, $Y_5 = \overline{A}\cdot\overline{B}\cdot\overline{C}$, $Y_6 = A\cdot\overline{B}\cdot\overline{C}$ bzw. $Y_6 = A\cdot\overline{B}\cdot D$, $Y_7 = \overline{A}\cdot B\cdot\overline{C}$ bzw. $Y_7 = \overline{A}\cdot B\cdot D$, $Y_8 = A\cdot B\cdot D$, $Y_9 = C\cdot D$

$\underline{\text{Zu Beispiel 59:}}$ In Bild 226 sind den Ziffern 0 bis 9 im 8-4-2-1-Code die Neunerkomplemente gegenübergestellt. Berücksichtigt man bei der Vereinfachung die Pseudotetraden, so ergeben sich die Schaltfunktionen
$E = \overline{A}$, $F = B$, $G = B\cdot\overline{C} + \overline{B}\cdot C$ und $H = \overline{B}\cdot\overline{C}\cdot\overline{D}$

Ziffern					Komplement				
	D	C	B	A	H	G	F	E	
0	0	0	0	0	1	0	0	1	9
1	0	0	0	1	1	0	0	0	8
2	0	0	1	0	0	1	1	1	7
3	0	0	1	1	0	1	1	0	6
4	0	1	0	0	0	1	0	1	5
5	0	1	0	1	0	1	0	0	4
6	0	1	1	0	0	0	1	1	3
7	0	1	1	1	0	0	1	0	2
8	1	0	0	0	0	0	0	1	1
9	1	0	0	1	0	0	0	0	0

Bild 226 Neunerkomplement im 8-4-2-1-Code

$\underline{\text{Zu Beispiel 60:}}$ Unter Berücksichtigung der Pseudotetraden erhält man die Schaltfunktionen
$E = \overline{A}$
$F = A\cdot\overline{B}\cdot C + A\cdot B\cdot D + \overline{A}\cdot B\cdot C + \overline{A}\cdot\overline{B}\cdot D$
$G = C\cdot D + A\cdot D + B\cdot D + A\cdot B\cdot C$
$H = D$

$\underline{\text{Zu Beispiel 61:}}$ $Y = T\cdot(X_0\cdot\overline{S}_0\cdot\overline{S}_1\cdot\overline{S}_2 + X_1\cdot S_0\cdot\overline{S}_2\cdot\overline{S}_2 + X_2\cdot\overline{S}_0\cdot S_1\cdot\overline{S}_2 + X_3\cdot S_0\cdot S_1\cdot\overline{S}_2 + X_4\cdot\overline{S}_0\cdot\overline{S}_1\cdot S_2 + X_5\cdot S_0\cdot\overline{S}_1\cdot S_2 + X_6\cdot\overline{S}_0\cdot S_1\cdot S_2 + X_7\cdot S_0\cdot S_1\cdot S_2)$

$\underline{\text{Zu Beispiel 62:}}$ In Bild 227 sind die Ziffern 0 bis 9 und das mit dem Faktor 4 multiplizierte Ergebnis gegenübergestellt. Aus dieser Tabelle ergibt sich unmittelbar $E = L = M = 0$. Für die übrigen Ausgangsvariablen erhält man unter Berücksichtigung der Pseudotetraden die vereinfachten Schaltfunktionen $F = D + A\cdot B\cdot\overline{C} + \overline{A}\cdot\overline{B}\cdot C$, $G = \overline{A}\cdot C + A\cdot\overline{B}\cdot\overline{C}$, $H = A\cdot B\cdot C + \overline{A}\cdot B\cdot\overline{C}$, $I = D + A\cdot B\cdot\overline{C} + \overline{A}\cdot\overline{B}\cdot C = F$, $K = D + A\cdot C + B\cdot C$

n	D C B A	M L K I	H G F E	4n
0	0 0 0 0	0 0 0 0	0 0 0 0	0
1	0 0 0 1	0 0 0 0	0 1 0 0	4
2	0 0 1 0	0 0 0 0	1 0 0 0	8
3	0 0 1 1	0 0 0 1	0 0 1 0	12
4	0 1 0 0	0 0 0 1	0 1 1 0	16
5	0 1 0 1	0 0 1 0	0 0 0 0	20
6	0 1 1 0	0 0 1 0	0 1 0 0	24
7	0 1 1 1	0 0 1 0	1 0 0 0	28
8	1 0 0 0	0 0 1 1	0 0 1 0	32
9	1 0 0 1	0 0 1 1	0 1 1 0	36

Bild 227 Funktionstabelle zu Beispiel 62

Zu Beispiel 63:

$$T = \overline{A} \cdot C + \overline{A} \cdot \overline{B} + \overline{A} \cdot C + D$$
$$U = \overline{A} \cdot B + \overline{A} \cdot \overline{C}$$
$$V = \overline{A} \cdot \overline{C} + A \cdot C + B + D$$
$$W = \overline{A} \cdot B + B \cdot \overline{C} + \overline{B} \cdot C + D$$
$$X = \overline{A} \cdot B + \overline{A} \cdot \overline{C} + A \cdot \overline{B} \cdot C$$
$$+ B \cdot \overline{C} + D$$
$$Y = \overline{A} \cdot \overline{B} + A \cdot B + \overline{C}$$
$$Z = A + \overline{B} + C$$

Im Falle a) werden 26 Nand-Bausteine mit 61 Eingängen benötigt, während im Fall b) 23 Nand-Bausteine mit insgesamt 58 Eingängen benötigt werden.

Zu Beispiel 64: Bild 228 zeigt die Funktionstabelle für den Füllstandsgeber von Beispiel 64. Da der Fall A = 1 und B = 0 nicht vorkommen kann, ist an dieser Stelle in Bild 228 ein frei wählbarer Term eingetragen. Man findet aus den KV-Tafeln oder auch unmittelbar aus der Funktionstabelle Bild 228 $P_1 = \overline{A}$ und $P_2 = \overline{B}$.

A	B	P_1	P_2
0	0	1	1
0	1	1	0
1	0	X	X
1	1	0	0

Bild 228 Funktionstabelle zu Beispiel 64

Zu Beispiel 65: Y = D

Zu Beispiel 66: Mit den Zuordnungen der binären Werte zu den Variablen nach Bild 101 wird die vollständige Funktionstabelle für die Ausgangsvariablen F_B und M_M in Abhängigkeit von den Eingangsvariablen V_W, T_R, T_K und T_S in Bild 229 aufgestellt. Aus ihr geht hervor, daß der Mischermotor M_M nur dann eingeschaltet wird, wenn kein Warmwasser entnommen wird ($V_W = 0$) und die Raumtemperatur unter der eingestellten liegt ($T_R = 0$). Der Brenner F_B wird eingeschaltet, wenn

Warmwasser entnommen wird, so-
fern nicht der Sicherheitsthermostat T_S anspricht (T_S = 0) und
wenn bei zu niedriger Raumtemperatur (T_R = 0) die Kesseltemperatur unter dem Wert ϑ_{K1} liegt
(T_K = 0). Der Fall T_K = 0 und
T_S = 1 kann bei richtiger Ein-
stellung des Kesselthermostaten
und des Sicherheitsthermostaten
(ϑ_{K2} > ϑ_{K1}) nicht vorkommen.
Aus Sicherheitsgründen sind in
der Funktionstabelle Bild 229
keine frei wählbaren Terme (X)
eingetragen. Man erhält so die
Schaltfunktionen

V_W	T_R	T_K	T_S	F_B	M_M
0	0	0	0	1	1
0	0	0	1	0	1
0	0	1	0	0	1
0	0	1	1	0	1
0	1	0	0	1	0
0	1	0	1	0	0
0	1	1	0	0	0
0	1	1	1	0	0
1	0	0	0	1	0
1	0	0	1	0	0
1	0	1	0	1	0
1	0	1	1	0	0
1	1	0	0	1	0
1	1	0	1	0	0
1	1	1	0	1	0
1	1	1	1	0	0

Bild 229 Funktionstabelle
zu Beispiel 66

$$M_M = \overline{V}_W \cdot \overline{T}_R$$
$$F_B = V_W \cdot \overline{T}_S + \overline{T}_K \cdot \overline{T}_S$$
$$ = \overline{T}_S \cdot (V_W + \overline{T}_K)$$

<u>Zu Beispiel 67:</u> Die Schaltfunk-
tion Z wird negiert, damit man
eine disjunktive Form erhält.

$$\overline{Z} = \overline{A} \cdot B \cdot \overline{C} + B \cdot \overline{C} \cdot D + \overline{A} \cdot B \cdot \overline{D} \cdot E$$
$$+ A \cdot B \cdot C \cdot \overline{D} \cdot \overline{E}$$

Um einen Inverter für die Dateneingänge zu sparen, wird die
Variable B auf die Dateneingänge gelegt.

$$Z = B \cdot (\overline{A} \cdot \overline{C} + \overline{C} \cdot D + \overline{A} \cdot \overline{D} \cdot E + A \cdot C \cdot \overline{D} \cdot \overline{E})$$

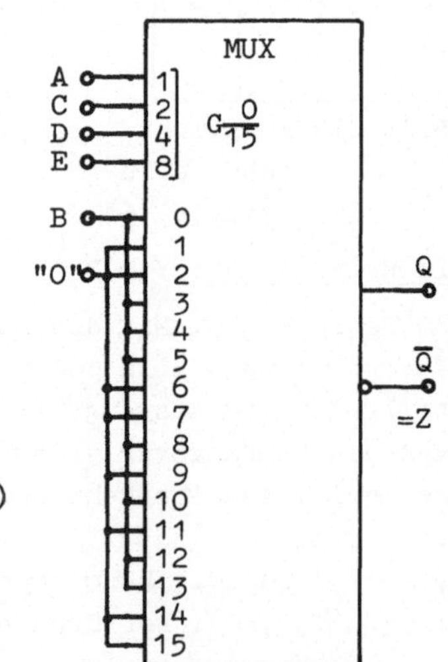

Bild 230 Schaltnetz zu Beispiel 67

Den Klammerausdruck kann man mit Hilfe einer KV-Tafel oder
durch schaltalgebraische Umformungen in eine disjunktive
Normalform bringen. Die Minterme führen zu den Eingängen,
die in Bild 230 mit der Variablen B zu verbinden sind. Die
Ausgangsvariable Z erscheint am negierten Ausgang $\overline{Q}$ des
Multiplexers.

Zu Beispiel 71: Bild 231 zeigt die Zeitliniendiagramme des
Taktes T und
der Ausgangs-
variablen Q_1
des Flipflops
in Bild 133.

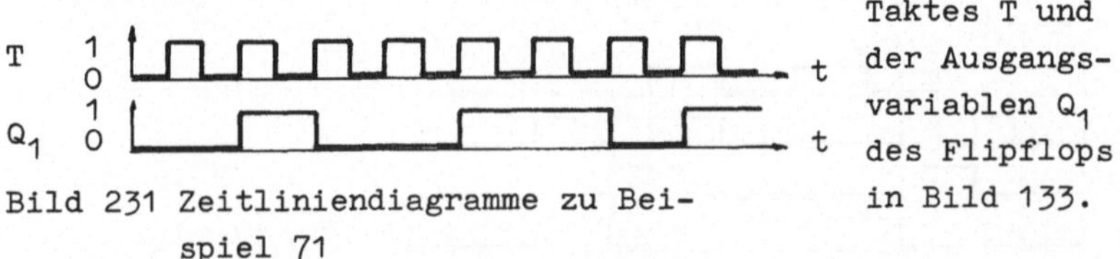

Bild 231 Zeitliniendiagramme zu Beispiel 71

Zu Beispiel 72: Die Funktionstabelle des $\overline{J}\overline{K}$-Flipflops in
der Form $\overline{J}^n$, $\overline{K}^n = f(Q^n, Q^{n+1})$ ist in
Bild 232 gezeigt.

Q^n	Q^{n+1}	$\overline{J}^n$	$\overline{K}^n$
0	0	1	X
0	1	0	X
1	0	X	0
1	1	X	1

Bild 232 Funktionstabelle des $\overline{J}\overline{K}$-Flip-
flops

Zu Beispiel 73: Aus der Funktionstabelle des S-Flipflops in
Bild 134 läßt sich die ausführliche Tabelle Bild 133a angeben.

Q^n	Q^{n+1}	$S_1{}^n$	$S_2{}^n$
0	0	0	0
0	0	0	1
0	1	1	0
0	1	1	1
1	0	0	1
1	1	0	0
1	1	1	0
1	1	1	1

a)

Q^n	Q^{n+1}	$S_1{}^n$	$S_2{}^n$
0	0	0	X
0	1	1	X
1	0	0	1
1	1	X	0
1	1	1	X

b)

alternativ

Bild 233 Ausführliche (a) und vereinfachte Funktionstabelle
eines S-Flipflops (b)

Für den Fall, daß das Flipflop im Zustand $Q^n = Q^{n+1} = 1$ verharren soll, lassen sich insgesamt drei Möglichkeiten für
die Vorbereitungseingänge S_1 und S_2 angeben. Bei der vereinfachten Darstellung in Bild 133b darf jedoch nicht in diesem Fall $S_1^n = S_2^n = X$ stehen, da darin die unzulässige Kombination $S_1^n = 0$, $S_2^n = 1$ enthalten wäre.

Zu Beispiel 74:

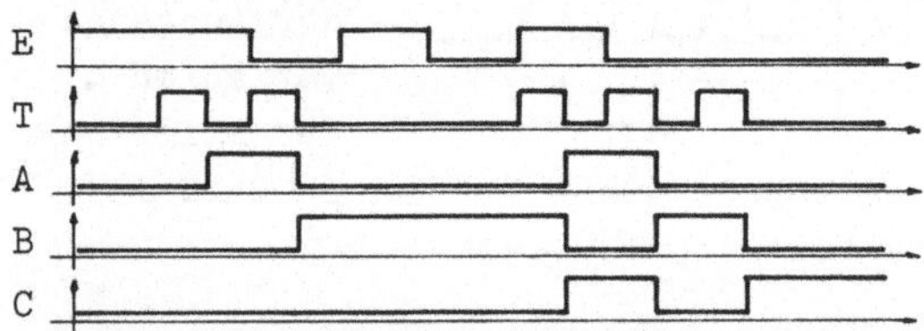

Zu Beispiel 75:

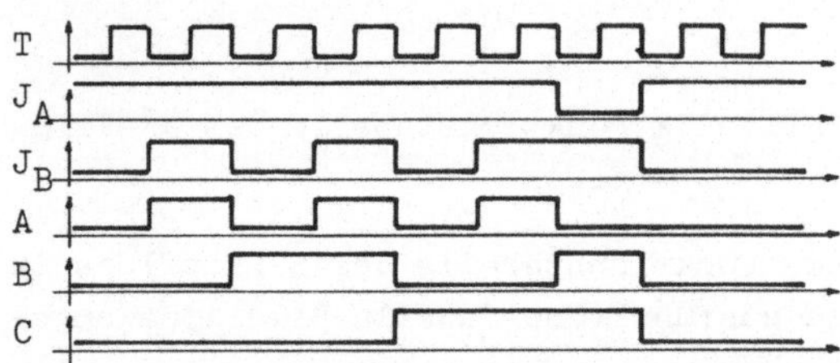

Bild 235 Zeitliniendiagramme des Modulo-7-Zählers in Bild
136

Zu Beispiel 76: Der asynchrone Zähler in Bild 137 kehrt nach
5 Taktimpulsen am Eingang T
in seine Ruhelage zurück. Er
ist demnach ein asynchroner
Modulo-5-Zähler.

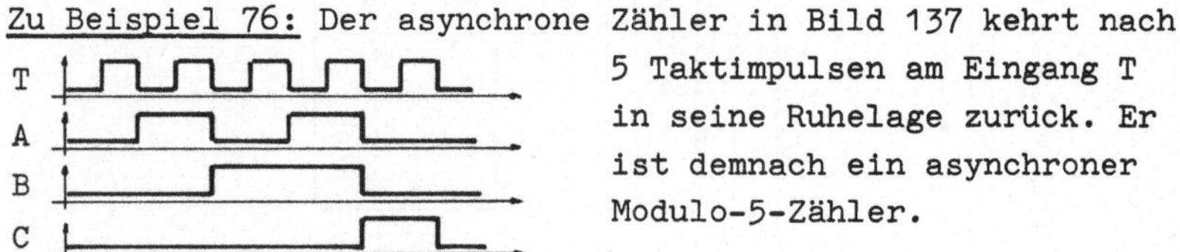

Bild 236 Zeitliniendiagramme zum asynchronen Zähler in Bild
137

Zu Beispiel 77: $f_T : f_D = 9 : 1$

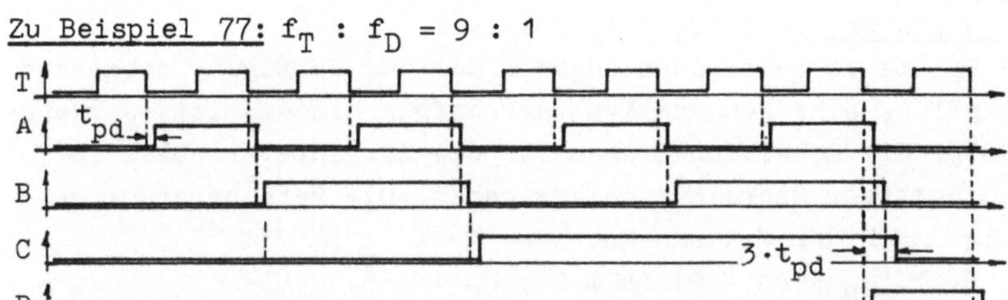

Bild 237 Zeitliniendiagramme des asynchronen Zählers in
Bild 138 unter Berücksichtigung der Verzögerungszeiten t_{pd}

Zu Beispiel 78: Mit der Funktionstabelle für das $\overline{JK}$-Flip-
flop in der Darstellung
Bild 232 und unter Be-
rücksichtigung der Pseu-
dowörter erhält man zu

a) $\overline{J}_A = 0$, $\overline{K}_A = C$
$\quad \overline{J}_B = \overline{A}$, $\overline{K}_B = 0$
$\quad \overline{J}_C = 0$, $\overline{K}_C = B$

Den Schaltplan zu b)
zeigt Bild 238.

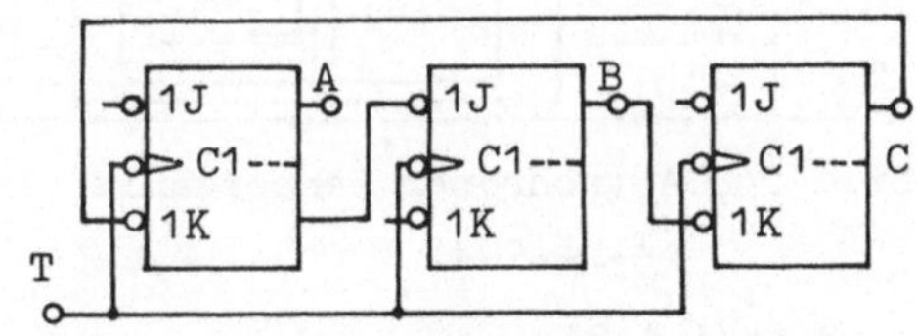

Bild 238 Synchroner Modulo-5-Zäh-
ler mit $\overline{JK}$-Flipflops

Zu Beispiel 79

Die Schalt-
funktionen
für die
Eingangsva-
riablen der
Flipflops
lauten

Bild 239 Modulo-11-Zähler nach Beispiel 79

$$\overline{J}_A = \overline{C}, \qquad \overline{J}_B = \overline{A}, \qquad \overline{J}_C = B, \qquad \overline{J}_D = C$$
$$\overline{K}_A = \overline{D}, \qquad \overline{K}_B = A \cdot \overline{C}, \qquad \overline{K}_C = B, \qquad \overline{K}_D = C$$

Zu Beispiel 80: a) S.Bild 117 b) $T_A = T$, $T_B = \overline{A}$, $T_C = T$
c) $K_A = J_B = K_B = K_C = 1$, $J_A = B + C$, $J_C = \overline{A} \cdot \overline{B}$

Zu Beispiel 81: a) $T_A = T$, $T_B = T$, $T_C = \overline{B}$
b) $S_A = \overline{A}$, $\qquad S_B = A \cdot \overline{B}$ $\qquad\qquad S_C = \overline{C}$
$\quad R_A = A$, $\qquad R_B = A \cdot B + B \cdot C$ $\qquad R_C = C$

<u>Zu Beispiel 82:</u> a) $T_A = T_B = T_C = T$, $T_D = C$

b) Da die Vorbereitungseingänge der zur Verfügung stehenden Flipflops eine konjunktive Verknüpfung bilden, ist es zweckmäßig, die Schaltfunktionen für die Eingangsvariablen in konjunktiver Schreibweise anzugeben. Die Vereinfachung erfolgt nach der Maxterm-Methode.

$J_A = 1$, $J_B = (A + D) \cdot (A + C)$, $J_C = A \cdot B$, $J_D = 1$

$K_A = 1$, $K_B = A$, $K_C = (A + D) \cdot (\overline{A} + B)$, $K_D = 1$

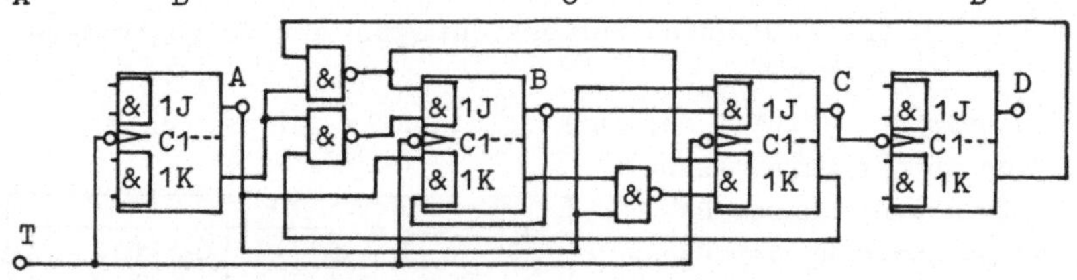

Bild 240 **Asynchroner Zehnerzähler im Exzeß-3-Code mit JK-Flipflops**

<u>Zu Beispiel 83:</u>

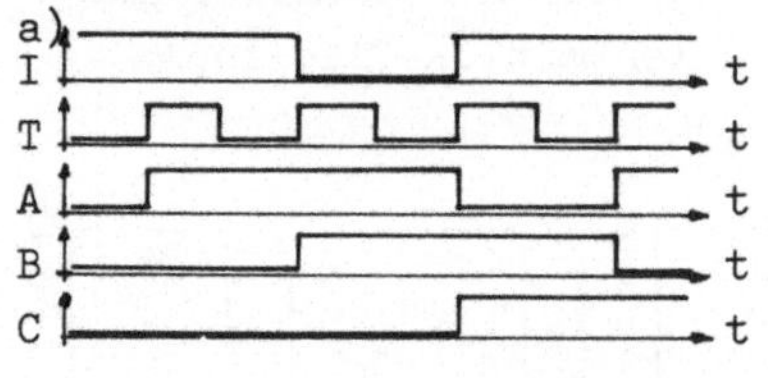

b) Die Schaltung in Bild 150 stellt ein Schieberegister dar, welches als Serien-Parallelwandler arbeitet. Die serielle Information gelangt über den Eingang I in das Register.

Bild 241 Zeitliniendiagramme des Schieberegisterns in Bild 150

<u>Zu Beispiel 84:</u>

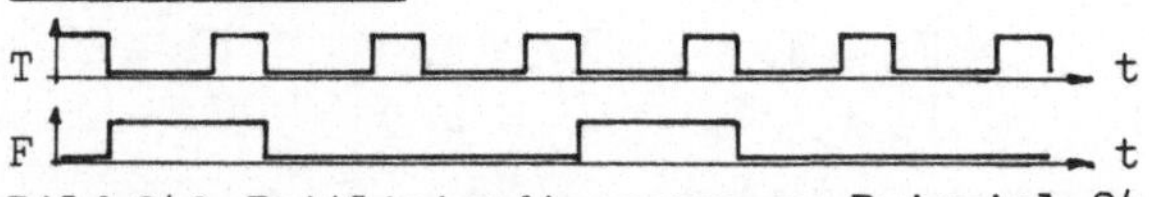

Bild 242 Zeitliniendiagramme zu Beispiel 84

<u>Zu Beispiel 85:</u> Bezeichnet man die Ausgangsvariablen der drei Flipflops mit A, B und C und die Vorbereitungseingänge entsprechend mit S_A bis R_C,,so erhält man z.B. für das mittlere Flipflop die Schaltfunktionen $S_B = V_R \cdot A + V_L \cdot C$ und

$R_B = V_R \cdot \overline{A} + V_L \cdot \overline{C}$. Beide Funktionen lassen sich mit je 3 Nand-Gliedern darstellen. Der Aufwand wird geringer, wenn man die Eigenschaft des Schieberegisters $R = \overline{S}$ ausnutzt. Man findet so die Schaltung in Bild 243.

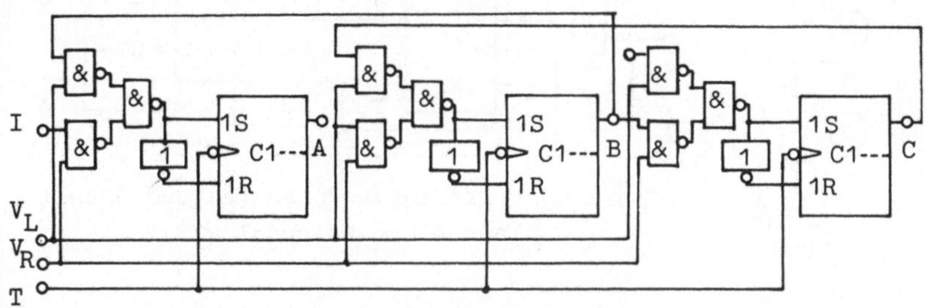

Bild 243 Schieberegister für zwei Schieberichtungen

<u>Zu Beispiel 86:</u> a) Anzahl der Flipflops $n = 3$
b) $P_0 = \overline{A} \cdot \overline{B} \cdot \overline{C}$, $P_1 = A \cdot \overline{B} \cdot \overline{C}$, $P_2 = \overline{A} \cdot B$, $P_3 = A \cdot B$, $P_4 = \overline{A} \cdot C$,
$P_5 = A \cdot C$
$Z_1 = P_0 \cdot X_1 + P_0 \cdot \overline{X}_1 \cdot \overline{X}_4 = P_0 \cdot (X_1 + \overline{X}_1 \cdot \overline{X}_4) = \overline{A} \cdot \overline{B} \cdot \overline{C} \, (X_1 + \overline{X}_4)$,
$Z_2 = P_1 = A \cdot \overline{B} \cdot \overline{C}$, $Z_3 = P_2 \cdot X_2 = \overline{A} \cdot B \cdot X_2$, $Z_4 = P_3 = A \cdot B$, $S_0 =$
$P_4 \cdot X_3 = \overline{A} \cdot C \cdot X_3$, $S_3 = P_5 = A \cdot C$, $S_5 = P_0 \cdot \overline{X}_1 \cdot X_4 = \overline{A} \cdot \overline{B} \cdot \overline{C} \cdot \overline{X}_1 \cdot X_4$
c) $Y_1 = P_1 = A \cdot \overline{B} \cdot \overline{C}$, $Y_2 = P_3 = A \cdot B$, $Y_3 = P_5 = A \cdot C$
d) Berücksichtigt man bei den Sprungbefehlen die Absprung-adresse (vergl.Bild 158), so erhält man mit
$\overline{A} = 1:\ J_A = Z_1 + Z_3 + S_5 = \overline{B} \cdot \overline{C} \cdot (X_1 + \overline{X}_4) + B \cdot X_2 + \overline{B} \cdot \overline{C} \cdot \overline{X}_1 \cdot \overline{X}_4$
$\qquad\qquad\quad = \overline{B} \cdot \overline{C} + B \cdot X_2$
$A = 1:\ K_A = Z_2 + Z_4 = B + \overline{C} \cdot$
$\overline{B} = 1:\ J_B = Z_2 + S_3 = A,\qquad\quad B = 1:\ K_B = Z_4 = A$
$\overline{C} = 1:\ J_C = Z_4 + S_5 = A \cdot B + \overline{A} \cdot \overline{B} \cdot \overline{X}_1 \cdot X_4$
$C = 1:\ K_C = S_0 + S_3 = A + X_3$

<u>Zu Beispiel 87:</u> Die Aufgabenstellung erfordert ein Schalt-werk mit drei Zuständen. Im Zustand P_0 wartet das Schalt-werk auf das Signal X. Im Zustand P_1 wird der Impuls Y aus-gegeben. Danach wartet das Schaltwerk im Zustand P_2, bis das Signal X wieder verschwunden ist, da sonst weitere Impulse Y in erneuten Durchläufen ausgegeben würden. Bild 244 zeigt Programmablaufplan und Schaltplan.

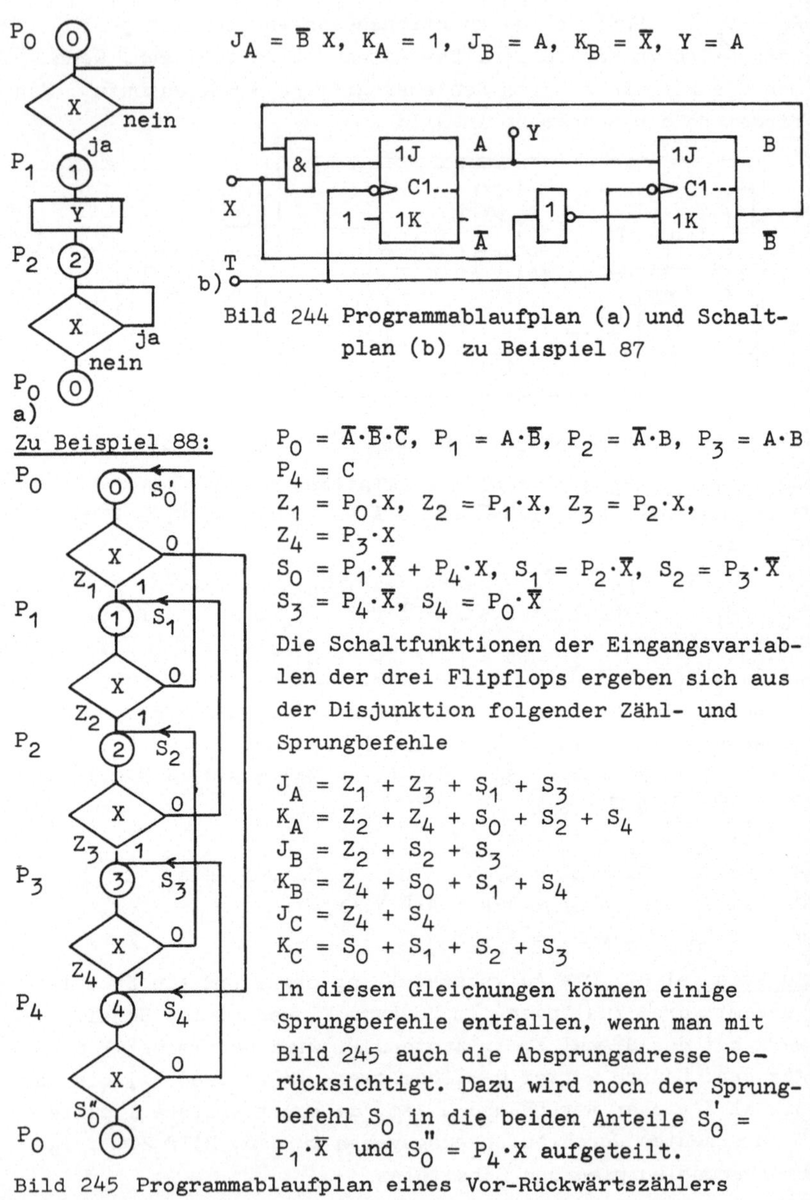

Bild 244 Programmablaufplan (a) und Schaltplan (b) zu Beispiel 87

$$P_0 = \overline{A}\cdot\overline{B}\cdot\overline{C}, \quad P_1 = A\cdot\overline{B}, \quad P_2 = \overline{A}\cdot B, \quad P_3 = A\cdot B$$
$$P_4 = C$$
$$Z_1 = P_0\cdot X, \quad Z_2 = P_1\cdot X, \quad Z_3 = P_2\cdot X,$$
$$Z_4 = P_3\cdot X$$
$$S_0 = P_1\cdot\overline{X} + P_4\cdot X, \quad S_1 = P_2\cdot\overline{X}, \quad S_2 = P_3\cdot\overline{X}$$
$$S_3 = P_4\cdot\overline{X}, \quad S_4 = P_0\cdot\overline{X}$$

Die Schaltfunktionen der Eingangsvariablen der drei Flipflops ergeben sich aus
der Disjunktion folgender Zähl- und
Sprungbefehle

$$J_A = Z_1 + Z_3 + S_1 + S_3$$
$$K_A = Z_2 + Z_4 + S_0 + S_2 + S_4$$
$$J_B = Z_2 + S_2 + S_3$$
$$K_B = Z_4 + S_0 + S_1 + S_4$$
$$J_C = Z_4 + S_4$$
$$K_C = S_0 + S_1 + S_2 + S_3$$

In diesen Gleichungen können einige
Sprungbefehle entfallen, wenn man mit
Bild 245 auch die Absprungadresse berücksichtigt. Dazu wird noch der Sprungbefehl S_0 in die beiden Anteile $S_0' =$
$P_1\cdot\overline{X}$ und $S_0'' = P_4\cdot X$ aufgeteilt.

Bild 245 Programmablaufplan eines Vor-Rückwärtszählers

Es ist $S_0 = S_0' + S_0''$.

Man erhält

$$J_A = Z_1 + Z_3 + S_1 + S_3$$
$$= P_0 \cdot X + P_2 \cdot X + P_2 \cdot \overline{X} + P_4 \cdot \overline{X}$$
$$= P_0 \cdot X + P_2 + P_4 \cdot \overline{X}$$
$$K_A = Z_2 + Z_4 + S_0' + S_2$$
$$= P_1 \cdot X + P_3 \cdot X + P_1 \cdot \overline{X} + P_3 \cdot \overline{X}$$
$$= P_1 + P_3$$
$$J_B = Z_2 + S_3$$
$$= P_1 \cdot X + P_4 \cdot \overline{X}$$
$$K_B = Z_4 + S_1$$
$$= P_3 \cdot X + P_2 \cdot \overline{X}$$
$$J_C = Z_4 + S_4$$
$$= P_3 \cdot X + P_0 \cdot \overline{X}$$
$$K_C = S_0'' + S_3 = P_4 \cdot X + P_4 \cdot \overline{X} = P_4$$

S	P	A B C	J_A K_A	J_B K_B	J_C K_C
S_0'	P_1 P_0	1 0 0 0 0 0	X 1	0 X	0 X
S_0''	P_4 P_0	0 0 1 0 0 0	0 X	0 X	X 1
S_1	P_2 P_1	0 1 0 1 0 0	1 X	X 1	0 X
S_2	P_3 P_2	1 1 0 0 1 0	X 1	X 0	0 X
S_3	P_4 P_3	0 0 1 1 1 0	1 X	1 X	X 1
S_4	P_0 P_4	0 0 0 0 0 1	0 X	0 X	1 X

Bild 246 Funktionstabelle zur Verringerung der Sprungbefehle in Beispiel 88

Da die Schaltzustände P_0 bis P_4 jeweils in mehreren Schaltfunktionen der Eingangsvariablen J_A bis K_C auftreten, ist es unzweckmäßig, weitere Vereinfachungen vorzunehmen.

<u>Zu Beispiel 89</u>: Das zu entwickelnde Schaltwerk wird von einem synchronen Dualzähler gesteuert. Es enthält u. a. einen Zähler, der das Stückgut zählt. Dieser wird durch ein Signal Y_{LZ} gelöscht. Er soll als synchroner Dualzähler aufgebaut sein. Die Flipflopausgänge werden im Gegensatz zu denen des steuernden Dualzählers mit A', B', C' und D' bezeichnet. Beim Zählerinhalt 10 gibt der Stückgutzähler ein Signal X_{ZZ} ab. $X_{ZZ} = \overline{A}' B' \overline{C}' D' = B' D'$ (vereinfacht). Ausserdem enthält das Schaltwerk ein Monoflop mit einer Verweilzeit t_1. Es wird von einem Signal Y_{MF} getriggert. Bild 247 zeigt den Programmablaufplan mit Kommentar.

Der Schaltplan Bild 248 ergibt sich aus den Schaltfunktionen

$$P_0 = \overline{A} \cdot \overline{B} \cdot \overline{C}, \quad P_1 = A \cdot \overline{B} \cdot \overline{C}, \quad P_2 = \overline{A} \cdot B \cdot \overline{C}, \quad P_3 = A \cdot B, \quad P_4 = \overline{A} \cdot \overline{B} \cdot C$$
$$P_5 = A \cdot C, \qquad P_6 = B \cdot C,$$

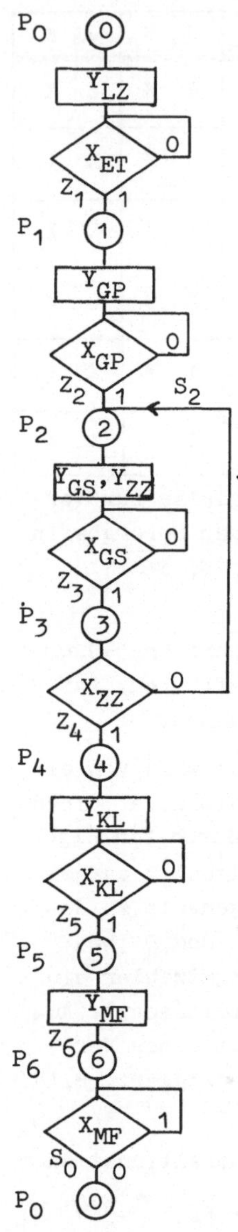

Ruhezustand

Löschsignal für den Stückgutzähler

Warten auf Betätigung der Ein-Taste ET

Signal zum Aktivieren des Greifarms GP

Warten bis Packung in die richtige Position gebracht ist

Signal zum Aktivieren des Greifers GS (Y_{GS}) und Signal zum Erhöhen des Inhalts vom Stückgutzähler um 1 (Y_{ZZ})

Abwarten auf das Ende des Ablegevorgangs

Abfrage des Inhalts vom Stückgutzähler. Bei $X_{ZZ} = 1$ ist dessen Inhalt gleich 10. Der Füllvorgang ist beendet.

Signal zum Aktivieren der Verklebeeinrichtung.

Warten auf Ende des Klebevorgangs

Signal zum Triggern eines Monoflops mit der Verweilzeit t_1

Warten, bis das Monoflop in die Ausgangslage zurückgekehrt ist.

Bild 247 Programmablaufplan eines Verpackungsautomaten

$$Z_1 = P_0 \cdot X_{ET}, \quad Z_2 = P_1 \cdot X_{GP}, \quad Z_3 = P_2 \cdot X_{GS}, \quad Z_4 = P_3 \cdot X_{ZZ},$$

$$Z_5 = P_4 \cdot X_{KL}, \quad Z_6 = P_5, \quad S_0 = P_6 \cdot \overline{X}_{MF}, \quad S_2 = P_3 \cdot \overline{X}_{ZZ}.$$

Berücksichtigt man bei den Sprungbefehlen auch die Absprung-adresse, so erhält man

$$J_A = Z_1 + Z_3 + Z_5, \qquad J_B = Z_2 + Z_6, \qquad J_C = Z_4,$$

$$K_A = Z_2 + Z_4 + Z_6 + S_2. \quad K_B = Z_4 + S_0 \quad \text{und} \quad K_C = S_0.$$

Für die Ausgabesignale ergibt sich aus dem Programmablaufplan $Y_{LZ} = P_0$, $Y_{GP} = P_1$, $Y_{GS} = Y_{ZZ} = P_2$, $Y_{KL} = P_4$ und $Y_{MF} = P_5$.

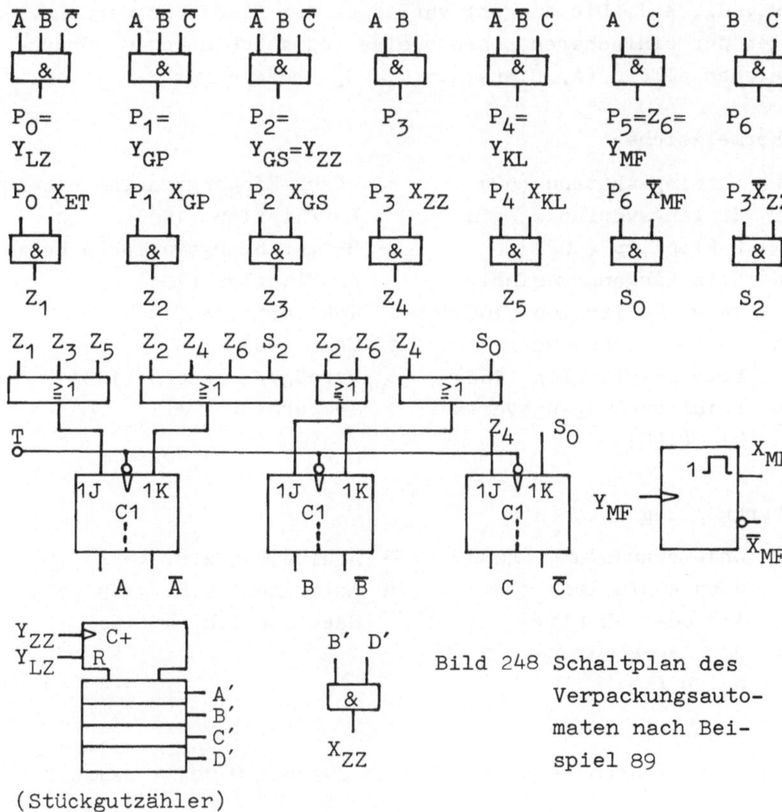

Bild 248 Schaltplan des Verpackungsauto-maten nach Bei-spiel 89

(Stückgutzähler)

Formelzeichen

(In Klammern Seitenzahl der Einführung der Zeichen)

Die Schaltvariablen sind durch große Buchstaben bezeichnet
(z.B. A, B, C). In Fällen, in denen die Funktion als Ein-
gangs- oder Ausgangsvariable hervorgehoben werden soll,
sind die Bezeichnungen X bzw. Y oder I bzw. Q benutzt.
Hierbei dienen fortlaufende Zahlen als Indizes der Unter-
scheidung bzw. Numerierung (X_1, X_2, Y_1, Y_2). Großbuchsta-
ben als Index bei den Eingangsvariablen der Flipflops kennzeichnen die Zugehörigkeit zum entsprechenden Flipflop (S_A,
R_A, J_B, K_B). Die Ausgangsvariablen der Flipflops werden wegen der einfacheren Schreibweise lediglich durch Großbuch-
staben allein (A, B anstatt Q_A, Q_B) bezeichnet.

Formelzeichen

D Hamming-Abstand (50)
D Eingangsvariable beim
   D-Flipflop (102)
J Setz-Eingangsvariable
   beim JK-Flipflop (102)
K Lösch-Eingangsvariable
   beim JK-Flipflop (102)
Q Flipflop-Ausgangsvaria-
   ble (100)

R Lösch-Eingangsvariable beim
   RS-Flipflop (100)
S Setz-Eingangsvariable beim
   RS-Flipflop (100)
T Taktvariable (101)
t Zeit (98)
t_{pd} Verzögerungszeit (103)
ϑ Temperatur (96)

Verknüpfungszeichen

· Und-Verknüpfung (kann
   auch entfallen) z.B.
   A·B oder AB (15)
+ Oder-Verknüpfung z.B.
   A + B (13)

$\equiv$ Äquivalenz z.B. $A \equiv B$ (15)
$\not\equiv$ Antivalenz z.B. $A \not\equiv B$ (15)
$^-$ Negation z.B. $\bar{A}$ (15)

Für die binären Werte werden die Symbole 0 und 1 benutzt.

Schaltzeichen

Die folgende Zusammenstellung gibt die wichtigsten Schaltzeichen und Benennungen nach DIN 40 900 Teil 12 wieder.

Grundelemente:

statischer Eingang; aktiv beim Wert 1	Nicht-Glied
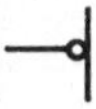 statischer Eingang; aktiv beim Wert 0	Und-Glied
dynamischer Takt-eingang; aktiv beim Übergang von 0 auf 1	Nand-Glied
dynamischer Takt-eingang; aktiv beim Übergang von 1 auf 0	Oder-Glied
 Takteingang eines Schieberegisters mit Schieberichtung von links nach rechts bzw. von oben nach unten (in Dar-stellung)	Nor-Glied
	Äquivalenzglied
 Takteingang eines Schieberegisters mit Schieberichtung von rechts nach links bzw. von un-ten nach oben	Antivalenzglied
	Exklusiv-Oder-Glied
Takteingang eines Vorwärtszählers; mit jedem aktiven Übergang erhöht sich der Zählerinhalt um 1	ungetaktetes Flipflop
	taktzustandsge-steuertes Flip-flop
Takteingang eines Rückwärtszählers; mit jedem aktiven Übergang erniedrigt sich der Zählerin-halt um 1	taktflankenge-steuertes Flip-flop

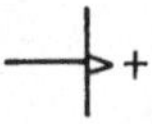

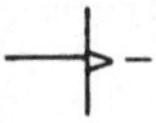

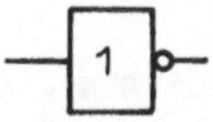

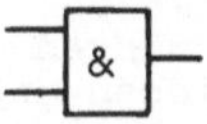

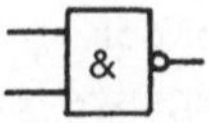

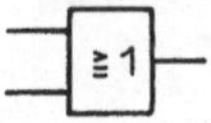

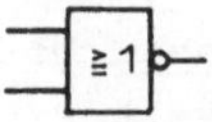

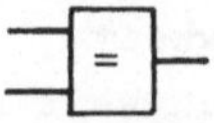

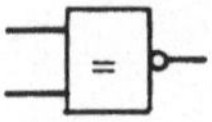

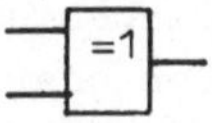

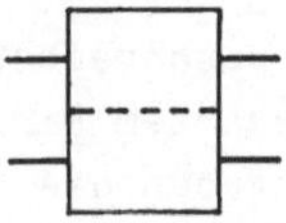

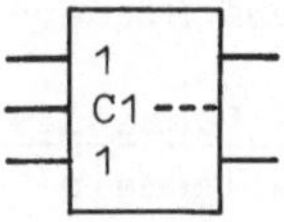

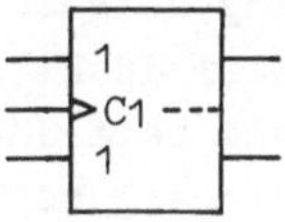

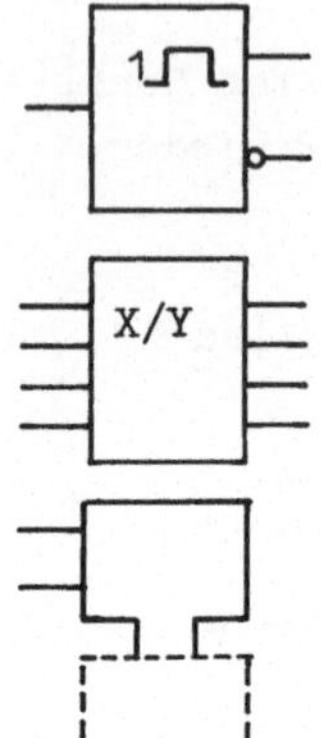

nicht nachtriggerbares Monoflop

Codierer bzw. Codeumsetzer

(anstelle von X und Y können auch geeignete
Bezeichnungen der Eingangs- und Ausgangsin-
formationen angegeben werden)

Steuerblock

Die Eingänge zum Steuerblock sind allen
Elementen des darunterliegenden Blocks gemeinsam.

<u>Abhängigkeitsnotation</u>
Kennzeichnende <u>Buchstaben</u> im Innern des Schaltzeichens:
    G für Und-Abhängigkeit
    V für Oder-Abhängigkeit
    C für Steuer-Abhängigkeit (bei Speichergliedern am Takt-
      eingang verwendet)
Kennzeichnende <u>Ziffern</u>:
    Ziffer hinter Buchstaben bedeutet steuernder Eingang.
    Ziffer vor Buchstaben oder Buchstabe allein bedeuten ge-
    steuerter Eingang.
    Gleiche Ziffern beschreiben die Zuordnung zwischen steu-
    erndem und gesteuertem Eingang. Mehrere durch Kommas ge-
    trennte Ziffern geben die Reihenfolge der Steuerung
    durch verschiedene Steuereingänge an.

<u>Weitere reservierte Buchstaben im Innern von Schaltzeichen</u>
    S: Setzeingang allgemein
    R: Rücksetzeingang allgemein
    J: Setzeingang beim JK-Flipflop
    K: Rücksetzeingang beim JK-Flipflop
    D: Informationseingang beim D-Flipflop
    A: Adresseneingang
    M: Mode-Eingang (wählt bestimmten Modus aus)
  EN: Freigabeeingang

Anwendungsbeispiele

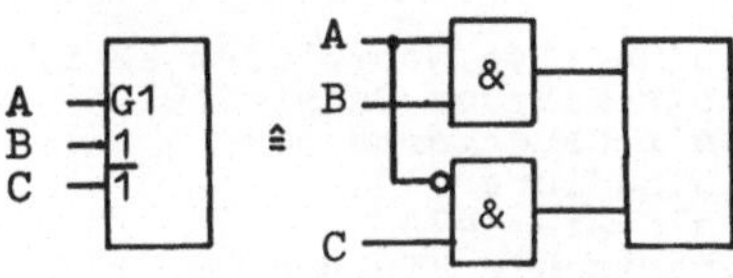

Der Eingang B wird durch A und der Eingang C durch die Negation von A gesteuert.

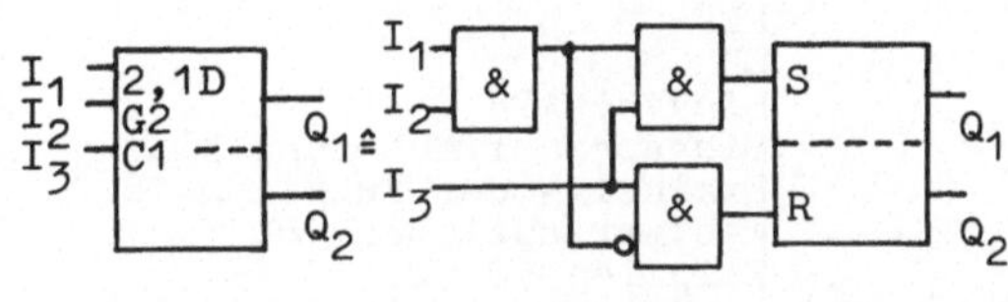

Eingang I_2 steuert zunächst Eingang I_1 (Und-Abhängigkeit). Diese werden gemeinsam vom Takteingang I_3 gesteuert (Steuer-Abhängigkeit).

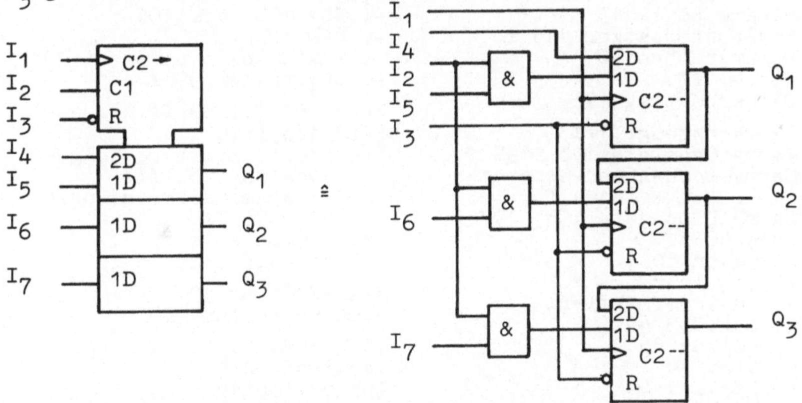

Vorwärtsschieberegister mit durch I_2 gesteuerter paralleler Informationsaufnahme. Serielle Informationsaufnahme über Eingang I_4 und Vorwärtsschieben wird über Eingang I_1 gesteuert. Rücksetzen aller Flipflops erfolgt durch den Wert O am Rücksetzeingang I_3.

Der interessierte Leser möge weitere Anwendungsbeispiele der Norm DIN 40 900 Teil 12 entnehmen. Diese ersetzt die bisher gültige Norm DIN 40 700 Teil 14. Zum überwiegenden Teil sind die Symbole und Regeln von DIN 40 700 Teil 14 in DIN 40 900 Teil 12 enthalten.

Sachweiser

Abhängigkeitsnotation 72 f.,
                                  219
Ablauflinie 133
Adresse 178
Adreßregister 182
Adreßteil 182 f.
ALU 197
Antivalenz 15
Äquivalenz 15
ASIC 171 ff.
Assoziatives Gesetz 19
Ausgabe 177
Automatentheorie 131

BCD-Code 47
Befehl 136
Befehlsliste 182 ff.
Binäre Logik 13
Binäruntersetzer 115 f.
Binärzeichen 46
Bit 46 ff.
Blockübertrag 196

CAD-Werkzeuge 171
Carry Generate 195, 197 f.
Carry-Look-Ahead-Generator
                  194 f., 198
Carry Propagate 195, 197 f.
Code 46 ff.
-, Aiken 50
-, Biquinär 52
-, Dual reflektiert 55
-, Exzeß-3 49
-, Glixon 55
-, Gray 54
-, Stibitz 49
-, Walking 51
-, 2-4-2-1 50
-, 2-aus-5 51
-, 8-4-2-1 48
-, 8-4-2-1 mit Prüfbit 51
Code-Lineal 52 f.
Coderedundanz 52
Code-Scheibe 52 f.
Codeumsetzerschaltung 60 ff.
Codierschaltung 57 f.

Decodierschaltung 58 f.,75 f.
De Morgansches Theorem 19
Demultiplexer 80
Dezimaladdierer 192 ff.
Disjunktion 15

Disjunktive Normalform 22 ff.
Distributives Gesetz 19
Don't care terms 31
Dualaddierer 194
Dualsystem 47
Dynamischer Eingang 98

EEPROM 83
EPROM 83
Eingabe 177
Eingangsauffächerung 36
Exklusiv-Oder-Funktion 16
Festwertspeicher 180 f.
Flipflop 99 ff.
-, D- 102
-, JK- 102, 110
-, $\overline{JK}$- 102
-, RS- 100 ff., 107
-, $\overline{RS}$- 102
-, taktflankengesteuert 101
-, ungetaktet 99 f.

FPLA 82 f., 88 ff.
FPLS 165 ff.
Freiprogrammierbare Folge-
     schaltung 165 ff.
Freiprogrammierbares Logik-
     Array 88 ff.
Freiwählbare Terme 31
Funktionstabelle 15 ff.

Halbaddierer 190
Hamming-Abstand 50

Identität 15
Implikation 15
Inhibition 15

Johnson-Zähler 114 f.

Kommutatives Gesetz 19
Komplement 18
Konjunktion 15
Konjunktive Normalform 22 f.
                                  27 f.
Kontaktnetzwerk 20
KV-Tafel 25 ff.

Latch 125
Leitwerk 177, 181 ff.
Lexikografische Anordnung 48
Linearschema 174
Logiksimulation 176
Logische Verknüpfung 14

Waldschmidt
Schaltungen der Datenverarbeitung

Von Prof. Dr.-Ing. K. Waldschmidt
Universität Frankfurt

Unter Mitwirkung von
Dr.-Ing. H.-U. Post und Dr.-Ing. Ch. Steigner
Universität Dortmund

1979. 263 Seiten mit 358 Bildern, 40 Aufgaben und 7
Tafeln. 16,2 x 22,9 cm. ISBN 3-519-06108-2. Kart. DM 44,--

Dieses anerkannte Lehrbuch behandelt die wichtigsten integrierten Schaltkreisfamilien, die Halbleiterspeicher und
ihre Anwendung im Bereich der Schaltungen der Datenverarbeitung. Es bespricht weiterhin die Organisation eines
Mikroprozessors in exemplarischer Form und stellt die
wichtigsten theoretischen Grundlagen, Optimierungsaspekte
und Komponenten für die Realisierung mikroprogrammierter
Steuerwerke dar. Der Anhang enthält 40 Übungsaufgaben mit
exemplarisch vorgerechneten Lösungen, die das behandelte
Gebiet durch praktische Beispiele veranschaulichen und
weiterführende Kenntnisse vermitteln.

Tholl
Mikroprozessortechnik
Eine Einführung mit dem M6800-System

Von Prof. Dr. rer. nat. Herbert Tholl
Fachhochschule Hamburg

1982. 204 Seiten mit 86 Bildern, 33 Tafeln und 16 Beispielen.
16,2 x 22,9 cm. ISBN 3-519-06114-7. Kart. DM 44,--

Dieses Lehrbuch führt mit vielen Beispielen in dieses
Gebiet ein und verwendet hierfür die Mikroprozessorfamilie
M6800 von Motorola. Mit dem Mikroprozessor M6800 und den
zugehörenden Ein-, Ausgabe- sowie Controller- und Timer-
Bausteinen werden - zusammen mit den erforderlichen Speichern (RAM, ROM, EPROM) - Mikrorechner für digitale Schaltungen entworfen. Zu diesem Zweck werden das Verhalten und
das Zusammenwirken des M6800-Prozessors mit den Ein-, Aus-
gabe- und Controller-Bausteinen behandelt, wobei auf der
Hardware-Seite Timing-Probleme einen breiten Raum einnehmen.
Die Entwicklung der Steuerungs-Software wird über Ablauf-
diagramme bis hin zum Assembler-Programm durchgeführt. Hierfür ist die Assembler-Sprache von Motorola kurz dargestellt.

Preisänderungen vorbehalten

<u>Teubner Studienskripten Elektrotechnik</u>

v. Münch,   Werkstoffe der Elektrotechnik
               5., überarbeitete Aufl. 254 Seiten. DM 19,80

Oberg,   Berechnung nichtlinearer Schaltungen
               für die Nachrichtenübertragung
               168 Seiten. DM 16,80

Pinske,   Elektrische Energieerzeugung
               127 Seiten. DM 15,80

Pregla/Schlosser, Passive Netzwerke - Analyse und Synthese
               198 Seiten. DM 17,80

Römisch,   Berechnung von Verstärkerschaltungen
               2., durchgesehene Aufl. 192 Seiten. DM 17,80

Schaller/Nüchel, Nachrichtenverarbeitung

               Band 1 Digitale Schaltkreise
               3., überarbeitete Aufl. 168 Seiten. DM 17,80

               Band 2 Entwurf digitaler Schaltwerke
               4., überarbeitete und erweiterte Aufl. 223 Seiten. DM 17,80

               Band 3 Entwurf von Schaltwerken mit Mikroprozessoren
               2., neubearbeitete und erweiterte Aufl. 173 Seiten. DM 16,80

Schlachetzki, Halbleiterbauelemente der Hochfrequenztechnik
               280 Seiten. DM 19,80

Schlachetzki/v. Münch, Integrierte Schaltungen
               255 Seiten. DM 19,80

Schmidt,   Digitalelektronisches Praktikum
               2., durchgesehene Aufl. 238 Seiten. DM 18,80

Scholze,   Einführung in die Mikrocomputertechnik
               320 Seiten. DM 21,80

Schymroch,   Hochspannungs-Gleichstrom-Übertragung
               127 Seiten. DM 15,80

Seinsch,   Grundlagen elektr. Maschinen und Antriebe
               230 Seiten. DM 18,80

Strassacker,   Rotation, Divergenz und das Drumherum
               2., überarbeitete Aufl. XII, 227 Seiten. DM 19,80

Thiel,   Elektrisches Messen nichtelektrischer Größen
               2., überarbeitete und erweiterte Aufl. 244 Seiten. DM 19,80

Ulbricht,   Netzwerkanalyse, Netzwerksynthese und Leitungstheorie
               175 Seiten. DM 15,80

Unger,   Hochfrequenztechnik in Funk und Radar
               2., neubearbeitete und erweiterte Aufl. 233 Seiten. DM 18,80

Vaske,   Berechnung von Drehstromschaltungen
               2., überarbeitete Aufl. 180 Seiten. DM 16,80

Vaske,   Berechnung von Gleichstromschaltungen
               4., durchgesehene Aufl. 132 Seiten. DM 15,80

Vaske,   Berechnung von Wechselstromschaltungen
               3., durchgesehene Aufl. 224 Seiten. DM 18,80

Vaske,   Übertragungsverhalten elektrischer Netzwerke
               3., überarbeitete Aufl. 164 Seiten. DM 16,80

Weber,   Laplace-Transformation für Ingenieure der Elektrotechnik
               5., überarbeitete Aufl. 223 Seiten. DM 18,80

Westermann,   Laser
               190 Seiten. DM 17,80

Preisänderungen vorbehalten